国家科学技术学术著作出版基金资助出版

关键金属二次资源
综合利用与污染控制

张　懿　曹宏斌　孙　峙　等编著

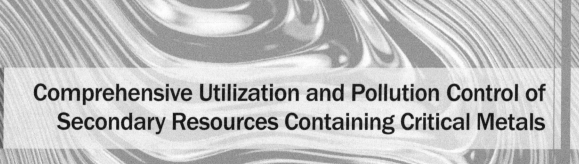

Comprehensive Utilization and Pollution Control of
Secondary Resources Containing Critical Metals

化学工业出版社
·北京·

内 容 简 介

本书以关键金属二次资源综合利用与污染控制为主线，系统展示了我国各行业金属二次资源回收利用现状及相应防控措施，涵盖了资源优化循环的理念、目标、内涵、研究方法和技术特色，内容主要包括概论、金属二次资源综合利用基本方法与原理、汽车行业中关键金属二次资源综合利用、电子电器行业废电路板关键金属二次资源综合利用、半导体照明行业的关键金属二次资源综合利用及其污染源解析、其他制造业中关键金属二次资源综合利用以及关键金属二次资源产业绿色循环与可持续发展等，为我国产业的绿色化升级提供引领性技术支撑和案例借鉴。

本书内容具有较强的技术应用性和针对性，可供金属二次资源利用及污染控制领域的工程人员、科研人员和管理人员参考，也可供高等学校环境工程、再生资源科学与技术、化学工程及相关专业师生参阅。

图书在版编目（CIP）数据

关键金属二次资源综合利用与污染控制/张懿等编著.
—北京：化学工业出版社，2021.12
ISBN 978-7-122-40357-5

Ⅰ.①关… Ⅱ.①张… Ⅲ.①金属废料-废物综合利用②金属废料-环境污染-污染防治 Ⅳ.①X756

中国版本图书馆 CIP 数据核字（2021）第 239891 号

责任编辑：刘兴春 刘 婧　　　　　　　　　装帧设计：张 辉
责任校对：宋 玮

出版发行：化学工业出版社（北京市东城区青年湖南街 13 号　邮政编码 100011）
印　　装：北京捷迅佳彩印刷有限公司
787mm×1092mm　1/16　印张 14½　彩插 4　字数 355 千字　2022 年 2 月北京第 1 版第 1 次印刷

购书咨询：010-64518888　　　　　　　　　售后服务：010-64518899
网　　址：http://www.cip.com.cn
凡购买本书，如有缺损质量问题，本社销售中心负责调换。

定　　价：138.00 元

《关键金属二次资源综合利用与污染控制》
编著者名单

编著者（按汉语拼音排序）：

曹宏斌　丁　鹤　顾卫华　黄　庆　李长东　刘春伟

马　恩　钱国余　孙　峙　陶天一　王　磊　王　志

阎文艺　姚沛帆　张西华　张　懿

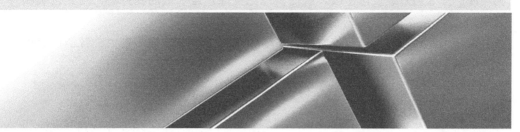

前　言

　　随着我国经济的高速发展，未来经济社会发展同资源短缺的矛盾日益突出，资源节约和资源循环利用才是解决可持续发展问题和环境污染问题较为有效的途径。作为金属生产的一个重要组成部分，金属二次资源的生产以其低投资、低能耗、低成本、低污染和工艺较简单的特点而日益受到重视。充分利用金属二次资源进行资源化循环利用的研究，开发金属二次资源综合利用及高效分离技术，提升金属资源的综合利用水平，对促进我国固体废物资源化进程和建设资源节约型、环境友好型社会具有重大的经济价值和社会意义。

　　本书作者是我国最早开展重化工业清洁生产技术与资源综合利用研发的创新研究群体。以作者过去多年的工作经验积累为基础，并借鉴公开报道的研究成果和结论，本书系统展示了我国各行业关键金属二次资源回收利用现状及相应污染防控措施，涵盖了资源优化循环的理念、目标、内涵、研究方法和技术特色，具有较强的技术应用性和针对性，为我国关键金属二次资源综合利用产业的绿色化升级及可持续发展提供理论支撑、技术参考和案例借鉴。

　　本书共分7章。第1章概论，由张懿、曹宏斌、阎文艺编著，内容包括关键金属资源的定义及对其综合利用的战略意义，我国各行业中（汽车、电子电器、其他制造业）金属二次资源的分类与利用现状，金属二次资源利用过程的污染控制措施。第2章金属二次资源综合利用基本方法与原理，由孙峙、王磊、丁鹤编著，本章基于二次资源的物理化学性质详细介绍金属二次资源综合利用的共性方法与基本原理，针对利用过程中污染物来源与特征提出相应的污染控制技术，建立金属二次资源综合利用优势判断模型。第3章汽车行业中关键金属二次资源综合利用，由张西华、李长东、黄庆、姚沛帆编著，本章主要介绍了汽车行业中关键金属二次资源综合利用发展现状，汇总梳理行业政策，并着重介绍汽车拆解技术及典型零部件中的金属回收进展。第4章电子电器行业废电路板关键金属二次资源综合利用，由马恩、孙峙、顾卫华、张西华编著，本章介绍了电子电器行业的关键金属二次资源的特征、综合利用技术及处理过程污染现状。第5章半导体照明行业关键金属二次资源综合利用，由曹宏斌、孙峙、陶天一编著，本章针对我国半导体照明行业的废旧产品综合利用及其污染环节、产品绿色设计做出具体阐述。第6章其他制造行业中关键金属二次资源综合利用，由孙峙、王志、刘春伟、钱国余编著，本章介绍了其他制造业中可能涉及的关键金属二次资源综合利用技术现状。第7章关键金属二次资源产业绿色循环与可持续发展，由阎文艺、孙峙、张懿编著，本章再次明确关键金属二次资源综合利用的必要性，提出二次资源综合利用产业发展的原则和方向，为实现产业绿色升级及可持续发展提供理论支撑。全书最后由孙峙、阎文艺统稿并定稿。

限于作者知识水平和编著时间，书中不足和疏漏之处在所难免，敬请广大读者批评指正。

作 者

2021 年 6 月于北京

目　录

第1章

概论

金属是推动国民经济发展、维持人民日常生活必不可少的基础材料，也是国防工业、科学技术发展的重要战略物资。农业现代化、工业现代化、国防和科学技术现代化都离不开有色金属。世界上许多国家，特别是工业发达国家都在增加有色金属的战略储备。

金属储备已成为决定一个国家经济、科学技术、国防建设等发展的重要物质基础，是提升国家综合实力和保障国家安全的关键性战略资源。根据美国地质勘探局（USGS）的储量数据统计显示，中国在铜、铝、锌等有色金属资源禀赋较差，但稀散金属资源充沛，如铋、钨、钼、稀土金属、锑、锗在全球范围内储量极其丰富。其中铋、钨储量在全球储量占比超过60%，钼、稀土、锑占比均超过30%，而锡、菱镁矿占比则处于20%。我国作为有色金属生产第一大国，部分有色金属产量已经接近或者超过全球供应量的50%，如原铝、铜、锌、锡、钒、稀土等。在矿产工业中，我国的有色金属供给市场一直存在较大风险：一是多种有色金属出口量第一——稀土（2017年全世界供给的81%）、锑（73%）、钒（54%）、铅（51%）、钼（45%）、锌（39%）、锡（34%）；二是镍、钴、锰等新能源汽车产业所需资源短缺，进口依赖度不断加大。有色金属资源短缺已对我国可持续发展产生巨大压力，与经济发展之间的矛盾也日益尖锐。因此，对金属资源进行系统化关键性评价，归纳出我国的关键性金属，是保障国家安全和经济发展的前提。

1.1 关键金属二次资源特征

1.1.1 关键金属二次资源评价

矿业是人类社会发展的重要基础。人类所耗费的自然资源中，矿产资源占80%以上，地球上每人每年要耗费 3t 矿产资源。2018 年全球矿产资源总产量为 227 亿吨，能源、金属和非金属产量分别占 68%、7% 和 25%。矿业在经济发展中也占据重要位置。2018 年全球矿业总产值为 5.9 万亿美元，相当于全球 GDP 的 6.9%，其中金属矿产占全球矿业总产值的 12%。

近年来，我国提出制造业强国战略[1]，将中国由制造业大国转变为制造业强国。我国要成为制造业强国，必须要有稳定、经济、安全、清洁的矿产资源供应作为支撑，必须是矿产资源开发利用的强国[2]。中国是全球矿产资源生产大国和消费大国，对世界矿业市场具有重要影响力。我国被誉为"世界工厂"，拥有相对完善的工业制造体系，供应了世界 50% 以上的钢铁、95% 以上的稀土、50% 以上的钴等；工业制造过程伴随着巨量的资源消耗，然而我国人均矿产资源约为世界平均水平的 1/2，位居世界第 53 位[3,4]。长期以来，我国面临巨大的资源供给短缺风险，我国部分有色金属的海外依存度较大，如铜 73%，铝 46%，铅 48%，锌 51%，镍 83%，锂 76%，钴 98%，等等。

全球范围看，矿产资源在整个工业体系中的占比仍然显著，并呈现明显的金字塔形态，据《全球矿业发展报告 2019》[5] 统计，全球 2395 家上市矿业公司中大型矿业公司数量占比不足 4%，但其市值占比近 80%。国际大型矿业公司占有优质资源，各矿种前十大公司生产了全球 82% 的铁矿石、60% 的铝土矿、46% 的铜矿、42% 的镍矿、96% 的铂、94% 的钯和 85% 的铀矿。目前，美国在基本实现能源独立的基础上正加快推进关键矿产资源安全供应保障，积极推进美国国内关键矿产资源开发和循环利用，降低对关键矿产进口的依赖。同时，美国出台了《能源资源治理倡议》[6]，加强全球资源治理，目前已有澳大利亚、巴西、秘鲁、阿根廷、菲律宾、刚果（金）、赞比亚、博茨瓦纳、纳米比亚 9 个国家加入；欧盟加强区内矿产资源开发，强化关键矿产稳定供应，加强全球矿产资源治理，推动安全获取关键矿产资源，发展清洁、可再生能源；加拿大和澳大利亚推进提高矿业发展质量与效益；印度尼西亚、刚果（金）等国家通过调整税费等政策，延伸矿业产业链，强化本土矿业权益。部分拉丁美洲国家鼓励矿业发展，改善矿业投资环境，愈发重视矿业发展。可以看出近 10 年来，以保障资源安全为目的"资源争夺"呈愈演愈烈趋势，美国、欧盟、日本等国家和地区也相继在近些年成立了资源安全战略研究机构，包括美国材料关键性研究中心、欧盟原材料关键性战略合作组织等；各矿业资源企业包括必和必拓、嘉能可、优美科等也积极参与开展针对关键资源，尤其是金属资源的研究和战略部署。

矿产资源关键性是指一定时期内矿产资源对经济发展的相对重要性[7]，明晰资源的相对重要性，对于科学规划和分类管理资源、有针对性地制定相应政策措施具有重要意义。各国政府和学者都十分重视资源的重要性评价，也有一些研究成果[8-19]。欧洲委员会（European Commission，EC）研究组从 2011 年开始建立关键性评价模型，并提出将上述影响因素归为：经济重要性和供给风险两类指标。

基于此方法，欧洲委员会发布《欧盟关键矿产原材料》的初步报告[8]，选择了铝、锑、重晶石、铝土矿、蒙脱石、铍矿、硼酸盐等 41 种矿种进行战略地位分析，将锑、铍、钴、萤石、镓、锗、石墨、铟、镁、铌、铂族金属、稀土金属、钽、钨 14 种重要矿产原料列入紧缺名单，此名单在 2014 年[20,21]、2017 年[22-25] 和 2020 年分别进行了更新，最新确定 30 种矿产为关键原材料。

目前我国也发表了关键金属资源评价的相关研究报告[26]，建立了针对中国国情的金属资源关键性评价方法体系，框架如图 1-1 所示。其中设置供给安全指数、国民经济指数和环境风险指数三个综合指标。供给安全指数参数中综合考虑了金属资源的分布集中度、可替代性、进口依赖性、二次资源利用率、产量占比等直接因素的影响。金属资源对经济的重要性是通过考虑市场赋予其自身资源价值属性和衡量其在下游每种用途中的相应价值来评价的。金属资源的环境风险指数主要包括其自身特有毒性、在采选及加工过程中释放到环境中的"三废"比重、各个国家针对环境问题采取的环保措施产生的影响。当某种金属资源在国内的供给安全指数和国民经济指数很高，且具有极高的环境风险指数时，该原材料被定义为关键金属资源。

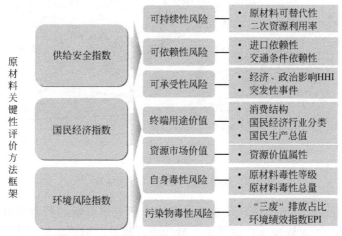

图1-1　金属资源关键性评价方法框架[26]

　　基于系统方法的评价和分析，得到24种中国关键金属资源，依次是铂族金属（PGMs）、铌（Nb）、钴（Co）、锗（Ge）、硒（Se）、铬（Cr）、锆（Zr）、镍（Ni）、锂（Li）、钒（V）、钼（Mo）、硼（B）、钽（Ta）、铯（Cs）、铼（Re）、镓（Ga）、铍（Be）、锰（Mn）、镁（Mg）、稀土（REEs）、锡（Sn）、钨（W）、铷（Rb）、钪（Sc）。

　　各金属资源的关键性矩阵分布见图1-2（书后另见彩图）。

　　为了确定某一具体行业的关键性材料，首先需要确定影响该行业和市场的因素，如产品成分、资源价值、资源可替代性和资源可持续供应风险等。经济重要性（Economic Importance，EI）是计算某种材料在特定经济体中最终产品产生的价值增量，利用终端产品价值增量的加权和反映经济价值，当乘以该材料在该行业总成本中所占份额时，得到可用于描述该行业发生供应中断所造成的经济影响参数 $EI_{M,LIB}$，如下式所示：

$$EI_{M,LIB}=y_M\frac{1}{GDP}\sum_1^s(x_{M,s}A_sSI_{M,s}) \tag{1-1}$$

式中　M——该行业 s 中使用的关键性材料；

　　　y_M——整个行业产品中 M 的成本占比；

　　GDP——国民生产总值；

　　$SI_{M,s}$——原材料 M 在行业 s 中的可替代性；

　　$x_{M,s}$——对 M 的去向中行业 s 所占比例；

　　　A_s——对应行业的价值。

　　由于该计算分析包含了原材料的所有用途，所以 $\sum_{}^{s}x_{M,s}=1$。

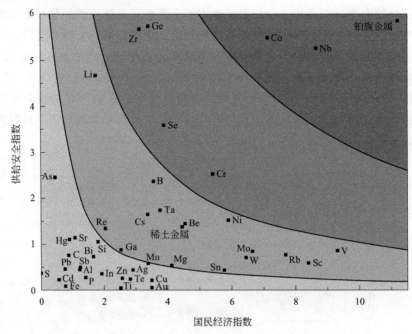

图 1-2 我国金属资源的关键性矩阵[26]

供应风险（Supply Risk，SR）反映了供应链中断造成影响的严重程度。通常会造成供应链风险的因素包括一次资源生产国集中、替代资源匮乏、回收率低、生产国管理不善。将这四个要素汇集成一个指标，即：

$$SR_{M,LIB} = SI_M TR_M (1 - \rho_M) HHI_{WGI,M} \tag{1-2}$$

$$HHI_{WGI,M} = \sum_{1}^{c} (S_c^2 WGI_c) \tag{1-3}$$

式中　SI_M——关键性材料 M 在该行业中的可替代性；

　　　TR_M——关键性材料进口依赖性；

　　　ρ_M——关键性材料 M 总消费量中二次资源占比；

$HHI_{WGI,M}$——M 在国家层面的生产集中度和管理状况；

　　　WGI_c——国家 c 的世界管理指标；

　　　S_c——国家 c 原材料 M 的产量在世界该原材料产量的占比。

$HHI_{WGI,M}$ 指标描述了由于主要生产国管理不善造成的供应风险。

TR_M 代表进口依赖性，为了避免进口小于出口的问题，在该研究中 TR_M 定义为：

$$TR_M = \frac{D_o + I_m - E_x}{D_o} \tag{1-4}$$

式中　　　D_o——关键性材料 M 的国内产量；

　　　　　I_m——关键性材料的进口量；

　　　　　E_x——关键性材料的出口量；

$D_o + I_m - E_x$——关键性材料 M 的国内需求量。

若国内产量能够满足国内需求，则 $TR_M \leqslant 1$，否则 $TR_M > 1$。

原材料关键性定义为：

$$Criticality_M = SR_M \cdot EI_M \tag{1-5}$$

式中 Criticality$_M$——原材料 M 的关键性；

SR$_M$、EI$_M$——原材料 M 的供应风险和经济重要性。

使用归一化方法将原材料的 SR 和 EI 标准化为 0～10 范围内的值并投影成具有等高线的均匀矩阵，两项标准化指标的乘积（SR·EI）可对材料关键性进行排序并进行定量比较。下面以中国动力电池行业为例，利用 2015～2019 年平均数据计算该行业 9 种主要原材料的关键性评价因子 SR 和 EI。进行数据归一化和投影后，将原料的评价因子分别作为 x 轴和 y 轴绘制于坐标系中（图 1-3，书后另见彩图）。

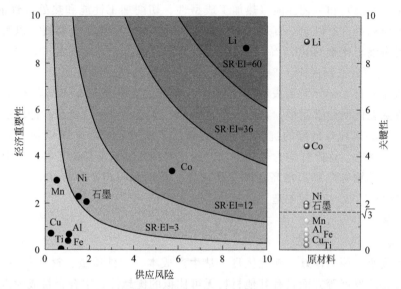

图 1-3 利用 2013～2016 年的平均数据，对 9 种锂离子电池材料的 SR·EI 矩阵
和关键性评价结果进行归一化[27]

在对关键金属资源的评价中可以看出，二次资源的回收率和可获得性会对金属的可持续供应产生极大影响。提高二次资源的回收率和利用率可有效缓解关键金属的潜在供应风险。目前尚有多种关键金属二次资源存在回收率普遍较低、回收技术落后、污染严重等问题，有必要对我国金属二次资源的综合利用现状进行全面系统地梳理和调研。

1.1.2 我国关键金属二次资源特征

本书中将包含关键金属的二次资源统称为关键金属二次资源，以涵盖大部分关键金属且经济体量大的典型行业如汽车行业、电子电器行业、半导体照明行业及其他行业等，综合分析我国关键金属二次资源现状。

1.1.2.1 汽车行业中的金属二次资源

近些年来，随着我国汽车产业高速发展，2017 年全国汽车保有量首次超过 2 亿辆，与此同时，汽车报废量也大幅增加，开始进入报废高峰期，至 2020 年我国汽车保有量超过 2.6 亿辆，报废量超过 1200 万辆。报废汽车引发的安全、环保、资源回收再利用等问题越来越被高度关注，做好报废汽车回收利用工作已成汽车产业实现绿色、循环、低碳发展的关键，是促进生态文明建设、建成汽车强国的重要环节。

报废汽车主要含有钢铁、轻金属、尾气处理装置中的贵金属、电子设备、玻璃、车用塑料等[4]；其中，废钢等黑色金属约占 70％以上；铜铝等有色金属约占 6％；其他物料约占 20％。为了实现绿色节能、低碳环保这一目标，汽车中金属二次资源材料的再利用是关键。其中 90％以上的废钢铁、有色金属都可以回收利用，玻璃、塑料等的回收利用率也可达 50％以上[28-31]。

（1）钢铁

目前汽车制造的主要材料仍是钢铁[32,33]。因为钢铁具有良好的使用性能（力学性能、物理性能、化学性能）和工艺性能（热加工成型性、切削加工性能和热处理性能等），而且价格低廉，供应充足，所以它一直是汽车制造业中应用最广泛的工程材料。以某款德系车为例，金属材料占整车比重的 69.7％，低合金钢/非合金钢占整车比重的 38.2％、铸钢/烧结钢占比 14.8％、高合金钢占比 1.8％。

汽车制造用钢材主要分为钢板和特钢[34-36]。钢板主要用于汽车车身与车架的生产，大量使用冷轧或热轧优质碳素钢板。其中汽车覆盖件（车盖，门板，底盘）冲压所需钢板的质量要求较高，要求其具有良好的抗腐蚀性、强度、延塑性，如冷轧薄钢板、08F/20/30/40钢等，而大梁、横梁、保险杆均为热轧钢。特钢主要用于制造能够满足特殊需要的钢类，如弹簧、连杆、传动轴等需要满足高强度、高韧性、震动和噪声小等要求，可以使用碳结钢（Q235）、弹簧钢（50CrV）等制造。

（2）轻金属

1）铝合金

铝合金密度小、耐蚀性好、塑性优良，从生产成本、零件质量、材料利用、制造技术、机械性能、可持续发展等方面具有其他材料无可比拟的优越性，铝合金将成为汽车工业中的首选材料。从当前汽车轻量化的趋势看，未来的铝金属及其合金材料将会占据汽车重量的 30％~50％[37-40]。

① 汽车用铝合金主要包括轧制材、挤压材、锻压材、铸造铝合金。目前各类铝合金在汽车上使用比例大致为：铸铝 77％，轧制材 10％，挤压材 10％，锻压材 3％[41]。汽车结构件可用铝合金的部位如图 1-4 所示。

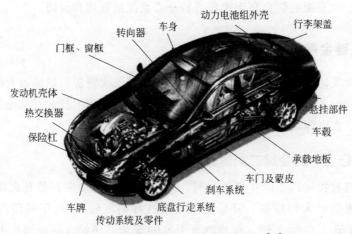

图 1-4 汽车结构件可用铝合金的部位[41]

② 铸造铝合金主要用于制造离合器壳体、变速箱壳体、后桥壳、转向器壳体、摇臂盖、

正时齿轮壳体等壳体类零件，发动机部件以及保险杠、车轮、发动机框架、转向节液压泵总成、刹车钳、油缸及刹车盘等非发动机结构件。铸造铝合金的种类很多，主要有 Al-Si 系、Al-Cu 系、Al-Mg 系、Al-Zn 系、Al-Li 系、Al-Re 系等，可根据零件的结构和工作条件选用。

③ 变形铝材（铝板材和挤压件等）在汽车上主要用于制造保险杠、发动机罩、车门行李箱等车身面板、车轮的轮辐、轮毂罩、轮外饰罩、制动器总成的保护罩、消声罩、防抱死制动系统、热交换器、车身构架、座位、车箱底板等结构件以及仪表板等装饰件。变形材料与铸件相比，强度、韧性都大为优越。表 1-1 所列为汽车部件中应用的变形铝合金[42,43]。

表 1-1　汽车制造中应用的变形铝合金[44]

牌号	用途	牌号	用途
1100	车内装潢件、铭牌、镀饰件	5657	装潢
1200	挤压冷凝管和热传输翅片	5754	内壳板、挡泥板、隔热屏蔽、空气清洁器盘和罩、结构和焊接零件、承载地板
2008	内外覆盖件(壳板)、结构件	6005A	车身零部件
2010	内外覆盖件、结构件	6009	发动机盖内外板、内门板、栅栏内板、前闸板、承载地板、座架、减震器加强筋、结构和焊接零件
2011	螺钉	6010	壁板、天窗板、门内板、栅栏内板、备用轮架、轮毂、座架和轨道
2017	紧固件	6016	车身钣金件
2117	紧固件	6022	内外壳板
2024	紧固件	6051	热交换器
2036	内外覆盖件、承载地板、座位架	6053	紧固件
3002	装潢件、铭牌、镶饰件	6061	车身挤压材、托架挤压材和板、悬架锻件、驱动轴管、冲挤的与锻造的驱动轴轴、备用轮架、减震器加强筋、紧固件、制动缸、轮毂、油料输送系统、保险杠、热交换器
3003	钎焊热交换器管、加热器和蒸发器翅片、加热器内外管、油冷却器及空调管	6063	挤压结构和材料、门框、窗框、附件
3004	外用覆盖板和部件	6082	一般结构；制动箱零件
3005	钎焊散热器管、加热器和边部支撑、蒸发器零件	6111	车身钣金件、壁板等
4002	复合钎焊板	6151	结构零件、轮辐、各种支架
4032	锻造活塞	6181A	车身板
4044	复合钎焊板	6262	结构零件，如传动系统、发动机系统零件与连接件等
4104	复合钎焊板	6463	挤压结构材料、门框、窗框等
4043	焊接线、复合钎焊板	6591	热交换器、散热器
5005	装潢、铭牌、镶饰	7003	座位轨道、减震器加强筋
5052	覆盖件和零件、卡车减震器	7021	减震器用平面规则多边形棒材、托架板、减震器用平面规则多边形光亮棒、减震器用平面规则多边形阳极氧化棒、减震器加强筋
5252	装潢	7029	光亮的或阳极氧化的减震器用平面规则多边形棒焊接零件、承载地板
5182	内壳板、挡泥板、隔热屏蔽、空气清洁器盘和罩、结构和焊接零件、承载地板	7072	冷凝器和散热器翅片
5454	各种零件、车轮、发动机辅助托架和发动机座、特种车、焊接结构件	7129	减震器用平面规则多边形棒、减震器加强筋、挤压头枕棒、座位轨道挤压材、充气袋充气机零件
5457	装潢		

④ 其他新型铝合金还包括快速凝固铝合金、铝基复合材料和泡沫铝合金[45]。

Ⅰ. 快速凝固铝合金：快速凝固铝合金特性优良，用于制造汽车空调压缩机转子、叶片，转子重量可减低 60%，压缩机重量降低 40%，噪声也明显减少；用于制造发动机转子，可有效节油 20% 左右[46,47]。

Ⅱ. 铝基复合材料：主要以陶瓷纤维、晶须、微粒等材料作为增强材料来增强性能，具有较高的比强度、比弹性模量、耐热性、耐磨性，适用于发动机零部件的制造，可以采用粉末冶金法颗粒增强的方法，进一步改善材料的强度、耐磨性、耐热性和抗疲劳性能，广泛用于汽缸体、活塞和连杆等发动机部件的生产制造[48]。

Ⅲ. 泡沫铝合金：是一种多孔材料，金属基体中广泛分布着无数气泡，这种材料的质量轻、强度高，并具有高的吸能、吸振、阻尼性。车身顶盖板通常采用于两个高强度外板之间填充泡沫铝的三明治板材，不仅刚度强、质轻且保温效果良好，良好的吸能性也适用于保险杠、纵梁及支柱零件的生产，不仅质量较轻，抗撞击能力及安全性能也显著提高[49]。

2）镁合金

金属镁具有密度小、回收率高的特点，它的密度是金属铝的 2/3，所以在减轻汽车自身重量上比铝金属效果更好[50]。据资料显示，利用镁合金制成的油底壳、齿轮箱和发动机车架较铝合金轻 30% 左右，而且镁回收方便，成本低廉，不产生有害物质，故而镁金属又被称为绿色环保工业材料。

镁合金的应用非常广泛，其在强度上要比铝合金高，且具有良好的导热性、阻尼性，因此被广泛地应用在汽车、航天、化工能源等领域。早在 20 世纪 20 年代，德国率先将镁合金应用于汽车制造业，此后欧美汽车制造企业纷纷应用镁合金零部件。镁合金大部分以压铸件的形式应用在汽车上，镁合金压铸件的生产效率比铝的高 30%～50%[51]。近年来北美汽车镁铸件用量以平均每年 15% 的速度递增。镁合金制品具有较强的抗腐蚀性和抗冲击力性，是不可多得的轻金属材料，备受各汽车制造企业的青睐，如汽车的车门、主体框架都应用到了镁合金；汽车其他零部件，例如离合器壳体、仪表板、变速箱体、汽缸盖，方向盘、座椅框架、转向支架等也开始采用镁合金。镁合金的应用，确保了汽车的稳定性能，并延长了其使用寿命[52-54]。

3）钛合金

钛合金具有高强度、低密度、低模量、耐腐蚀、抗氧化等优异的性能，可用于制备发动机进气门、排气门、气门弹簧、气门座、连杆、车轴、回气管、悬簧、飞轮套及各种紧固件，可减少汽车噪声，节能。钛合金虽然能提高汽车的性能，但其目前的价格较高，无法与钢以及其他轻金属竞争[55-57]。

（3）稀贵金属

20 世纪 90 年代以来，铂、钯、铑三元汽车尾气净化催化剂被广泛应用于汽车行业。汽车尾气净化领域现已成为铂族金属 PGM（Pt、Pd 和 Rh）最大的消费领域，占到全球铂族金属消费的近 50%，且其回收总量始终不及用量的 30%（表 1-2）。

表 1-2　世界汽车工业铂族金属用量[58]　　　　　　　　　　单位：t

	年份 铂族金属	1990	1995	1999	2002	2004	2006	2008
铂	世界矿产总量	116.0	155.2	151.5	185.7	201.9	212.4	185.7
	汽车用量	47.7	57.5	50.1	80.6	108.6	121.5	118.3
	回收总量	6.5	10.0	13.1	17.6	21.5	26.8	31.3

铂族金属	年份	1990	1995	1999	2002	2004	2006	2008
钯	世界矿产总量	110.1	197.2	250.7	163.3	266.9	247.2	227.4
	汽车用量	8.1	56.0	152.1	94.9	117.9	124.9	136.2
	回收总量	2.0	3.4	5.4	11.5	16.5	25.0	36.2
铑	世界矿产总量	11.5	13.6	15.6	19.1	22.4	25.6	21.6
	汽车用量	10.4	14.4	15.8	18.6	23.6	27.0	23.6
	回收总量	—	—	2.0	3.1	4.4	5.3	6.4

汽车催化剂主要由载体、高比表面的涂层、活性组分和助剂四部分组成[59-61]。其中活性组分铂（Pt）、钯（Pd）、铑（Rh）可净化尾气中 CO、NO_x 和烃类化合物，是催化剂的核心。三种贵金属对汽车尾气的作用不同：a. Pt 主要起氧化 CO 和烃类化合物的作用；b. Pd 主要用来转化 CO 和不饱和烃类化合物；c. Rh 主要起催化还原 NO_x 的作用。三者之间的协同作用能够改善催化剂的起燃特性和热稳定性。此外，为了提高催化剂的活性、选择性和寿命，还会在催化剂中加入 Ce、Zr、La 和 Pr 等助剂，催化剂中添加稀土氧化物如氧化镧或氧化铈后，能够起到稳定晶型结构的作用，提高催化剂的抗热震性[62]；抑制 γ-Al_2O_3 涂层向低比表面积的 α-Al_2O_3 相转变，改善活性组分的分散效果；此外，稀土氧化物能够储氧和释氧，适应空燃比的变化，提高尾气转化率；改善催化剂的抗硫、抗铅能力。

1.1.2.2　电子电器行业中的金属二次资源

随着信息技术的不断发展，现代人们的生活已经与电子电器产品息息相关，电子电器产品的社会总需求量日益增多。为了满足庞大的市场需求，政府与企业一起挖掘自身潜力，提高电子电器产品的生产效率与生产量，目前中国已经是世界第一大家电生产国与消费国。电子电器产品包括电冰箱、洗衣机、空调、电热水器、燃气热水器、吸油烟机等家用电器类产品以及电视机、微型计算机、手机、固定电话、传真机、监视器等电子通讯类产品和打印机、复印机文化办公类产品[63,64]。

根据《中国再生资源回收行业发展报告》，2016 年我国家电行业整体保持平稳增长，在生产方面：家用电冰箱累计生产 9238.3 万台，同比增长 4.6%；空气调节器累计生产 16049.3 万台，同比增长 4.5%；家用洗衣机累计生产 7620.9 万台，同比增长 4.9%；彩色电视机累计生产 15770 万台，同比增长 8.9%，其中液晶电视机 15714 万台（增长 9.2%），智能电视 9310 万台（增长 11.1%，占彩电产量比重为 59.0%）通信设备行业生产保持较快增长。计算机行业生产延续萎缩态势，全年生产微型计算机设备 29009 万台，下降 7.7%[65]。

但是这样惊人的产量与消费量所带来的不仅仅是巨大的经济利益，还有大量的废弃家电。2016 年，电视机、电冰箱、洗衣机、房间空气调节器、电脑的回收量约为 16055 万台，约合 366 万吨，并且以平均每年 20% 的速度继续增长[65]。

电子电器废物中含有大量可回收的有色金属、黑色金属、塑料、玻璃以及一些仍有使用价值的零部件等[66]。例如：一台计算机大约 40% 的重量由塑料组成，40% 由金属构成，20% 为玻璃、陶瓷和其他材料，电脑中 CPU 和内存芯片中的金含量高达 900mg/kg，远高于金矿中的含金量，具有非常高的回收价值（表 1-3）；电冰箱中金属的含量高达 50%；电视机中金属的含量也接近 13%；电子电器废物中的印刷电路板的基板材料通常为玻璃纤维增强酚醛树脂或环氧树脂，其上焊接有各种元器件，主要含各种金属，如铜、铝、铅、锡、铁和一定量的贵重金属，如金、银、钯，以及少量的铑、白金和硒等，部分电路板中的金属含量甚至超过45％，资源化回收价值很高。但是，电子电器废物中也含有一些有毒物质，如电路板中的铅和镉，阴极射线管监视器中的氧化铅和镉，转换器和平面显示器中的汞，计算机电池中的镉，旧电容和变压器中的多氯联苯（PCBs），以及印制电路板、电缆和聚氯乙烯（PVC），绝缘材料中含有的溴化物阻燃剂。

表1-3 废电脑各部件金属存量

类别	金属存量/（mg/kg）										
	铜	金	银	钯	镍	锌	锡	铁	铝	铅	锰
印制电路板(PCB)	200000.0	240.0	570.0	150.0	—	2700.0	18000.0	13000.0	18000.0	23000.0	—
硬盘	350.2	570.6	1482.6	18.3	6.2	35.8	12.5	7.8	20.8	4.6	0.4
CPU	363.0	1211.3	99.8	13.9	80.1	1.7	14.2	108.1	20.9	9.6	1.2
内存芯片	240.8	968.0	1106.3	9.7	28.6	0.2	9.3	40.1	23.5	3.8	0.9
底盘	293.8	—	56.1	—	0.3	0.2	3.3	2.8	36.2	4.7	0.2

郭学益等[63]采用物质流分析方法对5种废电器电子产品中的废电路板产生量进行估算，结果表明2015年废CRT电视机、LCD电视机、台式电脑、笔记本电脑和手机中废线路板的产生量分别为23743t、76154t、55493t、12959t和29583t，废电路板的总产生量为197933t。2015年产生的废CRT电视机、LCD电视机、台式电脑、笔记本电脑和手机中金属存量分别为0.119t、15.23t、13.32t、8.16t和44.37t。几种废电器电子产品废线路板中金属存量为81.21t（表1-3～表1-6）。

表1-4 2016年废家用电器类产品理论可回收资源量 单位：t

项目	电冰箱	洗衣机	房间空调器	电热水器	燃气热水器	吸油烟机	总计
钢铁	191190.5	177085.0	408670.8	198883.4	61919.1	133866.4	1171615.2
铝	42267.2	18302.0	87695.4	24.7	4096.5	4368.1	156753.9
铜	45003.9	14807.6	108692.1	1236.5	28829.2	1730.8	200300.1
玻璃	145958.6	3636.1	0.0	0.0	0.0	39004.0	188598.7
稀贵金属	0.0	0.0	0.0	0.0	0.0	0.0	0.0
塑料	187617.6	145629.4	145172.6	7790.1	533.9	23736.2	510479.8
PCB中铅	76.0	95.6	209.1	24.7	20.5		425.9
制冷剂	684.2	0.0	19686.9				20371.1
保温层材料	137596.4	0.0	0.0	37170.1	0.0		174766.5
印刷线路板	2964.8	4669.3	11090.1	1236.5	903.5	82.4	20946.6
电线电缆	0.0	3843.5	7924.1	1335.5	1170.4	2307.7	16581.2
其他材料	6385.7	81169.7	22432.8	2176.3	7279.2	3337.9	122781.6

表1-5 2016年废电子通信类产品理论可回收资源量 单位：t

项目	电视机	微型计算机	手机	固定电话	传真机	监视器	总计
钢铁	60348.5	123572.4	3658.3	2079.3	653.3	3270.8	193582.6
铝	878.1	4995.6	541.4	53.2	62.8	138.2	6669.3
铜	34564.7	11281.3	3690.5	1219.8	65.6	2570.2	53392.1
玻璃	341655.7	27767.9	2212.5	0.0	0.0	12040.2	383676.3
稀贵金属	0.0	116.0	81.9	0.0	0.0	0.0	197.9
PCB中铅	878.1	465.6	163.9	53.2	6.3	53.4	1620.5
制冷剂	0.0	0.0	0.0	0.0	0.0	0.0	0.0
保温层材料	0.0	0.0	0.0	0.0	0.0	0.0	0.0

续表

项目	电视机	微型计算机	手机	固定电话	传真机	监视器	总计
印刷线路板	44590.9	19223.3	5853.2	2624.9	314.1	2608.5	75214.9
电线电缆	1492.7	4329.9	0.0	0.0	0.0	364.2	6186.8
其他材料	48534.3	21991.9	4893.3	4222.1	682.8	1385.6	81710.0

表 1-6　2016 年废文化办公类产品理论可回收资源量　　　　单位：t

项目	打印机	复印机	总计
钢铁	75847.8	86785.1	162632.9
铝	245.4	370.9	616.3
铜	4709.7	9197.7	13907.4
玻璃	5051.8	18543.8	23595.6
稀贵金属	119.4	185.4	304.8
塑料	104040.6	224269.0	328309.6

1.1.2.3　其他制造业中的金属二次资源

（1）机械和冶金工业

机械和冶金工业中产生的金属二次资源主要包括机械制造企业生产过程中产生的下料、建筑工地上产生的金属下料，如金属零件在加工过程中的切割、车削、铣削、刨削、冲压、锻压下来的边角料和废屑，在建的建筑物上所用的钢筋、型材、板材切割后的边角料[67]（图 1-5）。不同企业的生产情况，其产生废料的性质、种类和数量有很大的不同，无法一概而论。

图 1-5　切割下来的钢材边角料

此外，机械设备使用单位报废的设备，或者是设备维修中更换下来的损耗件也是金属二次资源的重要来源，这些材料中包含铁、铜等金属。例如，报废的旧损机床、旧坏叉车、旧漏管道、变形搬运工具、超期起吊架、磨损绞绊机、生锈钢桶、旧绞车和破旧手推车等，以及更换下来的报废轴、轴套、轴承、盖子、箱体、支架、机座、齿轮、皮带轮、链轮、链条、凸轮、联轴器、离合器、液压管道、控制阀件等零部件，还有已损的建筑用脚手架、梯架、钢丝绳、生锈铁丝等。

（2）工业

在工业的发展过程中，催化剂是工业技术的核心，目前90％的工艺过程需要使用催化剂，全世界已成功开发超过2000种工业催化剂[68]，其广泛应用于石油化工、医药、电子工业、精细化工等行业[69]。大多数催化剂包含活性组分、载体、助催化剂三种组分，其中活性组分中含有大量的贵金属（如Pt、Pd和Ru等）、有色金属（如Cu、Ni、Co和Cr等）及其氧化物[70]（表1-7）。全球每年产生的废工业催化剂约为1500～2000kt。以炼油催化剂为例，2017年，我国仅废炼油催化剂的产生量就高达216kt，并且仍以2.5％～3％的速度逐年递增，表1-7所列为废炼油催化剂的主要成分及含量。

表1-7　废炼油催化剂的主要成分及含量[71]

催化过程	废催化剂试样编号	成分及含量（质量分数）/%
催化裂化（FCC）	a	Na 0.153，Mg 0.016，Al 23.82，P 0.376，Ca 0.415，V 0.035，Fe 0.178，Ni 0.257，Cu 0.0025，As 0.059，Sb 0.261，Pb 0.013
	b	Na 0.141，Mg 0.024，Al 47.23，P 0.607，Ca 0.310，V 0.067，Fe 0.264，Ni 0.201，Cu 0.0077，As 0.041，Sb 0.559，Pb 0.028
	c	Ni 1.1，Fe 0.28，Cu 0.0026，V 0.14，Sb 0.14
加氢精制	d	V 0.14，Mo 1.9644，Al 22.4345，Co 1.3714
	e	V_2O_5 14.5，Mo 6.5，Ni 27.3，Fe 1.8，Al_2O_3 39.5
催化重整	f	Al_2O_3 39.5，SiO_2 0.29，SO_3 0.21，Cl 0.70，TiO_2 0.03，Fe_2O_3 0.13，Re 0.39，Pt 0.23
	g	Al_2O_3 93.2，SiO_2 0.27，SO_3 0.17，Cl 0.80，TiO_2 0.17，Fe_2O_3 0.17，Re 0.30，Pt 0.29

（3）交通运输业

各类交通代步工具，如旧船舶、旧摩托车、旧电瓶车和旧自行车等，经过拆解后可以根据其主要成分分成几类废旧材料，常常有钢质件、铝合金件、铜合金件等，以及一些可再生利用的非金属材料[72]。以船舶业为例，2016年国内拆船企业（会员企业）成交国内外各类废船逾130万轻吨（约580万载重吨或380万总吨）。废钢船的主体结构为钢铁，废钢船的金属可回收率约占其自身实际重量的98.5％。只有1.5％属木制品、水泥、矿棉等非金属杂物等，其中不可回收利用的材料占比更少。

（4）电力行业

2006年我国铜导体的用量已达$354×10^4$t，由表1-8可以看出，电力电缆行业对铜导体的需求量最大；其次分别为电气装备用线缆和绕组线。2006年我国电工用铝导体用量已达$107×10^4$t（见表1-9），主要用于架空电力输、配电线路，而其他电线电缆的用铝量约占铝导体总量的20％，铝、铝合金和双金属导体已在部分线缆产品中获得应用，特别是架空导线。

表1-8　2006中国铜、铜合金、双金属导体用铜总量及产品份额[73]

项目	裸线	电气装备用线缆	电力电缆	通信电缆	绕线组
导体用铜量/10^4t	20	104	115	16	99
占比/%	5.7	29.4	32.4	4.5	28.0

表1-9　2006年中国铝及铝合金导体用铝总量及产品份额[72]

项目	架空导、地线	架空绝缘电缆	扁线、母线、编织线、电线电缆、线芯及其他
导体用铝量/10^4t	85	10.0	12
占比/%	79.5	9.3	11.2

除以上几个行业外，日常生活中的废金属器皿、锅、盆、勺、橱架、燃气灶、脱排油烟机和家私上金属构件等，以及房屋装修时拆除的钢质或铝合金门、窗和框架、楼梯和扶手、栏杆等材料均可回收处理再利用。

1.2 典型行业金属二次资源利用现状

1.2.1 现状概述

再生金属作为金属生产的重要组成部分，因其低投资、低能耗、低成本、低污染和节约资源等特点，日益受到世界各国的重视。据相关部门统计，1t 废钢铁可以冶炼得到 900kg 钢，节约铁矿石 20 多吨，相当于用铁矿石炼钢节约标准煤 1.2t。此外，二次资源回收金属可以节约能耗 50% 以上，再生铜、铝、镍等金属则可以节约 80% 以上的能耗（表 1-10）。根据 2019 年美国地质调查局统计报告公布的已探明储量和金属年消耗量，主要金属的可采年限基本不足 100 年，部分金属的可采年限不足 20 年（见表 1-11）。目前，西方发达国家如美国、德国、意大利的再生金属资源利用量占工业原料比已达到铜 40%、铅 50%、锌 30%、铝 25%；我国上述四项再生利用比例分别为铜 30%、铅 20%、锌 10%、铝 15%，与西方发达国家还有较大的差距。近年来，中国经济发展很快，有色金属消耗量迅速上升，产生了大量可回收的有色金属废料，同时再生有色金属的生产也取得了较快的发展。

表 1-10 二次资源回收金属比原生金属能耗节约比 单位:%

国家	铜	铅	锌	铝	镍
美国	83.8	67	75	95	89
前苏联	83.9	57	72	95	89
中国	82	72	62	95.6	—

表 1-11 世界主要金属储量及可采年限

金属	储量/万吨	可采年限/年
铜	100000	50
铅	10000	22
锌	25000	19
锡	560	40
镍	8900	33
钴	700	50
钨	320	38
钼	1800	62
锑	150	10

（1）再生铜

每生产 1t 再生铜所消耗能源为原生铜的 20%，同时产生的环境效应更小，特别是我国是世界上最大的铜消费国和进口国，70% 的铜矿依赖进口，铜的再生更为重要。在我国，杂铜是废杂有色金属回收利用最好的一种[74,75]。2016 年处理杂铜生产的再生金属铜约 285 万吨,占当年电铜总产量的34%。我国再生铜产业目前已经形成了以广东为代表的珠江三角洲地区、以浙江为代表的长江三角洲地区和以天津为代表的环渤海地区的三大再生铜产业基地[76]。我国废杂铜的拆解企业和铜再生加工企业都集中在这三大地区,其再生铜的产量占全国总产量的80%左右。我国废杂铜的利用已经形成了以大型企业为龙头、中型企业为主体的格局,并逐步发展壮大,形成了以浙江台州、浙江永康、河北保定、广东清远、江苏宜兴、湖南汨罗、山东临沂、河南长葛等废杂金属专业市场。近年来再生铜处理工艺上取得了很大进步[77]。收购环节上也加强了对杂铜原料的分类管理。国内再生铜的生产原料主要是铜废件、铜合金生产或机械加工过程中产生的废料、铜渣及铜灰、废电线电缆、废电路板等。黄杂铜和紫杂铜是我国再生铜的主要原料,占铜原料的90%以上。其中纯净杂铜经配料-熔化-去气-脱氧-精炼-浇铸等环节生产出不同牌号的铜合金;废杂铜经还原熔炼,再精炼得到阳极铜[78]。

（2）再生铝

我国再生铝产量较低,2016年再生铝产量为640万吨,占当年总铝产量的20.2%。我国再生铝和铝合金原料,按物理形态分为3类:

① 含铝废件和块状残料,包括用板材、线材、型材生产铝制品或铸造、锻造铝制品时的废件废料,如飞机、船舶废件、废易拉罐、牙膏皮、废铝电线电缆等。

② 铝和铝合金机加工产生的废屑。

③ 熔炼铝和铝合金过程产生的浮渣、烟炉灰等。

再生铝的生产工艺比较简单,一般根据废铝原料的组成,采用火法熔炼生产不同牌号的铝合金[79,80]。我国大部分再生铝生产厂采用感应电炉和单室反射炉[81]。

（3）再生铅

2020年我国再生铅产量263万吨,约占当年铅产量的40.8%。与其他国家相比,我国的再生铅产量占铅总产量的比重偏低,铅再生水平低于全球平均线。我国再生铅企业数量虽多,但整体上生产规模悬殊,生产设备落后、能耗高、污染重、铅回收率和综合利用率低。目前,进入回收体系的铅废料来自各种机动车、电动车、点火照明用铅酸蓄电池,以及发电厂、通信、船舶、医院等单位的工业蓄电池[82]。再生铅生产工艺流程主要为熔析粗炼-电解精炼-碱性精炼流程以及传统的反射炉熔炼和鼓风炉熔炼流程,此外还有铅矿冶炼搭配处理废杂铅生产再生铅流程、铅基合金废料生产再生铅合金流程等[83,84]。

（4）再生镍、钴

由于中国国内的镍、钴产量远不能满足国内需要,严重依赖进口,加之新能源汽车的快速发展,国际金属钴价大幅上扬,镍、钴的再生回收在中国得到了很大的发展[85]。中国国内的镍、钴废料主要来自高温合金钢、镍铬合金钢废料,废硬质合金、废磁钢、废镍、钴催化剂等[86]。近年来,来自俄罗斯、美国、加拿大和非洲的进口镍、钴废料占了镍、钴再生原料的很大一部分。目前镍、钴再生的流程主要有熔铸-电解造液-净化-电解和废料酸溶-萃取除杂-萃取分离镍钴-草酸沉淀两种流程[87,88]。

1.2.2 汽车行业中的金属二次资源

2000年后我国新车销售量迅速增长,汽车保有量也持续增加,现已成为全球最大的汽车生产消费市场[89]。汽车报废期限通常为10~15年,我国即将进入汽车报废高峰期。2016

年我国报废汽车回收量仅为 159.2 万辆，不到保有量 1.94 亿辆的 1%，远低于发达国家 5%～7% 的水平。报废汽车主要含有钢铁、轻金属以及尾气处理装置中的贵金属、电子设备、玻璃、车用塑料等。其中，废钢等黑色金属约占 70% 以上，铜铝等有色金属约占 6%，其他物料约占 20%（见表 1-12）。其中废钢铁、有色金属 90% 以上都可以回收利用，玻璃、塑料等的回收利用率也可达 50% 以上。为了实现节能和环保的目标，对汽车中金属二次资源材料再利用是关键（见图 1-6）。仅考虑废旧材料回收价值，到 2020 年报废汽车行业的市场空间在 350 亿元左右。随着国内报废汽车拆解行业相关法律逐渐健全，法律执行力度逐渐加大，行业将逐渐朝规范化发展，再制造企业的旧件来源也将大量增加，促进行业蓬勃发展[90]。

表 1-12　报废汽车的材料组成[91]

材料类型	平均重量/(kg/辆)			所占比例/%		
	轿车	卡车	公共汽车	轿车	卡车	公共汽车
生铁	35.7	50.8	191.1	3.2	3.3	3.9
钢材	871.2	1176.7	3791.1	77.7	76.1	76.6
有色金属	52.4	72.3	146.7	4.7	4.7	3.0
玻璃塑料	161.8	246.1	817.8	14.7	15.9	16.5
合计	1120.1	1545.9	4946.7	100.0	100.0	100.0
回收价值/元	2358.4	3246.5	9250.7	—		

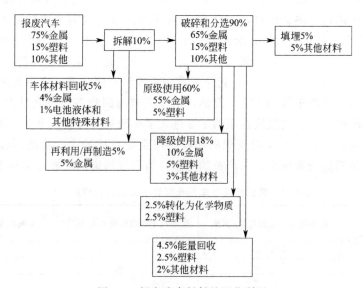

图 1-6　报废汽车材料的回收利用

为了解决和应对报废车快速增长所带来的新问题，我国政府决定对原有的《报废汽车回收管理办法》进行修改。据了解，修订后的《报废汽车回收管理办法》取消了报废汽车企业的总量控制合理规划布局的要求，放开了"五大总成"（发动机、方向机、变速器、前后桥、车架）的再制造、再利用，废除了报废机动车的收购价格参照废旧金属价格计价的规定。

此外，2017 年工信部印发了《高端智能再制造行动计划（2018—2020 年）》，其中明确指出，再制造是机电产品资源化循环利用的最佳途径之一（见表 1-13）。为更好实现机电产品的再制造，到 2020 年突破一批制约我国高端智能再制造发展的拆解、检测、成形加工等关键共性技术；推动建立 100 家高端智能再制造示范企业、技术研发中心、服务企业、信息服务平台、产业集聚区等，带动我国再制造产业规模达到 2000 亿元。

表 1-13　中国已发布的关于报废汽车回收和拆解的相关政策

政策、技术规范名称	文件、规范编号	发布时间
报废汽车回收管理办法	国务院第 307 号令	2001-06-13
报废汽车回收企业总量控制方案	国经贸资源〔2001〕773 号	2001-09-19
老旧汽车报废更新补贴资金管理暂行办法	财建〔2002〕742 号	2001-12-20
汽车产品回收利用技术政策	发改委、科技部、环保总局〔2006〕9 号	2006-02-06
报废机动车拆解环境保护技术规范	HJ 348—2007	2007-04-09
报废汽车回收拆解企业技术规范	GB 22128—2008	2008-07-01
关于加强报废汽车监督管理有关工作的通知	商建发〔2009〕572 号	2009-11-26
关于开展报废汽车回收拆解企业升级改造示范工程试点的通知	商建发〔2009〕4 号	2010-11-22
高端智能再制造行动计划(2018—2020 年)	工信部节〔2017〕265 号	2017-11-09

在汽车回收拆解产业链中，零部件再制造部分获利能力较强，其平均毛利水平均在40%左右。与新零件相比，再制造零件一般可节省成本 50%、节能 60%、节材 70%，价格也仅为新品的 50%～70%，具有很高的经济性和实用性。美国汽车维修和配件市场中再制造产品所占比例高达 50%，产值超过 500 亿美元。若未来我国放开"五大总成"再制造，将可以继续使用的零部件标明"报废汽车回用件"后出售，价值量将得到大幅提升，有望达到千亿元市场规模。

我国报废机动车回收潜力巨大，经过多年的发展，我国报废汽车回收拆解业已经形成了一定的规模。据中国再生协会统计，2016 年我国获得拆解资质的企业数量为 635 家，回收网点总数为 2465 个，从业人员 3 万余人（表 1-14）。报废汽车回收拆解企业中，年拆解能力超过 1 万辆的仅有 40 家；年拆解能力 1000 辆以下的多达 324 家，占拆解企业总数量的51%，回收量仅占总回收量的 7.8%。近年来我国报废汽车回收率一直在低位徘徊，2016 年我国通过正规渠道回收汽车仅为 159.2 万辆，正规渠道的回收率（回收量占报废量的比例）仅为 29.48%，其他近 70% 的报废汽车约 1/2 进入了非法拆解渠道，另 1/2 则流向周边县市或者农村地区继续使用。这不仅对正规的回收拆解企业造成冲击，扰乱回收拆解的正常秩序，更重要的是给道路交通安全带来严重的隐患，给大气污染治理和资源利用造成了阻碍。

表 1-14　我国报废汽车回收拆解企业和网点情况[92]

年份 拆解企业和网点	我国报废汽车回收量/万辆	报废汽车回收拆解企业数/家	报废汽车回收网点数/个
2012	114.78	522	2237
2013	143.60	544	2398
2014	150.89	597	2432
2015	187.40	603	2358
2016	179.80	635	2465

按照我国"十三五"发展规划，2020 年年底车辆回收拆解产业可产生约 500 亿元人民币资金。然而在实现"绿色循环经济链"的道路上，中国车辆回收拆解行业依旧面临着较多问题。一方面，国内车辆回收再利用行业起步晚，报废汽车回收企业资源分散、生产规模小、经济效益低。与发达国家相比，我国报废汽车回收拆解行业整体发展水平落后，大部分企业投入不足，仍多采用粗放式经营管理方式、技术手段落后、技术装备科技含量低，且多数企业采用人工拆解分类，拆解效率低下。另一方面，政府对报废车辆的管理模式陈旧，未形成统一回收流程管理，因此缺乏有效监督管理，易造成报废车辆流失。正规车辆报废程

序，需要使用者到车管所办理销户手续，并将车辆交由持资质企业进行回收拆解等，我国现有报废车辆回收体系流程如图 1-7 所示，在此系统中，由于政府监管不到位等诸多原因，超过 1/2 的报废汽车尚不能完全进入封闭式循环产业链[93]。

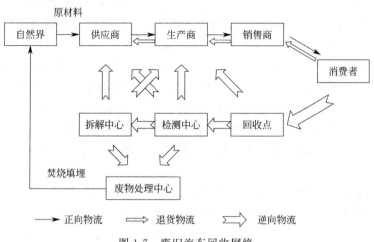

图 1-7 废旧汽车回收网络

此外，我国报废汽车的回收再利用率偏低，目前仅为 75% 左右，远低于发达国家 95% 的水平。拆解之后能够被回收利用的基本上仅限于废钢铁以及较大、易分拣的有色金属，其他材料（如塑料、橡胶、玻璃）大都因无法有效回收而被废弃。

（1）报废汽车中钢铁材料的回收再利用

钢铁材料按其是否含有合金元素又可分为碳素钢和优质碳素钢。合金钢分为合金结构钢和特殊钢[94,95]。根据钢材在汽车的应用部位和加工成型方法，可把汽车用钢分为特殊钢和钢板两大类。特殊钢是指具有特殊用途的钢，汽车发动机和传动系统的许多零件均使用特殊钢制造，如弹簧钢、齿轮钢、调质钢、非调质钢、不锈钢、易切削钢、渗碳钢、氮化钢等。钢板在汽车制造中占有很重要的地位，载重汽车钢板用量占钢材消耗量的 50% 左右，轿车则占 70% 左右。按加工工艺分，钢板可分为热轧钢板、冷冲压钢板、涂镀层钢板、复合减震钢板等。报废汽车经拆卸、分类后，不同的材料需经过机械处理后回收，钢材送至钢厂冶炼，铸铁送至铸造厂，有色金属送至相应的冶炼炉。当前机械处理的方法有剪切、打包、压扁和粉碎等[96]。目前国外最普遍的方法是采用报废汽车整车连续化处理线，即送料—压扁—剪断—小型粉碎机粉碎—风选—磁选—出料或送料—大型粉碎机粉碎—风选或水选—出料。

（2）报废汽车中有色金属的回收再利用

在报废汽车中尽管有色金属所占比例不大，但利用价值却很高[97]。对于有色金属的回收，一般认为最理想的回收方法是原零件的重用，这种利用方法需要由工人手工分解汽车，经拆解、挑选，然后将各种材料和零部件分类放置，铝、镁、铜等合金零部件可按变形或铸造合金，或者按不同合金系进行回收再生[98]。目前，发达国家在回收报废汽车中有色金属时已经从回收零部件的旧模式转向回收原材料的新模式，通过机械化、半自动化的方法去杂、分离、回收原材料，切碎车体后再分别回收不同的原材料。

除了报废汽车车体中的有色金属，汽车中的铅蓄电池以及新能源汽车中的动力电池也是重要的有色金属二次资源。

（3）铅蓄电池

铅酸蓄电池主要由正极板、负极板、电解液、隔膜、电池槽、电池盖、极柱、注液盖等组成。其电极由铅和铅的氧化物构成，电解液是硫酸的水溶液。铅酸蓄电池在二次电源中占有 75% 以上的市场份额。在交通、通信、电力、军事、航海、航空等各个领域，铅酸蓄电池都起到了重要作用[99]。近几年，我国再生铅产业规范发展取得积极进展，产业规模逐步扩大，并形成了重点再生铅产业集聚区，产业节能减排效益明显。2016 年，88 家规模再生铅企业处理废铅酸蓄电池产能超过 1000 吨，再生铅产业产能快速增长，已成为我国铅工业的重要组成部分。回收利用废铅酸蓄电池为实现铅工业节能减排目标做出重要贡献。我国再生铅产业向园区化发展，湖北金洋冶金股份公司、江苏新春兴再生资源公司、安徽华鑫铅业集团、安徽大华金属公司等一批大型再生铅企业已相继筹建再生铅园区，并引进下游铅蓄电池企业，在园区或产业集聚区形成再生铅闭合循环生产模式，为地方循环经济发展发挥重要支撑作用。

然而，我国目前还未建立区域性的废铅酸蓄电池回收体系[100,101]。废铅酸蓄电池回收渠道分散，中间环节多，由小商贩占主导地位，回收成本高。导致个体非法回收渠道仍然控制与主导废铅蓄电池市场，先进装备产能集约化程度高的正规企业维持其运营所需的原料严重不足。2016 年正规持证回收单位废铅酸蓄电池回收量不到 60 万吨，超过 80% 以上的废铅酸蓄电池流入非法渠道，大部分持证规范再生铅企业处于停产或停车状态。

科学地处置废弃铅酸蓄电池首先需经过预分选处理（图 1-8）。采用机械破碎、分选等方式对其进行分离[102]。分离后的废弃铅酸蓄电池包括以下部分：a. 铅膏，其重量含量占到 30%~40%；b. 铅合金板栅，占 24%~30%；c. 含铅废液占 11%~30%；d. 剩余有机物占 22%~30%。根据其成分对其进行二次处理方法，含铅废液需化学处理后回收再利用；铅合金板栅由铅及铅合金组成，可单独回收处置；剩余有机物中的聚丙烯也可作为工业塑料二次利用；铅膏成分复杂，是废铅蓄电池回收技术难度最大、工艺最复杂的部分[103]。目前工业上主要采用火法实现铅再生，高温下利用碳还原铅的氧化物，得到粗铅，然后通过精炼得到精铅。火法处理废铅蓄电池的铅膏，流程短，设备投资少，处理量大，适用面广[104]。但国内火法再生铅工艺存在主要问题为铅膏熔炼前没有进行很好的分类预处理，铅的综合回收率低（回收率只有 80%~85%，远小于国外的 95%）、能耗高、污染重[105]。

（4）锂离子电池

锂离子电池主要由正极、负极、隔膜、电解液和电池外壳等部件构成，其中电池外壳一般采用不锈钢或铝制外壳，负极材料包括碳材料或金属氧化物等，正极采用钴酸锂、锰酸锂、磷酸铁锂、镍钴铝酸锂和镍钴锰酸锂三元材料等[106]。锂离子电池 2009 年开始应用于汽车上，直到 2015 年动力电池才在锂电池所有应用领域占据较大份额。动力电池电量小于初始电量的 80% 就会影响正常使用，根据其充电频率不同大约可以使用 3~5 年，2018 年第一批服役的动力锂电池将集中进入退役期。

我国动力锂电池回收尚处于起步阶段，市场规范、回收网络建设、回收效率等方面尚有不足之处。2012 年以来，国家各部委在政策层面由浅入深、由弱转强，逐步规范和完善废旧锂电池的回收市场，至今已累计发布十余项锂电池回收相关政策法规[107,108]。目前布局锂电回收的企业包括上游原材料公司、中游电池制造公司和相对独立的第三方回收公司，三方各具优势。我国现有的废旧锂离子电池回收企业，主要集中在珠江三角洲和长江三角洲地区。

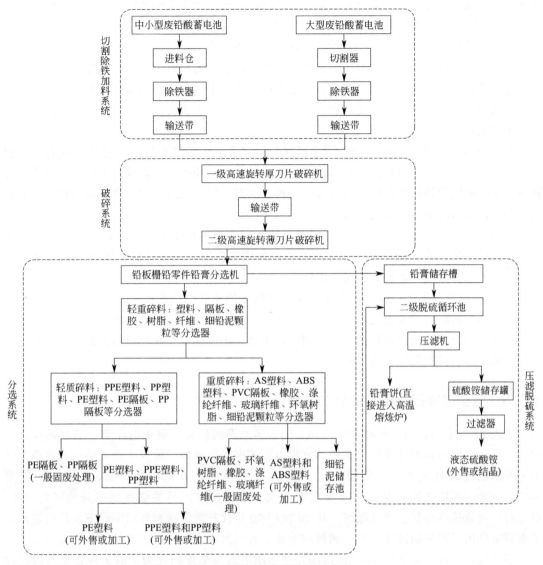

图 1-8　铅酸蓄电池的两级分选

对于退役的动力电池,目前主要有两种回收处理方法:一种是梯次利用,即将退役的动力锂电池用在储能等其他领域作为电能的载体使用,从而充分发挥剩余价值;另一种是拆解回收,即将退役电池进行放电和拆解,提炼原材料,从而实现循环利用。未来,伴随高能量密度的三元电池需求持续增加,对钴、锂等原材料的需求亦将更加紧俏。因而,通过对废旧锂电池进行回收,提取镍、钴、锂等有价金属进行循环再利用,是规避上游原材料稀缺和价格波动风险的有效途径。

我国从 2012 年着手建立锂电池梯级回收利用体系,将北京奥运会退役电动汽车中的锂电池用于智能电网储能系统,建设 360kW·h 废旧动力电池梯次利用于储能系统的项目。自2015 年起,中国铁塔已在福建、广东、河南、黑龙江、山东、上海、四川、浙江、天津 9个省市,共计建设了 57 个电池回收试验站点,将回收得到的锂电池用于铁塔通信基站储能,实现对 2020 年前产生的 80% 以上的废旧动力电池 80% 吸纳。目前工业和信息化部已发布三批废动力电池回收行业百名单企业，生态环境部已发布首个废电池回收污染控制标准，这些措施都将有效推动行业的可持续发展。

废锂离子电池回收再利用的过程，简而言之是将失效电池中的有价值金属提取纯化并加以重新利用的过程，其主要集中在对正极材料中有价金属的回收利用[109]。综合现在国内外的研究现状，主要包括以下三大步骤：一是废旧电池放电处理；二是电极材料与集流体、外壳、隔膜的分离；三是有价金属的回收与利用，其中有价金属的回收和利用可分为火法、湿法和生物法，工业中应用较为广泛的为火法和湿法。

① 火法工艺以 Umicore 公司研发的 VAL'EAS 流程处理废锂离子电池为代表，废锂离子电池不经过预处理而直接进入冶炼炉内熔炼成合金，并进一步溶解合金；分离净化后可获得高纯度的镍和钴的化合物；熔炼过程中产生的有害气体经过后续净化处理后排放。此方法虽然工艺相对简单，但能耗较高。

② 湿法处理是将拆解粉碎后的电极材料置于酸性或碱性溶液中，金属以离子态溶解于溶液，之后通过萃取、沉淀等方法实现有价金属资源的回收。该法钴、锂元素回收率可达85%以上，具有回收效率高和纯度高的优点。

③ 生物浸出过程是利用具有特殊选择性的微生物及其代谢产物实现钴、镍、锂等有价金属的浸出与提取。该方法处理成本低，环境友好。但是，较高的金属浓度会使细菌中毒失活，只能处理低浓度金属含量的溶液；同时，生物浸出过程也存在生产周期长，菌种易受污染且不易培养，目前仍处于研究阶段。

1.2.3 电子电器行业中的金属二次资源

进入21世纪后，由于科技的发达和人们生活水平的提高，电子电器类产品更新换代的速度极快，报废的各类计算机、手机和家用电器等电子垃圾增量惊人，由此造成的废弃电器电子的回收处理就成了一大问题[110]。处理废弃产品较之开采矿产资源，产业链可缩短60%，可减少污染能耗80%，可降低成本30%。如果废弃产品能够得到充分地回收利用，资源与环境危机将得到根本的缓解。从20世纪90年代开始，在利益的驱动下我国自发形成了废弃电器电子产品的回收大军。到目前为止，我国的废弃电器电子产品回收行业经历了三个发展阶段：阶段一是2009年之前市场经济体制下的以个体回收为主的传统再生资源回收模式；阶段二是2009~2011年，商务部、财政部等七部门印发了《家电以旧换新实施办法》，在国家家电"以旧换新"政策引导下的以零售商和制造商为主的"以旧换新＋政府补贴"回收模式；阶段三是2012年后，通过《废弃电器电子产品回收处理管理条例》（以下简称《条例》）和处理基金间接补贴带动的、以个体回收为主的传统再生资源回收模式和新型回收共存的新模式。

图1-9所示为我国现有的废弃电器电子产品回收管理体系。

1.2.3.1 废弃电器电子产品回收市场格局分析

目前，我国家电回收市场的格局以个体回收商为主（个体回收商回收量占所有回收量的90%）。2016年，商务部发布《关于推进再生资源回收行业转型升级的意见》，政府积极推动建立生产者责任延伸（EPR）回收模式与两网融合回收模式，制造商、销售商纷纷进入回收市场，并且建立了新型回收模式，如互联网＋回收模式[111]。下面就以上几种回收模式进行简要介绍。

行政法规	《中华人民共和国固体废物污染环境防治法》	《中华人民共和国循环经济促进法》	《中华人民共和国清洁生产促进法》

《国务院办公厅关于建立完整的先进的废旧商品回收体系的意见》
《国务院办公厅关于印发完整的先进的废旧商品回收体系重点工作部门分工方案的通知》

	《国务院办公厅关于转发发改委等部门促进扩大内需鼓励汽车家电以旧换新实施方案的通知》	《废弃电器电子产品回收处理管理条例》

各部委规章和管理办法

发展改革委	《促进扩大内需鼓励汽车、家电"以旧换新"实施方案》	《废弃电器电子产品处理目录(第一批)》 《制定和调整废弃电器电子产品处理目录的若干意见》 《废弃电器电子产品处理目录(2014年版)》	
商务部	《家电以旧换新实施办法》 《关于进一步规范家电以旧换新工作的通知》	《旧电器电子产品流通管理办法》 《再生资源回收体系建设中长期规划》	《关于进一步做好废旧商品回收体系建设的工作》
财政部	《家电以旧换新运费补贴办法》 《家电以旧换新拆解补贴办法》	《废弃电器电子产品处理基金征收使用管理办法》 《关于公布第一批废弃电器电子产品处理基金补贴企业名单的通知》 《关于公布第二批废弃电器电子产品处理基金补贴企业名单的通知》 《关于公布第三批废弃电器电子产品处理基金补贴企业名单的通知》 《关于完善废弃电器电子产品处理基金等政策的通知》 《关于公布第四批废弃电器电子产品处理基金补贴企业名单的通知》 《关于公布第五批废弃电器电子产品处理基金补贴企业名单的通知》 《关于调整废弃电器电子产品处理基金补贴标准的公告》	
生态环境部	《电子废物污染环境防治管理办法》 《废弃电器电子产品处理发展规划编制指南》 《关于组织编制废弃电器电子产品处理发展规划(2011—2015)的通知》 《废弃电器电子产品处理资格许可管理办法》 《废弃电器电子产品处理企业资格审查和许可指南》 《废弃电器电子产品处理企业建立数据信息管理系统及报送信息指南》 《废弃电器电子产品处理企业补贴审核指南》 《废弃电器电子产品处理企业视频监控系统及数据信息管理系统建设要求》 《废弃电器电子产品规范拆解处理作业及生产管理指南(2015年版)》 《废弃电器电子产品拆解处理情况审核工作指南(2015年版)》		
工业和信息化部	《再生资源综合利用先进适用技术目录(第一批)》 《关于开展工业产品生态设计的指导意见》 《电器电子产品生产者责任延伸试点工作方案》		

图 1-9　中国废弃电器电子产品回收管理体系

（1）EPR 回收模式

2016 年，工业和信息化部发布电子电器产品 EPR 试点的首批企业，包括 15 个生产企业和 2 家生产者委托的协会启动电子电器产品 EPR 试点工作。EPR 试点工作的开展标志着生产企业正式进入废弃电器电子产品回收市场[112]。虽然此前四川长虹、格力电器、TCL 也开展过废弃电器电子产品回收，但整体回收规模较小。在工业和信息化部的推动下，EPR 电器电子产品试点注重发挥生产企业在回收网络建设和完善绿色供应链体系方面的优势，已经积累了不少有益的经验，收获了不错的效果。截至 2017 年第二季度，通过一年的试点实践，试点单位的回收网络已形成一定规模，共建立回收点 13486 个。其中，固定回收点 13057 个，临时回收点 429 个，基本覆盖全国范围。同时，试点单位的电视机、冰箱、洗衣机和空调的绿色设计产品比例均占销量的 60% 以上。

（2）两网融合回收模式

近些年，政府大力推进再生资源回收与生产垃圾回收的两网融合项目。广州、福州等一些城市率先开展两网融合的示范。两网融合是有效解决废弃电器电子产品中低值废弃产品回收的有效手段，在当地政府的补贴推动下，低值废弃电器电子产品进入规范的回收和处理体系。同时，在回收成本不断提高的背景下，地方政府的两网融合示范也促进了第三方回收商的规范发展。

（3）互联网＋回收模式

一些有实力的处理企业一直努力构建废电器的回收体系，开展"互联网＋分类回收"，全面提升改造回收商贩的形象与工作方式，利用手机 APP、微信和网站实现居民、回收商、政府、企业的共享共用的循环生活方式，建设"互联网＋分类回收"的回收体系，打造 O2O 电子商务模式，利用互联网技术，探索废电器回收处理新模式。在商务部的推动下，互联网＋回收模式也百花齐放。以爱回收、回收宝、淘绿等为代表的手机回收互联网＋回收平台和致力于打造国内领先的专业家电产品回收服务平台的嗨回收都得到了快速发展。还有如香蕉皮网、回收哥、阿拉环保网、百度回收站、虎哥回收和 E 环保、易回收等回收平台不仅回收废电器，还对塑料、纸张、旧家电、玻璃、废金属等废品进行收集，并且在未来几年将逐步扩大到全品类的再生资源。苏宁易购、淘宝、天猫、京东等电商平台也先后加入二手电器回收队伍中来。他们在网上标明一般家用电器的型号和回收价格，回收商可上门取货，这类电商平台在年轻人中很受欢迎。

目前，现有废电器的回收处理在经济利益驱动下与国家政策导向下，已逐渐形成多渠道回收体系。近几年，"正规军"进入回收市场不仅增加了消费者的信任度，也对行业发展起到一定的规范作用。但目前这些网络回收平台回收的废电器仅占全国处理企业年处理量很少的份额。

在《废弃电器电子产品回收处理管理条例》的指导下，"基金"模式的运行实施以来，中国废弃电器电子产品回收处理取得巨大的成效，2015 年全国获得补贴资质的 109 家处理企业规范处理量达到 7500 万台，超过"家电以旧换新"时期。处理企业上市与集约化进程明显加速，全国形成了中再生系统、格林美集团公司、桑德集团、格力电器、TCL、华新绿源、伟翔、同和等多家集团公司，回收处理业务扩展至多个地区，产业集中度加大。但是，与此同时，由于缴纳基金并没有引起生产者参与回收的积极性，而以环境成本测算的补贴标准未能考虑回收市场的影响，首批目录产品在实施过程中也出现了许多问题亟待解决。

① 基金出现赤字。基金政策的实施，一定程度上遏制了非正规处理对环境和健康造成

的危害，促使一部分废弃电器电子产品流入正规处理渠道，扩大了正规处理企业的份额。但是，由于基金的征收仅针对当年生产量，而废弃产品除了当年报废的以外，还有大量未被消化的存量，这些未被处理的废弃产品由于政策的刺激而流入市场，造成基金入不敷出的情况（表1-15）。另外，主导产品废电视机处理数量巨大，且补贴标准高也是造成处理基金失衡的主要原因。

表1-15 近几年我国废弃电器电子产品回收处理基金征收、拨付情况　单位：亿元

项目	2014 年	2015 年	2016 年
基金征收	28.78	27.15	26.10
基金拨付	33.92	53.97	47.14

数据来源：中国废弃电器电子产品回收处理及综合利用行业白皮书，2016。

② 补贴周期过长。由于审核过程严格，虽然有效确保废弃产品得到环保无害化处理，并杜绝了造假情况，但同时导致处理基金补贴从申报到资金发放的周期太长（实际处理时间和基金发放的时间大约有 1 年的滞后期），处理企业需垫付大量的流动资金，给企业的经营和运营带来巨大的困难[112]。

③ 开工率不足。虽然基金的实施引导废弃产品流入正规处理企业，但是距离规划产能仍存在一定差距。根据中国家用电器研究院的研究显示，2015 年进入废弃电器电子产品处理基金补贴名单的 109 家处理企业年处理能力超过 1.5 亿台，但实际拆解处理废弃电器电子产品约 7500 万台，仅为规划产能的 1/2。

④ 处理产品比例失调。根据环保部（现生态环境部）公布的 2013 年和 2014 年处理及审核数据显示，废电视机占所有处理产品比例分别为 93.8% 和 83.2%，而比例最小的产品房间空调器仅占全部处理产品的 0.1%。通过对 42 家处理企业 2015 年处理情况中产品型号的调研表明，小型产品的处理比例较高，其中电视机和洗衣机产品尤为明显。按照统计，25寸以下电视机占到总电视机处理量的约 65%。这是由于在新的补贴标准实施之前，处理所有产品获得的补贴相同，处理小型产品可以降低处理成本。

1.2.3.2 废弃电器电子产品拆解市场格局分析

随着废弃电器电子产品处理数量的不断增加，企业对于拆解处理技术和管理要求越来越高，根据 2015 年获得补贴资质的 109 家处理企业（表1-16）的电子废弃物处理数据来看，平均每个厂每天规范拆解废弃的电器电子产品为 1941 台。无论是拆解处理技术、装备水平以及处理的效率都呈现较大幅度的上升[113]。

表1-16 废弃电器电子拆解处理企业汇总

省(市、区)	企业数量/家	企业名称
北京	3	华新绿源环保产业发展有限公司
		伟翔联合环保科技发展(北京)有限公司
		北京市危险废物处置中心
河北	7	石家庄绿色再生资源有限公司
		河北万忠废旧材料回收有限公司
		秦皇岛天宝资源再生环保科技有限公司
		唐山中再生资源开发有限公司
		河北和兆益祥再生资源利用有限公司
		邢台恒亿再生资源回收有限公司
		文安县豫丰金属制品有限公司

省(市、区)	企业数量/家	企业名称
天津	4	TCL奥博(天津)环保发展有限公司 天津和昌环保技术有限公司 天津同和绿天使顶峰资源再生有限公司 泰鼎(天津)环保科技有限公司
山西	3	山西天元绿环科技有限公司 临汾拥军再生资源利用有限公司 山西洪洋海鸥废弃电器电子产品回收处理有限公司
黑龙江	3	黑龙江中再生废旧家电拆解有限公司 哈尔滨市群勤环保技术服务有限公司 佳木斯龙江环保再生资源有限公司
上海	5	上海新金桥环保有限公司 森蓝环保(上海)有限公司 上海电子废弃物交投中心有限公司 伟翔环保科技发展(上海)有限公司 鑫广再生资源(上海)有限公司
吉林	2	吉林省三合废弃电器电子产品回收处置有限公司 吉林市金再废弃电器电子产品回收利用有限公司
辽宁	3	辽宁牧昌国际环保产业集团有限公司 大连大峰野金属有限公司 辽宁华强环保集团废旧家电处理有限公司
山东	4	山东中绿资源再生有限公司 鑫广绿环再生资源股份有限公司 青岛新天地生态循环科技有限公司 烟台中祈环保科技有限公司
江苏	8	南京凯燕电子有限公司 苏州同和资源综合利用有限公司 江苏苏北废旧汽车家电拆解再生利用有限公司 苏州伟翔电子废弃物处理技术有限公司 扬州宁达贵金属有限公司 南通森蓝环保科技有限公司 常州翔宇资源再生科技有限公司 南京环务资源再生科技有限公司
浙江	5	浙江青茂环保科技有限公司 杭州松下大地同和顶峰资源循环有限公司 浙江盛唐环保科技有限公司 浙江蓝天废旧家电回收处理有限公司 台州大峰野金属有限公司
安徽	6	芜湖绿色再生资源有限公司 安徽广源科技发展有限公司 安徽超越环保科技有限公司 安徽福茂再生资源循环科技有限公司 安徽首创环境科技有限公司 阜阳大峰野再生资源有限公司
河南	6	中再生洛阳投资开发有限公司 郑州格力绿色再生资源有限公司 河南格林美资源循环有限公司 郑州弓长昱祥电子产品有限公司 康卫(集团)有限公司 河南艾瑞环保科技有限公司

省(市、区)	企业数量/家	企业名称
福建	4	厦门绿洲环保产业股份有限公司 福建省宏源环境资源有限公司 福建全通资源再生工业园有限公司 三明市万源再生资源有限公司
江西	4	江西格林美资源循环有限公司 江西同和资源综合利用有限公司 江西中再生资源开发有限公司 赣州市巨龙废旧物资调剂市场有限公司
湖北	7	荆门市格林美新材料有限公司 大冶有色博源环保股份有限公司 格林美(武汉)城市矿产循环产业园开发有限公司 湖北东江环保有限公司 湖北金科环保科技股份有限公司 湖北蕲春鑫丰废旧家电拆解有限公司 武汉市博旺兴源环保科技股份有限公司
湖南	4	湖南绿色再生资源有限公司 湖南万容电子废弃物处理有限公司 湖南省同力电子废弃物回收拆解利用有限公司 株洲凯天环保科技有限公司
广东	7	佛山市顺德鑫还宝资源利用有限公司 清远市东江环保技术有限公司 广东华清废旧电器处理有限公司 茂名天保再生资源发展有限公司 广东赢家环保科技有限公司 汕头市 TCL 德庆环保发展有限公司 惠州市鼎晨实业发展有限公司
广西	1	广西桂物资源循环产业有限公司
陕西	2	陕西九洲再生资源有限公司 陕西新天地废弃电器电子产品回收处理有限公司
四川	6	成都仁新科技股份有限公司 什邡市大爱感恩环保科技有限公司 四川长虹格润再生资源有限责任公司 四川长虹电器股份有限公司 四川中再生资源开发有限公司 四川省中明再生资源综合利用有限公司
重庆	2	重庆市中天电子废弃物处理有限公司 重庆中加环保工程有限公司
贵州	2	遵义绿环废弃电器电子产品回收处理有限公司 贵阳市物资回收有限公司
甘肃	2	兰州泓翼废旧电子产品拆解加工中心 甘肃华壹环保技术服务有限公司
青海	1	青海云海环保服务有限公司
宁夏	1	宁夏亿能固体废弃物资源化开发有限公司
新疆	2	新疆金塔有色金属有限公司 乌鲁木齐惠智通电子有限公司

省(市、区)	企业数量/家	企业名称
内蒙古	3	华新绿源(内蒙古)环保产业发展有限公司
		内蒙古新创资源再生有限公司
		通辽华强废旧家电处理有限公司
云南	2	云南华再新源环保产业发展有限公司
		云南巨路环保科技有限公司

2015 年全国废弃电器电子产品拆解处理企业主要分布在京津冀、长江三角洲、珠江三角洲以及河南、湖北、湖南等中部地区。目前在天津、上海、武汉等城市已培育形成了 TCL 奥博（天津）环保有限公司、上海新金桥环保有限公司、格林美（武汉）城市矿产循环产业园开发有限公司等一批废弃电器电子产品回收拆解龙头企业，他们的拆解技术设备比较全面规范，一方面有效回收利用了城市中产生的各类废弃电器电子产品，另一方面也不会造成对环境的二次污染。他们拥有自动化程度高、生产效率高的废弃电器电子产品拆解回收线，普遍采用四轴撕碎机、专用电子垃圾二级破碎机、泡膜破碎机等先进设备。例如，这些企业拆解一台电视机，拆解工作要在两个车间甚至两个企业完成。首先初步拆解、回收塑料以及铜、铝、铁等材料；之后在深度提纯加工厂或车间完成线路板等零部件的拆解加工，这样既可以提高回收利用率，又保证不会造成二次污染。但仍然存在一些废旧物资回收站和一些没有处理资质的小作坊把收来的电子废弃物就地拆卸，将有价值的物质分类回收：一些金属零部件、玻璃、塑料直接转卖给制造商再制造使用；采取酸泡、焚烧等方式回收电路板、电线中的金属资源。

我国废弃电器电子产品相关的标准如表 1-17 所列。

表 1-17　我国废弃电器电子产品相关的标准

序号	标准编号	名称
1	GB/T 21097.1—2007	家用和类似用途电器的安全使用年限和再生利用通则
2	GB/T 21474—2008	废弃电子电气产品再使用及再生利用体系评价导则
3	GB/T 23685—2009	废电器电子产品回收利用通用技术要求
4	GB/T 26259—2010	废弃通信产品再使用技术要求
5	HJ 527—2010	废弃电器电子产品处理污染控制技术规范
6		废家用电器处理回收利用污染控制技术规范(征求意见稿)
7	GB/T 50678—2011	废弃电器电子产品处理工程设计规范
8	GB/T 27686—2011	电子废弃物中金属废料废件
9	YS/T 766—2011	电子废弃物的贮存安全规范
10	YS/T 765—2011	电子废弃物的运输安全规范
11	SB/T 10899—2012	废电视机回收技术规范
12	GB/T 29769—2013	废弃电子电气产品回收利用　术语
13	SB/T 10398.2—2013	旧货品质鉴定　第 2 部分:旧电器电子产品鉴定要求
14	DB44/T 1512—2014	再生资源　废弃家用电器拆解处理技术规范
15	QB/T 4675—2014	家用制冷器具在维修、报废时 CFC、HFC 回收规范
16	GB/T 31371—2015	废弃电子电气产品拆解处理要求　台式微型计算机
17	GB/T 31372—2015	废弃电子电气产品拆解处理要求　便携式微型计算机
18	GB/T 31373—2015	废弃电子电气产品拆解处理要求　打印机
19	GB/T 31374—2015	废弃电子电气产品拆解处理要求　复印机
20	GB/T 31375—2015	废弃电子电气产品拆解处理要求　等离子电视机及显示设备
21	GB/T 31376—2015	废弃电子电气产品拆解处理要求　液晶电视机及显示设备
22	GB/T 31377—2015	废弃电子电气产品拆解处理要求　阴极射线管电视机及显示设备

序号	标准编号	名称
23	GB/T 32885—2016	废弃电器电子产品处理企业资源化水平评价导则
24	DB51/T 2186—2016	废弃电器电子产品回收规范
25	SB/T 11176—2016	废弃电器电子产品分类
26	SB/T 11189—2017	废旧手机网络交易规范

1.2.4 其他制造业中的金属二次资源

1.2.4.1 机械和冶金工业

近年来，我国钢铁工业发展迅速，我国已经成为世界上产钢铁大国之一。但同时由于我国工业化进程快，废钢消费量每年上涨14%。我国废钢来源有社会采购和冶金企业的自产废钢。由于我国钢铁加工技术不完善，企业自产废钢在我国废钢来源中占比较大。此外，由于对废钢铁的需求量大，而我国的废钢铁并不能满足其需求，所以只有从国外进口废钢铁[114]。据中国废钢应用协会统计，2017年上半年，废钢铁资源产生量为6635万吨，同比增加2326万吨，增幅为53.9%。其中，受益于取缔地条钢等政策的推动，社会采购废钢铁增长明显，达到3703万吨，增幅为74.7%；企业回收废钢铁2801万吨，同比增加711万吨，增幅为34%；进口废钢铁131万吨，同比增加了32万吨，增幅为32.3%。

废钢铁回收利用产业作为节能减排、再生利用、循环经济工程的重要组成部分和支柱产业，可以实现经济效益、环境效益和社会效益的均衡发展[115]。国务院和国家相关部委对废钢铁回收利用产业的发展给予高度的关注和扶持，特别是国家"十三五"发展规划的出台为我国废钢铁回收产业的发展壮大提供了良好的契机，工业和信息化部发布了《废钢铁加工企业准入条件》《废钢铁加工行业准入公告管理暂行办法》《关于加强废钢铁加工已公告企业管理工作的通知》，中国废钢铁应用协会发布了《废钢铁产业"十三五"规划》，这些法规为推动我国废钢铁加工行业有序、健康发展提供了有效的制度保障，推动废钢铁行业向产业化、产品化和区域化发展。

目前，我国废钢行业重点企业经营发展方向，既有综合性大型废旧金属回收集团公司，如葛洲坝、中再生、大连环嘉；也有稳定供货商型企业，如中节能、诚通、中钢及一批经营能力较强的民企。中国再生资源开发有限公司以区域大型分拣为核心，回收—分拣—加工—配送一体化经营，在全国23个省（区、直辖市）初步构建起环渤海、东北、华东、中南、华南、西南和西北七大区域回收网络，建立11个大型国家级再生资源产业示范基地、3个区域性集散交易市场、70多家分拣中心和5000多个回收网点。

目前我国废钢回收生产线包括废钢及钢屑破碎打包生产线、重废钢处理生产线、钢渣处理生产线[116]。

（1）废钢及钢屑破碎打包生产线

抓钢机将废钢物料抓到输送机上，物料上升进入夹送辊碾压机，挤压整形后进入破碎机，无法破碎的废钢经破碎机的排料门弹出。破碎后的物料进入振动输送机，在除尘装置中把混在废钢中的非金属杂质及粉尘去除后，送至磁选系统分离有色金属与黑色金属，有色金属进入收集装置，而黑色金属由堆料机堆料。

为了便于破碎后的废钢、钢屑的输送和上料，减少装炉次数，破碎废钢被压块、打包成捆。破碎废钢由抓钢机运至打包机料箱，从多个方向挤压压缩，按工艺要求压成不同尺寸的废钢块,最后运至配料车间分类储存。

(2)重废钢处理生产线

原料为企业自产的各种锻件、铸件帽口及报废的轧辊等。原料运至切割处理生产线,其中厚度>800mm的重废钢用龙门式大截面切割机切割,厚度为400~800mm的重废钢用龙门式切条切割机切割,形状不规则的重废钢由人工切割。切割后的废钢运至堆场分类储存。

(3)钢渣处理生产线

1)焖渣处理工艺流程

出渣后,将渣罐运输到焖渣间,起重机吊起渣罐将钢渣倒入焖渣坑,焖渣坑装满后盖上焖渣盖,并喷水热焖;至钢渣温度降至60℃以下,打开并移走焖渣盖,由液压挖掘机将焖渣坑内的粉化钢渣抓运至钢渣破碎磁选生产线。

2)破碎磁选生产线工艺流程

由焖渣坑运来的钢渣在焖渣间振动筛初次筛分,<200mm粒级的钢渣经皮带输送机输送到一级振动筛,>50mm的物料经一级破碎机破碎后和筛下物一起经皮带输送机输送到二级振动筛,>5mm的钢渣经二级破碎机破碎后,由皮带机运回至二级振动筛再次筛分,<5mm的合格钢渣经磁选后运到钢渣堆棚间暂存,磁选出的废钢由皮带机运到废钢料仓储存。筛选出的钢渣被运至钢渣微粉生产线。

3)钢渣微粉生产线工艺流程

粉磨物料经过多次挤压完成粉磨之后送至空气分级机进行分选,不合格的物料经过磁选机,分离出的固态金属颗粒被送至回收料箱,其余物料送回辊磨机继续粉磨。粉磨合格的微粉被运至储存车间。

1.2.4.2 催化剂行业

当今90%炼油、石化、制药等行业均需要催化剂的参与,全球每年消耗的工业催化剂约为80万吨(不包括烷基化用的硫酸与氢氟酸催化剂),其中炼油催化剂约占52%、化工催化剂约占42%、汽车尾气催化剂约为6%。目前,我国可以回收的催化剂包含:含镁催化剂、含镍催化剂、废钯-碳催化剂、含钼催化剂、含钴催化剂等类型。

欧美等发达国家在20世纪50~60年代就开始了废催化剂的回收研究,经过几十年的发展已经形成了完整的产业体系,我国废催化剂回收工作起步较晚。1971年抚顺石化三厂开始从废重整催化剂中回收铂和铼等稀、贵金属。1999年抚顺石油三厂催化剂厂与三吉公司和海南坤元贵金属有限公司,联合投资兴建了处理能力为150t的废铂催化剂回收装置,年产铂金属450kg,回收铂质量分数达99.98%[117]。近年来,随着国家对环保的重视,加上金属价格上涨,国内已有多家公司和研究机构对废催化剂中的铂、钯、金、铑、钌、钴、铝、铼、镍、铜等有价金属进行回收(表1-18),但与国外相比,我国废催化剂回收企业生产规模小,技术力量薄弱,废催化剂的回收利用率低。

表1-18 国内部分从事废催化剂回收的单位

单位名称	主要回收领域
抚顺石油化工公司催化剂厂	国内的最大废铂催化剂回收基地
仪征化纤股份有限公司化工厂	Co-Mn-Br三元催化剂的回收利用
湖南省郴州市湘晨高科实业有限公司	含锡、铋、镍、钴、锑、铅、锌、铜等废料的回收、冶炼
济南朝晖科技有限公司	PTA催化剂回收利用

单位名称	主要回收领域
西安凯立化工有限公司	铂族金属废料回收利用
苏州市吴中区胥口试剂厂	铂、钯等贵金属废料的回收利用
抚顺石化公司洗涤剂化工厂	羰基合成废催化剂回收
浙江省冶金研究院贵金属公司	回收各种含铂、钯、镍、铑、钌废催化剂

废催化剂回收利用是根据催化剂的组成、含量、载体种类以及回收物的价值、收率、企业设备技术能力及回收费用等综合决定。其主要包括催化剂预处理、有价金属提取和纯化三步。

废催化剂预处理的目的是除去吸附在废催化剂内的水分、有机物、硫等其他有害杂质，同时对废催化剂的内在结构和外型优化，使之满足后续工序要求。废催化剂的预处理一般包括干燥、焙烧、脱脂、脱硫、氧化还原等过程。干燥过程可脱除浆状废催化剂中的部分水分，使其固体含量达 20% 以上，焙烧或脱脂过程可用于脱除废催化剂中油类、烃类及其他有机物，对于含硫量较高的废催化剂焙烧时需进行烟气脱硫，以免污染环境。对于有有毒附着物如含氰、砷等的废催化剂采用氧化还原等化学反应解毒。

从废催化剂中提取有价金属的主要方法有火法、湿法和火法-湿法结合法三种[118]。

（1）火法

废催化剂火法回收工艺流程如图 1-10 所示，一般利用加热炉将废催化剂与还原剂及助熔剂一起加热熔融，使金属组分经还原熔融成金属或合金回收，作为合金或合金原料，而载体则与助熔剂形成炉渣排出。钴-钼/Al_2O_3、镍-钼/Al_2O_3、铜-镍、镍-铬等催化剂均可采用火法回收。但是火法能耗较高，在熔融、熔炼过程中可能会释放出 SO_2 等气体[119]。

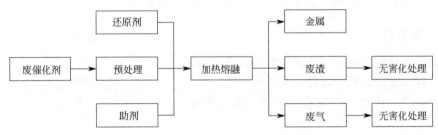

图 1-10　废催化剂火法回收工艺流程

（2）湿法

废催化剂湿法回收工艺流程如图 1-11 所示，采用酸、碱或其他溶剂溶解废催化剂的主要成分，滤液除杂纯化后，分离得到难溶于水的硫化物或金属氢氧化物，干燥进一步加工形成最终产品。贵金属催化剂、加氢脱硫催化剂、铜系及镍系催化剂一般采用湿法回收。湿法处理废催化剂，会产生大量酸、碱废液造成二次污染。

（3）火法-湿法结合法

以炭为载体的铂族金属催化剂，由于炭质载体的吸附能力很强，直接浸溶法处理效果不理想。但该类催化剂载体极易燃烧，因此采用氧化焙烧（焙烧温度一般控制在 450～650℃）脱碳后，采用湿法回收烧渣中的铂族金属。载体燃烧后贵金属得到有效富集，可提高贵金属回收率。

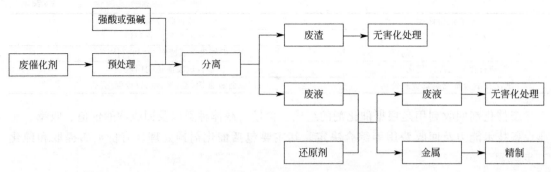

图 1-11　废催化剂湿法回收工艺流程

1.2.4.3　交通运输业

船舶拆解利用是再生资源回收管理的重要环节，发展拆船业有益于促进船舶工业节能减排，同时获得大量可再利用物资，减少矿产资源消耗。目前，中国拆船业已形成了以珠江三角洲和长江三角洲两大拆船基地为龙头，其他沿海少量拆船厂为补充的合理格局，大都采用安全环保的码头或船坞拆解方式，年拆解能力已达到 300 万轻吨。

国家通过制定一系列法律法规和政策，促进拆船业规范发展。2002 年，"发展拆船业"被列入《再生资源回收利用"十五"规划》。2005 年，国家发展改革委发布了作为行业标准的《绿色拆船通用规范》（WB/T 1022—2005）。2006 年，又制定了拆船业发展规划。2009年国务院常务会议通过的《船舶工业调整和振兴规划》中指出要规范发展拆船业，实行定点拆解。拆船业虽然在船舶建造、航运、生产、作业、拆解的循环产业链的末端，但拆船业在处置废船资源方面不可或缺，它承担船舶产业链末端社会责任。

1.2.4.4　电力行业

电缆经过长时间的使用会造成外皮的腐蚀或内芯损坏，为了保证生产的顺利进行以及及时供电，必须要更换废旧电缆，所以每年都有大量的电缆被废弃，废弃电缆主要为铜线或铝线[120]。

废电缆资源化拆解技术主要是将覆于铜线外缘的塑料和金属部分分离，使铜线得以熔炼再生。国内最初采用焚化的方式，去除表面塑料后回收铜线，操作费用低廉，但焚化过程中产生二噁英等废气，危害人体并且严重污染周围环境，因而被禁止。其余拆解技术有机械法、化学法、低温冷冻法和热解法等[121]。

（1）机械法拆解技术

机械法拆解技术是目前国内外使用最广泛的方法，其设备构造简单，操作技术成熟。其原理是利用机械剪切力将电线电缆破碎成颗粒状，再利用密度、磁力或静电分选将破碎后的非金属与金属分离（图 1-12）。

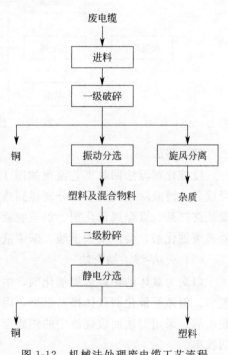

图 1-12　机械法处理废电缆工艺流程

（2）化学法拆解技术

化学法是利用不与金属（铜、铝）发生反应的盐类溶液或有机溶剂来溶解绝缘体，之后分离得到金属组分。一般而言，如PVC可采用二氯乙烷、环己酮、甲酰替二甲胺、四氢呋喃或丁酮等作溶剂。

（3）冷冻处理拆解技术

冷冻法是利用冷冻剂处理废电缆，冷冻后的电缆外皮变脆，因而易于破碎剥离，而铜和铝延展性较好，之后利用磁选、筛分、水力分级、比重分选而将电缆中的金属组分分离出来。一般冷冻剂采用液态氮或干冰（固态CO_2）。

1.3 典型金属二次资源利用过程污染控制

1.3.1 环境污染问题

有色金属二次资源利用过程中，通常需要先将废料进行预处理，如粉碎、分选，之后通过火法冶金或湿法冶金精炼金属。由于不同回收企业采用的回收利用工艺不同，产生的"三废"物质的成分、含量差异很大，相应的治理措施和方法不同。无论是湿法工艺还是火法工艺，在处置有色金属二次资源过程中都将产生废水、废气和废渣[122]。回收二次资源产生污染的环节和污染类型包括：

① 除焊锡过程中低熔点金属挥发废气、废料粉碎时产生的工业粉尘；

② 湿法处理过程中产生酸性废气、酸碱废水和含重金属废水；

③ 废料上未剥离的涂层和依附在废料表面或夹层中的油污、塑料、橡胶树脂、纤维等可燃物焚烧或热解时产生的含溴废气等有毒废气。

回收工艺的污染环节及污染类型分析见表1-19[123]。

表 1-19 回收工艺的污染环节及污染类型

工艺名称	废气		废水		固废
	污染环节	主要污染物	污染环节	主要污染物	
机械法分离分选（干法）	破碎	颗粒物、汽油、机油、HF			
	除焊锡	锡、铅及其化合物			非金属富集体
机械法分离分选（湿法）			水力分选	悬浮物	非金属富集体
湿法冶金	酸浸	氯化氢、氮氧化物	目标金属水洗	酸性含重金属废水	
火法冶金	焚烧熔融	二噁英			

（1）废水

二次资源回收过程中要用到大量的水，同时会排出相当数量的废水，根据其所含污染物成分不同可以分为酸碱废水、有机废水和重金属废水。废水处理技术主要有物理法、化学法、生物法、物化法、生化法等，其中物理法主要有沉淀、过滤、离心、混合等各种方法；化学法主要包括中和法、混凝沉淀法、氧化还原法等；生物法主要有活性污泥法和生物膜法等。在废水处理过程中，通常结合几种不同的方法，设置几个单元进行多级处理，最终才可能达到预期的效果。

（2）废气

废气是大气中污染存在的主要形式，根据其存在的状态，可以分为气溶胶态污染物和气态污染物两大类，前者主要利用各种除尘技术除去；后者则是利用气态污染物中各种成分性质的差异除去。对于前一种污染物的处理技术主要有干法除尘、湿法除尘、过滤除尘和静电除尘四种方法，当然也不能用单一的方法，必须要多种方法配合，如果除尘效果差的话还要采用多级处理的方法，这样才能满足要求。而对于后一种污染物的处理技术主要有吸收法、吸附法、冷凝法、催化氧化法和燃烧法等，因为后一种污染物不是简单的物理法可以去除的，所以通常采用化学法使污染物转移相位，之后有效收集，最终达到去除的效果。

（3）废渣

废渣来源广泛，种类繁多。废渣的处理技术主要通过物理、化学、生物的方法，对固体废弃物进行压实、破碎、分选、脱水、中和、浸出等处理，以达到无害化或者降低毒性，或者使其转变成适于进一步处理的形态。对于废渣还有一种热处理的方法，就是通过高温来改变固体废物的物化特性的处理方法，采用热处理的方法可以达到减容、消毒、减轻污染、回收能量和有用化学物质的目的。常用的热处理的方法有焚烧、热解、焙烧和烧结等。

1.3.2 污染控制技术

有色金属二次资源组成复杂，对其废弃物污染进行有效管理有一定的难度[124]。基于全过程污染控制的思想，归纳总结了金属二次资源污染综合控制框架图（图1-13），控制技术主要分为源头控制、过程控制及末端治理等[125]。

只有实行全过程污染控制，才能真正有效实现废气、废水、废渣的最大减排。

① 源头控制是一种积极、主动的方式，在产品生命周期的初始阶段就带着减小或避免污染产生的目的。

② 过程控制是指从投料开始到成品的整个过程对每个工段产生的污染物进行连续监控，通过优化操作条件减少污染[126]。

③ 末端治理是一种消极、被动方式，在产品生命周期的末端针对产品已产生的污染开展并实施有效的治理技术[127]。

1.3.2.1 源头控制技术（污染减量化）

一般来讲，从源头控制污染物的产生远比开发末端治理技术更加合理，包括改进设计、更换原材料、调整工艺以及各种操作技术手段[128]。用于从源头减少有色金属二次资源污染的方法主要有两种，即改进设计和制造原材料。

（1）设计

产品结构设计在其生命周期工程设计中有着重要作用，应在保证使用功能的条件下考虑节约材料、易装配、可拆卸性等方面。可拆卸回收设计有利于"可重复利用部分"在产品报废后有效回收和重复使用，即在产品设计初期就充分考虑易拆卸的连接方式、回收的可能性、回收处理方法及结构工艺等一系列问题。要保证产品质量，最大限度地延长使用时间。同时减少使用材料数量和种类，便于末端治理。

（2）材料选用

产品选材应从以下两个方面着手，一方面保证产品的质量，另一方面应考虑材料对环境

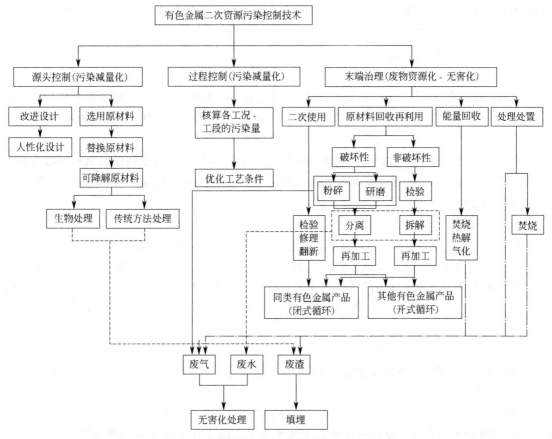

图 1-13　有色金属二次资源利用全过程污染控制

的影响。选材时应遵循以下原则：

① 减少使用材料的种类，尽量用成分类似的材料进行加工，以避免或简化回收处理时的成分分离程序。

② 选用对生物体无毒害作用的可降解材料。

1.3.2.2　过程控制技术（污染物减量化）

采用生产过程控制系统可以保证各工况的稳定，通过对进、出料组分、温度、停留时间、气体和烟尘组分进行连续监控，监测产生污染较多或导致金属回收率明显下降的环节，并且可以通过调整工艺参数优化生产工艺[129]。

例如，在回收铝合金的过程中如炉铝料中含有油脂、涂料、塑料和橡胶等有机物不仅会降低金属回收率，而且严重污染环境，夹带铁、铜等其他金属会导致再生铝合金品质较差。对收集的含铝废料进行细致的分类、破碎-磁选-涡流分选等，以最大限度减少有机物；对表面有涂料覆盖的铝合金采用高压水冲刷工件表面，对于易拉罐等轻薄料表面的涂料可用焚烧法，使涂料气化、分解、燃烧；对于废杂铝中夹杂有铜、铅等有色金属，可采用重介质选矿法和抛物选矿法把废杂铝中密度不同的各种废有色金属分开[130]。

1.3.2.3　末端治理技术（废物资源化、无害化）

从源头控制和过程控制完全消除有色金属二次资源的污染是不可能的，因此应选择合理的技术处理无法从源头消除的污染。目前末端治理技术主要包括回收利用技术（以实现资源化为主）和处理处置技术（以实现无害化为主）[130]。

（1）回收利用技术（资源化）

1）二次使用

其目的在于直接延长产品生命周期、减少废弃后的各种处置工作、提高资源利用率。但二次使用并未从根本上解决污染问题，只是延缓污染，或将污染从发达地区转移到欠发达地区。

2）原材料回收再用

资源化回收首先是尽量让废弃物重新转变为有用的物质。将还能利用的材料通过拆解、有效回收及再制造等先进技术，把有用的成分分离出来，再应用于其他用途，而使废弃物重新获得使用价值。

3）能源回收

废弃材料经过拆解、分类后，回收价值较差有机组分具有一定的能量价值，可通过焚烧、热解和气化等技术进行能量回收。然而，由于焚烧会释放大量的有害气体，该种处理方式已越来越不为公众所接受。热解技术可将所有含碳物质转换为可燃气体（如一氧化碳、氢气和甲烷），更加清洁方便，且能量转换效率比直接焚烧有较大提高，是一种有发展前途的可再生能源利用方式。

（2）处理处置技术（无害化）

针对金属二次资源金属提取和精炼过程中产生的废气、废水和废渣，主要采用无害化处理。

1）废气

废气按其存在的状态可以分为气溶胶态污染物和气态污染物两大类。

① 气溶胶态污染物主要通过各种除尘技术除去，除尘技术就是利用两相流动的气固或液固分离原理捕集气体中的颗粒物。目前应用比较广泛的除尘技术有机械式除尘技术、静电除尘技术、过滤除尘技术、湿式除尘技术四种，处理过程中通常采用四种方法中的几种配合处理。几种除尘方法优缺点如表 1-20 所列[131]。

② 气态污染物中根据各种成分性质的差异，分为一般废气、酸性废气、碱性废气和有机废气[132]。酸性废气、碱性废气通常采用吸收及吸附法处理，通过控制 pH 值保证废气处理效率[133]。对于酸性废气洗涤塔，pH 值越高处理效果越好，但实际运行中 pH 值过高会增加运行成本，并产生结晶等问题，危及生产安全，因此 pH 值通常控制在 8~10 之间。同样，对于碱性排气洗涤塔，pH 值通常控制在 3~6 之间。有机排气通常采用直接焚烧、活性炭吸附、生物氧化等方法进行处理，但低浓度、大风量的有机废气直接焚烧会造成大量的燃料消耗和不必要的污染，因此需考虑将有机废气浓缩后再进行焚烧处理[134,135]。

表 1-20 除尘技术优缺点对比

技术名称	机械式除尘			静电除尘	过滤除尘	湿式除尘
	沉降除尘	惯性除尘	旋风除尘			
除尘范围	>100μm	>20μm	>5μm	>0.5μm	>0.5μm	>0.1μm
优点	结构简单、易维护、气流阻力低、投资少、施工快、节省钢材、维护费低、维修周期长、耐高温	结构简单、运行阻力小、耐高温	处理量大、耐高温、操作维修方便、分离效率高、对粉尘适应范围广	除尘效率高、设备阻力低、处理烟气量大、运行费用低、维护工作量少且无二次污染	除尘效率高，适用于细微粉尘，适应性强，使用灵活，结构简单，维护简单	除尘效率高，占地面积小，运行阻力较低，气体可适应性强

技术名称	机械式除尘			静电除尘	过滤除尘	湿式除尘
	沉降除尘	惯性除尘	旋风除尘			
缺点	效率低	效率较低	占地面积大、钢材耗材多、运行成本较高	适应性较差,除尘后烟气有时达不到要求	不耐高温;耐腐蚀性弱;对含有黏附性强或吸湿性强粉尘的气体不适用;处理气量大时结构耗材多占地大;运行阻力大,运行成本较高	产生的泥浆沉渣和废水需要处理,粉尘回收困难,处理腐蚀性气体时需要采取防腐措施,低温地区需要防冻,易产生二次污染

2) 废水

有色金属二次资源回收过程中产生的废水污染物成分复杂,生物毒性大,水质波动性较大,无机盐含量较高。目前废水处理常常采用化学沉淀法、生物法、离子交换法、膜分离法、萃取法和电解法等,各种处理工艺在特定的范围内有较好的效果[136,137]。

① 化学沉淀剂法是较主要的化工废水处理方法,其采用化学试剂(石灰、石灰石、碳酸钠等)和废水中部分离子反应,生成难溶的金属氢氧化物沉淀,过滤除去实现对废水的净化[136]。在实际处理过程中,石灰或石灰石应用最为普遍,其优点是对酸性废水的浓度、水量和排放点的适应性较强,但治理成本高,沉渣多且难以处理。其他的化学沉淀剂法还有硫化物沉淀法、铁氧化沉淀法及钡盐沉淀法等。

② 生物法是通过微生物和金属离子之间相互作用来达到效果,其主要是根据微生物对金属的自然吸附、生物蛋白与重金属结合以及生物代谢产物对金属的沉淀作用[138]。

③ 离子交换法利用离子交换树脂上的氨基、羟基基团与废水中的金属离子螯合并置换出来。离子交换法可以作为预处理工艺脱除各种金属离子,达到有效除盐的目的。其缺点是处理费用昂贵,废水中的固体悬浮物会堵塞树脂从而使离子交换树脂失去效果[139]。

④ 萃取法是利用废水中的某种污染物在萃取剂中的溶解度比水在其中的溶解度大,从而从废水中分离出污染物的方法,反萃取后可电解得到金属。该方法的优点是设备简单、操作容易,但这种方法要求废水中的金属含量较高,否则处理效率低、成本高。

⑤ 有色金属二次资源回收过程中产生的废水导电性较高,可以在阴、阳两级间产生强电流使污染物发生氧化还原反应从而去除,电解法能有效地降低废水中的 COD,对污水适应性强,去除效果好,但运行费用较高[140]。

3) 废渣

经过机械处理和火法、湿法处理后剩余的固体废物形态各异,根据其是否含有有毒物质可分为有害废物和一般废物两类。废渣处理方法主要有焚化、压实、填埋、化学处理和生物处理[141]。

① 焚化法是通过高温使废渣中的有害成分分解,转化成二氧化碳、水和灰分,以及少量含硫、氮、磷和卤素的化合物等。该法不适用于含有重金属元素等在高温下无法降解的废渣。

② 压实处理是废渣常规的处理方法,主要是对废弃物品进行压实,然后实行减容处理。压实技术可以降低废物处理成本,适用于可降解废物,无危险废物。目前,也有使用废渣制备井盖、垃圾桶等市政用品[142]。

③ 填埋是传统处理技术中的一种,也是现阶段应用最多的技术。做到安全填埋,需要提前对地质和水文进行调查,选择干旱或半干旱地区,保证不发生渗漏;对废弃物淋出液要

进行监测；填埋水溶性物质时，要铺设沥青、塑料，以防底层渗漏；对填埋的废弃物的数量、种类、存放位置等均应做相应记录，避免各成分间发生化学反应。

④ 化学处理法是通过化学反应使有毒废渣达到无毒或减少毒性[143]。通常采用的方法有酸碱中和法、氧化还原法、化学沉淀处理法，用水泥、沥青、硅酸盐等材料进行化学固定。

⑤ 生物处理技术是利用微生物对废渣进行降解，达到自然、绿色处理废物的目的。经过降解的废物可以参与自然界的微循环，促进自然发展，但生物处理技术对微生物生存环境要求较高，降解时间长，因而仅应用于沼气化、堆肥化等[143]。

参考文献

[1]　国务院.中国制造 2025 [R]. 2015.

[2]　中国工程院.制造强国战略研究报告 [R]. 2015.

[3]　我国查明矿产资源居世界第三位 [J].煤矿开采，2005（2）：32-32.

[4]　项安波.工业化进程中的中国矿产资源战略选择 [J].中国发展评论：2010，000（003）：P. 65-69，175-181.

[5]　自然资源部中国地质调查局国际矿业研究中心.全球矿业发展报告 [R]. 2019.

[6]　The US Department of State. Energy Resources Governance Initiative [R]. 2019.

[7]　Katy Roelich，David A. Dawson ，Phil Purnell ，et al. Assessing the dynamic material criticality of infrastructure transitions：A case of low carbon electricity [J]. Applied Energy，2014（123）：378-386.

[8]　The Ad-hoc Working Group on Defining Critical Raw Materials. Critical Raw Materials for the EU [R]. 2010.

[9]　U. S. Department of Energy. Critical Materials Strategy [R]. 2011.

[10]　Erdmann L，Graedel T. Criticality of non-fuel minerals：A review of major approaches and analyses [J]. Environ. Sci. Technol，2011（45）：7620-7630.

[11]　Graedel T，Barr R，Chandler C，et al. Methodology of metal criticality determination [J]. Environ. Sci. Technol，2012（46）：1063-1070.

[12]　Schrijvers D，Hool A，Blengini G A，et al. A review of methods and data to determine raw material criticality [J]. Resources，Conservation and Recycling，2020（155）：104617-104634.

[13]　BGS. Risk List 2015—An Update to the Supply Risk Index for Elements or Element Groups That are of Economic Value. British Geological Survey [R]. 2015. https：//doi. org/10. 1017/CBO9781107415324. 004.

[14]　BGS. Risk List 2012 [R]，British Geological Survey，2012.

[15]　BGS. Risk List 2011 [R]，2011.

[16]　Bach V，Finogenova N，Berger M，et al. Enhancing the assessment of critical resource use at the country level with the SCARCE method-case study of Germany [J]. Resour. Policy，2017 6，53：283-299.

[17]　Graedel T E，Nuss P. Employing considerations of criticality in product design [J]. JOM 66，2014，2360-2366.

[18]　Graedel T E，Reck B K. Six years of criticality assessments：What have we learned so far? [J] J. Ind. Ecol，2015，20：692-699.

[19]　Griffin G，Gaustad G，Badami K. A framework for firm-level critical material supply chain management and mitigation [J]. Resour. Conserv. Recyl，2019，60：262-276.

[20]　European Commission. Report on Critical Raw Materials for the EU，Report of the Ad Hoc Working Group on Defining Critical Raw Materials [R]，2014.

[21]　European Commission. Report on Critical Raw Materials for the EU—Critical Raw Materials Profiles [R]，2014.

[22]　European Commission. Methodology for Establishing the EU List of Critical Raw Materials 30 [R]，2014.

[23]　European Commission. Study on the Review of the List of Critical Raw Materials—Criticality Assessments. European Commission [R]，2017.

[24]　European Commission. Communication from The Commission To The European Parliament，The Council，The European Economic And Social Committee and The Committee of The Regions on the 2017 List of Critical Raw Materials for the EU [R]，2017.

[25] European Commission. Study on the Review of the List of Critical Raw Materials—Critical Raw Materials Factsheets [R], 2017.

[26] Yan W, Wang Z, Cao H, et al. Criticality assessment of metal resources in China [J]. iScience, 2021, 24 (6): 102524-102544.

[27] Song J, Yan W, Cao H, et al. Material flow analysis on critical raw materials of Lithium-ion batteries in china [J]. Journal of Cleaner Production, 2019 (215): 570-581.

[28] 李泓依. 现代汽车电子技术的应用现状及发展趋势 [J]. 电子技术与软件工程, 2018 (4): 242.

[29] 刘志峰, 张少亭, 宋守许, 等. 报废汽车拆卸回收的经济性分析 [J]. 合肥工业大学学报 (自然科学版), 2009, 32 (3): 347-750.

[30] 秦晔, 王翔, 陈铭, 等. 废旧汽车循环再利用的经济性评估 [J]. 机电一体化, 2006, 12 (1): 76-79.

[31] 雪晶, 胡山鹰, 杨倩. 中国废旧汽车再生资源潜力分析 [J]. 中国人口·资源与环境, 2013, 23 (2): 169-176.

[32] 霍立伟, 霍帅. 汽车钢铁元素分析 [J]. 工业 b, 2016 (12): 302.

[33] 小宫幸久. 汽车用钢铁材料的现状和发展动向 [J]. 鞍钢技术, 2004 (4): 65-67.

[34] 康永林, 朱国明. 中国汽车发展趋势及汽车用钢面临的机遇与挑战 [J]. 钢铁, 2014, 49 (12): 1-7.

[35] 陆匠心, 王利. 高强度汽车钢板的生产与使用 [J]. 世界汽车, 2003 (7): 45-49.

[36] 陆匠心, 王利, 应白桦, 等. 高强度汽车钢板的特性及应用 [J]. 汽车工艺与材料, 2004 (6): 13-5.

[37] 袁序弟. 轻金属材料在汽车上的应用 [J]. 汽车工艺与材料, 2002 (8): 30-33.

[38] 袁海波, 褚东宁, 康明, 等. 轻金属材料铝和镁在东风汽车上的应用 [J]. 汽车科技, 2011 (4): 1-5.

[39] 肖永清. 轻金属材料在汽车上的开发应用前景 [J]. 有色金属加工, 2006, 35 (6): 3-6.

[40] 苏鸿英. 轻金属——汽车减重的最佳材料 [J]. 世界有色金属, 2004 (7): 56-59.

[41] 侯世忠. 汽车用铝合金的研究与应用 [J]. 铝加工, 2019 (06): 8-13.

[42] 刘波, 刘鹏, 陈海波, 等. 长安汽车变形铝合金技术研究与应用进展 [J]. 汽车工艺与材料, 2013 (1): 7-11.

[43] 王祝堂. 高强度汽车变形铝合金 [J]. 轻金属, 2017 (4): 29.

[44] 王祝堂, 张新华. 汽车用铝合金 [J]. 轻合金加工技术, 2011, 39 (2): 1-14.

[45] 李有东, 杨培杰. 铝合金在汽车上的应用及前景分析 [J]. 上海汽车, 2000 (4): 28-30.

[46] 沈军, 李庆春. 高性能快速凝固铝合多材料在汽车在的应用 [C]. 中国汽车工程学会年会 [C], 1998.

[47] 袁晓光, 孙剑飞. 快速凝固铝合金在汽车工业中应用现状及发展 [J]. 汽车技术, 1997 (6): 30-34.

[48] 兖利鹏, 王爱琴, 谢敬佩, 等. 铝基复合材料在汽车领域的应用研究进展 [J]. 稀有金属与硬质合金, 2013 (2): 44-48.

[49] 单永华, 张永玉. 超轻泡沫铝合金的发展及应用 [J]. 中国科技信息, 2011 (11): 133-135.

[50] 丁文江. 镁及镁合金. 中国新材料产业发展报告 [C], 2005.

[51] 张春香, 陈培磊, 陈海军, 等. 镁合金在汽车工业中的应用及其研究进展 [J]. 铸造技术, 2008, 29 (4): 531-535.

[52] 付彭怀, 彭立明, 丁文江. 汽车轻量化技术: 铝/镁合金及其成型技术发展动态 [J]. 中国工程科学, 2018, 20 (1): 84-90.

[53] 刘倩, 单忠德. 镁合金在汽车工业中的应用现状与发展趋势 [J]. 铸造技术, 2007, 28 (12): 1668-1671.

[54] 孙景林, 郭静. 镁合金在汽车轻量化方面的应用 [J]. 轻金属, 2008 (7): 58-61.

[55] 侯猛. 汽车中轻量化与轻金属材料的采用 [J]. 科技资讯, 2015, 13 (22): 78-79.

[56] 李中, 陈伟, 王宪梅, 等. 钛及钛合金在汽车上的应用 [J]. 中国有色金属学报, 2010 (s1): 17-19.

[57] 张大军, 张凤杰. 钛合金在汽车轻量化中的应用 [J]. 钛工业进展, 2007, 24 (1): 32-35.

[58] 王永录. 废汽车催化剂中铂族金属的回收利用 [J]. 贵金属, 2010, 31 (4): 55-63.

[59] 王月雷, 林峰. 三效催化剂技术在汽车尾气处理中的进展 [J]. 时代汽车, 2017 (12): 28.

[60] 朱保伟, 陈宏德, 田群. 汽车尾气催化剂的发展 [J]. 中国环保产业, 2003, 1 (7): 35-38.

[61] 黎维彬, 林缨. 汽车尾气催化剂的应用现状及其市场分析 [J]. 环境保护, 2000 (11): 35-38.

[62] 陈江. 稀土在汽车尾气催化剂领域的运用 [J]. 化工设计通讯, 2018 (2): 52.

[63] 郭学益, 严康, 张婧熙, 等. 典型电子废弃物中金属资源开采潜力分析 [J]. 中国有色金属学报, 2018 (2): 365-376.

[64] 中国矿业报. 电子废弃物金属回收技术 [J]. 中国有色冶金, 2015 (4): 42.

[65] 商务部.中国再生资源回收行业发展报告 2017 [J].资源再生,2017 (5):16-25.

[66] 段晨龙,王海锋,何亚群,等.电子废弃物的特点 [J].环境科技,2003,16 (3):31-33.

[67] 宋迪凡,周文璋.废金属的回收及再生利用 [J].冶金管理,1990 (9):20-22.

[68] 张方宇,李庸华.从废催化剂中回收铂的工艺研究 [J].湿法冶金,1999 (2):9-13.

[69] 韩守礼,吴喜龙,王欢,等.从汽车尾气废催化剂中回收铂族金属研究进展 [J].矿冶,2010,19 (2):80-83.

[70] 刘焕群.国外废催化剂回收利用 [M].北京:化学工业出版社,2000.

[71] 刘腾,邱兆富,杨骥,等.我国废炼油催化剂的产生量、危害及处理方法 [J].化工环保,2015,35 (2):159-164.

[72] 谢德华.推进绿色拆船循环利用废船资源 [J].船舶物资与市场,2011 (3):29-32.

[73] 黄崇祺.论中国电缆工业的废杂铜直接再生制杆 [C].中国有色金属工业协会再生金属分会再生金属国际论坛,2007.

[74] 张希忠.中国再生铜工业现状及发展趋势 [J].资源再生,2003 (11):15-18.

[75] 卢建.中国再生铜行业发展现状与展望 [J].资源再生,2010 (1):20-22.

[76] 雷连华.2014 年中国再生铜供需矛盾依然凸显 [J].资源再生,2014 (2):37-41.

[77] 赵慧君.中国再生铜行业发展现状 [J].大科技,2013 (15):197-198.

[78] 邱定蕃,王成彦,江培海.中国再生有色金属工业的现状及发展趋势 [J].有色金属工程,2001,53 (2):35-38.

[79] 王祝堂.中国的再生铝工业 [J].中国资源综合利用,2002,44 (9):30-38.

[80] 薛亚洲,张涛,郭艳红.我国再生铝产业发展的思考 [J].中国矿业,2010,19 (9):4-7.

[81] 张正国,张孟林,刘金贵.再生铝的熔炼设备 [J].工业炉,2006,28 (4):21-25.

[82] 马永刚.中国废铅蓄电池回收和再生铅生产 [J].电源技术,2000,24 (3):165-168.

[83] 周正华.从废旧蓄电池中无污染火法冶炼再生铅及合金 [J].上海有色金属,2002,23 (4):157-163.

[84] 何蔼平,郭森魁,郭迅.再生铅生产 [J].上海有色金属,2003,24 (1):39-42.

[85] 曾祥婷,许虹,田尤,等.中国镍资源产业现状及可持续发展策略 [J].资源与产业,2015,17 (4):94-99.

[86] 徐爱东,顾其德,范润泽.我国再生镍钴资源综合利用现状 [J].中国有色金属,2013 (3):64-65.

[87] 唐盛尧.镍钴再生工艺述评 [J].中国资源综合利用,1988 (3):20-27,56.

[88] 孟晗琪,马光,吴贤,等.镍钴高温合金废料湿法冶金回收 [J].广州化工,2012,40 (17):29-30.

[89] 陈思.报废汽车的回收、拆解与再利用 [J].汽车工艺与材料,2007 (7):6-9.

[90] 陈元华,杨沿平,胡纾寒,等.我国报废汽车回收利用现状分析与对策建议 [J].中国工程科学,2018,20 (1):113-119.

[91] 孙建亮,刘复星,柴静.中国报废汽车材料的组成及再生技术现状分析 [J].上海汽车,2014 (11):54-58.

[92] 龙少海.中国报废汽车回收拆解行业的现状与发展趋势 [J].资源再生,2013 (9):18-20.

[93] 马士勇,丁涛,杨敬增.报废汽车拆解利用循环产业链建设的初步探讨 [J].再生资源与循环经济,2013,6 (3):31-35.

[94] 龙少海.我国报废汽车回收拆解行业发展现状与分析 [J].中国废钢铁,2014 (2):2-7.

[95] 龙少海.中国报废汽车回收拆解行业现状及发展趋势 [J].中国废钢铁,2016 (3):4-12.

[96] 刘剑雄,刘珺,李建波,等.新兴的废钢铁破碎分选技术 [J].冶金设备,2001 (5):18-21.

[97] 张少宗.报废汽车中有色金属的回收 [J].中国资源综合利用,2000 (2):12-16.

[98] 戴伟华,徐国强.废旧汽车拆解工艺的选择 [J].有色冶金设计与研究,2010,31 (5):46-48.

[99] 王金良,孟良荣,胡信国.我国铅蓄电池产业现状与发展趋势——铅蓄电池用于电动汽车的可行性分析 (1) [J].资源再生,2011,16 (11):36-37.

[100] 方海峰,黄永和,黎宇科,等.铅酸蓄电池回收利用体系研究 [J].蓄电池,2007,44 (4):174-179.

[101] 卢笛.建设有中国特色的废铅酸蓄电池回收体系 [J].环境经济,2017 (15):26-30.

[102] 张正洁,祁国恕,李东红,等.废铅酸蓄电池铅回收清洁生产工艺 [J].环境保护科学,2004,30 (1):27-29.

[103] 杨家宽,朱新锋,刘万超,等.废铅酸电池铅膏回收技术的研究进展 [J].现代化工,2009,29 (3):32-37.

[104] 潘军青,边亚茹.铅酸蓄电池回收铅技术的发展现状 [J].北京化工大学学报 (自然科学版),2014,41 (3):1-14.

[105] 李富元.我国废铅蓄电池回收处理环境现状及对策 [J].中国资源综合利用,2000 (4):3-7.

[106] 韩业斌,曾庆禄.废旧锂电池回收处理研究 [J].中国资源综合利用,2013 (7):31-33.

[107] 陆山，樊锐，陈新焕，等 . 废旧动力锂电池回收利用法规的现状及对策 [J]. 检验检疫学刊，2015 (1)：67-71.

[108] 赵世佳，徐楠，乔英俊，等 . 加快我国新能源汽车动力电池回收利用的建议 [J]. 中国工程科学，2018，20 (1)：144-148.

[109] 何宏恺，王粤威，陈朝方，等 . 废旧动力锂电池回收利用技术的进展 [J]. 广州化学，2014，39 (4)：81-86.

[110] 刘波 . 中国废弃电子电器回收技术的应用研究 [D]. 北京：北京工业大学，2011.

[111] 邓毅，孙绍锋，胡楠，等 . 中国废弃电器电子产品回收体系发展现状及建议研究 [J]. 环境科学与管理，2016，41 (10)：40-43.

[112] 魏洁，李军 . EPR 下的逆向物流回收模式选择研究 [J]. 中国管理科学，2005 (6)：18-22.

[113] 袁冬海 . 电子废弃物拆解 [M]. 北京：化学工业出版社，2015.

[114] 蔡小鹏 . 我国废钢资源现状及如何实现废钢资源利用最大化的探索 [J]. 经济管理：文摘版，2016 (6)：269.

[115] 刘永彬 . 废钢铁回收利用体系建设及发展前景展望 [J]. 再生资源与循环经济，2012，5 (5)：25-26.

[116] 扈云圈 . 废钢铁回收与利用 [M]. 北京：化学工业出版社，2011.

[117] 巢亚军，熊长芳，朱超 . 废工业催化剂回收技术进展 [J]. 工业催化，2006，14 (2)：64-67.

[118] 刘欣，王学军，徐盛明，等 . 废催化剂回收工艺研究进展 [C]. 全国化学工程与生物化工年会，2010.

[119] 王仁祺，戴铁军 . 从废催化剂中回收钼的研究进展 [J]. 金属矿山，2012，41 (4)：163-167.

[120] 郭慧鑫，温勇，杜建伟，等 . 废电线电缆的资源化技术及发展现状 [C]. 2014 中国环境科学学会学术年会，2014.

[121] 周清，王先建 . 废电线电缆拆解回收利用研究 [J]. 江西化工，2015 (6)：50-51.

[122] 黄帆，陈玲，杨超，等 . 电子废弃物资源化及其环境污染研究进展——回收、处理与处置体系 [J]. 安全与环境学报，2011，11 (1)：75-79.

[123] 王治民，孙建薇，张吉，等 . 废旧线路板回收的污染防治技术综述 [J]. 环境科学与管理，2014，39 (8)：61-64.

[124] 白木，子荫 . 有色金属再生利用情况和技术进展 [J]. 再生资源与循环经济，2002 (5)：12-14.

[125] 林晓，曹宏斌，刘晨明 . 全过程污染控制在稀土稀有金属行业的应用 [C]. 全国稀土化学与冶金学术研讨会暨中国稀土学会稀土化学与湿法冶金、稀土火法冶金专业委员会工作会议论文摘要集，2014.

[126] 李家玲，张正洁 . 再生铝生产过程中二噁英成因及全过程污染控制技术 [J]. 环境保护科学，2013，39 (2)：42-66.

[127] 张旭，徐红蕾，黄燕虹，等 . 废旧家用医疗器械污染控制策略探讨 [J]. 中国医疗器械杂志，2015 (5)：367-369.

[128] 姜蕾 . 水环境中 PPCPs 类新型污染物监测及控制技术展望——新型污染物监测平台、污染源头识别及末端控制 [J]. 净水技术，2016 (6)：1-5.

[129] 张建国 . 如何有效防治废钢加工中的二次污染 [J]. 资源再生，2016 (6)：52-55.

[130] 王雷 . 浅议液晶 LED 行业酸性废气系统氮氧化物减排 [J]. 青海环境，2017 (4)：175-178.

[131] 肖吉，蔡晓君，周梅，等 . 工业粉尘类型与除尘技术概述 [J]. 化工机械，2018 (1)：29-32.

[132] 陈玉峰，杨骥 . 半导体制程废气处理技术实践 [J]. 半导体技术，2008，33 (9)：752-755.

[133] 王毅楠，成兰兴，霍二福，等 . 二硫化钼生产中酸性气体处理新技术的开发及应用 [J]. 广东化工，2017，44 (20)：127-128.

[134] 蔡炳良 . 有机废气处理工艺选择 [J]. 中国环保产业，2017 (10)：57-61.

[135] 贺宏伟 . 树脂厂有机废气处理技术探讨 [J]. 广东化工，2017，44 (20)：141-144.

[136] 李柄缘 . 化工废水处理与环境保护 [J]. 魅力中国，2017 (zl)：339.

[137] 郑伟华 . 化工废水处理技术研究进展 [J]. 广州化工，2017，45 (19)：13-15.

[138] 张云 . 化工废水处理技术与发展探讨 [J]. 化工管理，2017 (35)：249.

[139] 李颖 . 浅析化工废水处理技术 [J]. 中国科技博览，2013 (33)：187.

[140] 丁春生，李达钱 . 化工废水处理技术与发展 [J]. 浙江工业大学学报，2005，33 (6)：647-651.

[141] 吴铭生，陈俣，滕海波 . 化工废渣在水泥生产中的应用实践 [J]. 中国水泥，2013 (1)：97-98.

[142] 吴铭生，滕海波，陈俣 . 化工工业废渣在水泥生产中的应用实践 [J]. 水泥助磨剂，2012 (4)：30-32.

[143] 曾吉卓玛 . 中国化工废渣污染现状以及治理方法 [J]. 四川水泥，2016 (9)：95.

第 2 章

金属二次资源综合利用基本方法与原理

2.1 金属二次资源的物理化学性质

2.1.1 金属二次资源循环利用的复杂性

二次资源的循环利用和一次矿产资源的开发利用相类似，均涉及分选、湿法冶金、电化学冶金以及火法冶金等多种冶金过程[1]。与一次矿产资源不同，二次资源存在如下的特殊性：

① 原料来源的不确定性；

② 资源的丰富性和多样性；

③ 组分的高度复杂性；

④ 组分元素含量的高波动性；

⑤ 材料的高致密性和复合性；

⑥ 高毒和高污染性；

⑦ 高的综合回收利用价值。

正是由于这些特殊性，现有的分选、湿法冶金、电化学冶金以及火法冶金等技术在处理过程的经济性、生态性、高效性、综合性等方面均无法满足[2,3]。中国经济过去 30 多年呈高速发展，年均增长率接近 10%，GDP 的世界占比由 2.7% 迅速提高到 2020 年的近 15%，创造了世界经济史上的"中国奇迹"。但这种增长很大程度上是建立在制度红利牵引下消耗低成本劳动力、土地等要素所取得的，单从资源要素、环保承载力的角度来看这种高速增长缺乏可持续性。沿着这种方式，现有的结构性矛盾将更加激化，能源、原材料供应必将产生更大的缺口。转变经济发展方式，加强资源综合利用，完善再生资源回收利用体系，全面推行清洁生产才是解决环境污染和可持续发展最有效的途径[4]。因此，充分利用金属二次资源进行资源化循环利用的研究，开发金属二次资源的高效分离技术以及循环利用技术，提升金属资源的综合利用水平，对我国促进固体废弃物资源化进程和资源节约型、环境友好型社会的建设具有重大的经济和社会意义[5,6]。

2.1.2 金属二次资源分布

与矿产资源在地球中的分布规律不同，金属二次资源不受地质历史、地壳运动、岩浆活动和沉积环境的影响，而主要取决于居民人口密度[6]。一次资源（如建筑、机械、能源、电子等行业）的消费情况与区域经济发展状况密切相关。我国华东地区人口密度大，消费总量占据绝对优势，报废量也远高于其他地区，华北、中南和西南地区报废量相当，西北地区人口密度较小，东北地区只包含三个省份，报废量较低。不同经济发展水平地区二次资源潜力差距显著，因此在管理金属二次资源、构建回收方式和规模设计时应充分考虑区域特色。

2.1.3 金属二次资源回收方法

金属二次资源回收的工艺流程如图 2-1 所示。

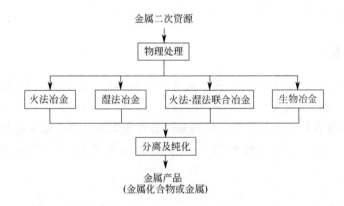

图 2-1 金属二次资源回收工艺流程

二次资源物料首先经过物理预处理技术使金属部分暴露并富集，再使用火法冶金、湿法冶金、火法与湿法联合冶金、生物冶金等工艺回收金属[7]。下面就从物理处理、火法冶金、湿法冶金和生物冶金几个方面进行介绍。

2.2 物理处理技术

物理处理技术是根据物质的物理特性，包括密度、导电性、磁性和韧性等差异来分离不同种类的金属二次资源，其中包括预处理、分类、重力分选、磁力分选、涡流分选和静电分选等处理技术[8]。

2.2.1 预处理

在分选之前，需要对废旧设备、零件的组合件进行解体，将废旧件分成适合下一工序的尺寸。解体有拆卸法和破碎法两种，前者适用于回收贵重零部件和制品，后者适用于一般废旧设备和零件的解体，通常采用各种剪切、切削、破碎、细磨等方法。破碎和细磨适用于铅蓄电池、废电缆、导体、定子绕组、金属屑尘等的解体。所用的破碎机分粗、中、细三种[9]。目前我国通常采用通用设备对废旧设备、零件进行细碎及研磨，如颚式破碎机、锤式破碎机、转子式破碎机、棒磨机和碾磨机等。在黑色冶金工业中，废钢铁在使用前必须要捆扎、打包、压块，然后才能送入炼钢炉[10,11]。

颚式破碎机主要对原料进行粗破，为二级破碎做准备。颚式破碎机适用于破碎硬料或中硬度的原料，不适于破碎硬度较软的原料，物料含水率不大于10%，原料含水率过高，颚板上易勃料，影响破碎效率[10,12]。

锤式破碎机按结构型式分有立式、卧式、单转子、双转子等几种型式。该种破碎机适宜破碎脆性料，如煤矸石、页岩等，对于很坚硬的料或黏性料不适用；对原料的含水率要求很严，一般需低于8%，含水率过高易堵筛孔导致无法出料。使用中为了防止非破碎物，如铁块、钢钉等落入破碎机中，必须仔细检查所加物料并及时清理非破碎料[13-15]。

2.2.2 废料分类

废料分类的目的：一方面是将原料分成单一种类的金属或合金，并除去其中非金属物料；另一方面是进行防爆处理，消除易爆的物件和材料。废料分类最好在其产生的地方进行，因为此时分类较容易。废料分类的原则是按各种再生金属原料标准进行分别堆放。废料分类主要用手工进行，分类方法可按外观标志分类和用化学分析法或用仪器分析法分类[16,17]。

2.2.3 重力分选

重力分选是根据原料中不同物质颗粒间的密度或粒度差异，在运动介质中受到重力、介质动力和机械力的作用不同，使颗粒群产生松散分层和迁移分离，从而得到不同密度或粒度产品的分选过程。

重力分选的分选介质包括水、空气、重液、悬浮液等。根据介质运动形式和作业目的不同，重力分选可分为风选分离、浮选分离、跳汰分选、重介质分选等几种工艺[17,18]。

（1）风选分离法

风选分离法是根据材料密度的不同，利用一定压力的风将废料中密度小于废料的杂质吹走。此法的主要功能是去除废纸、废塑料和尘土等。风选法工艺简单，能够高效地分离密度小的轻质废料。但风选法必须配备较好的除尘系统和相对密闭的工作区域，以避免粉尘污染环境或对人体造成伤害。分选出来的废纸、塑料可作为燃料使用[19,20]。

（2）浮选分离法

浮选分离技术是利用材料密度差将冶金和化工过程产生的废渣、烟尘、阳极泥以及工业垃圾等细粒物料分离的一种方法（图2-2）。该方法简单、容易实现，在欧美国家得到广泛应用[21,22]。浮选分离根据使用浮选介质的不同分为干式浮选和湿式浮选两类：干式浮选采用的介质为干砂，通入高压空气产生气泡和对流作用使干砂流态化，废料进入流化床前需烘干和脱油；湿式浮选是当前应用最广泛的浮选技术，其采用的分离介质是水或者水溶体，可以分离密度比水小的轻质杂质，如废塑料、木头、橡胶等轻质物料。工业上采用浮选法从锌浸出渣中富集银，可使银从 300g/t 富集到 6000g/t。我国某厂采用磁选-重选-浮选技术处理铜灰及含铜的工业垃圾，产出含铜约 60% 的粗粒铜料，含铜 15% 的细泥。

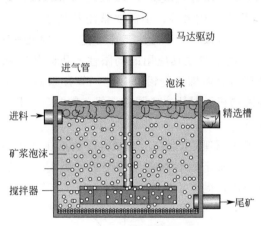

图 2-2　浮选机工作示意

（3）跳汰分选法

跳汰分选是利用不同密度颗粒的沉降速度差别，对位于水流中固定筛板上的颗粒层给以上升和下降的交变水流，使颗粒在筛板上按不同密度进行分层的技术（图 2-3）。高密度大颗粒沉降在床层底部而低密度细颗粒沉降在床层顶部。跳汰分选是处理粗、中粒颗粒的有效方法，工艺操作简单，设备处理量大，选别精确度高，其广泛用于回收炉渣。

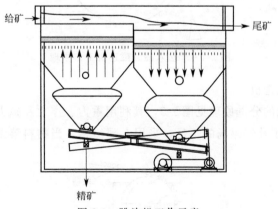

图 2-3　跳汰机工作示意

（4）重介质分选法

重介质分选是利用颗粒在悬浮液中密度大的差异进行分离的过程。可用重介质分选的废料有铝及铝合金废件、废铅蓄电池。在用重介质分离金属废料时，由于废金属和合金废料的密度大，因此要制备特殊悬浮液作重选介质[23,24]。即把磨碎的密度大的物料（悬浮体）与水混合制成悬浮液作为重介质，在分选过程中，废料中密度小的组分浮在上面，密度大的沉入下部。该分选方法用以制备分离废铅蓄电池的重介质物质。

2.2.4 磁力分选

磁选是利用不同颗粒间的磁性差异来实现材料分离的方法。

磁力分选的目的是从废杂料中分出铁磁物料，例如废杂铜、废屑中常掺杂有边角废料、车削铁屑、车刀头、锯带等铁磁物料；除此之外，磁力分选还适用于处理冶金、化工过程的废渣，以及含金属的生活垃圾、工业垃圾等[24]。按磁源不同，磁分离可分为永磁和电磁两类[25]。永磁分离具有结构简单、质量轻、不需要整流及其他控制装置、磁场均匀、分离效率高、维修方便，能在较高温（70℃）下连续工作等优点，因此其应用更为广泛。而电磁分离工作温度不能高于40℃，这也造成其应用的局限性。我国某冶炼厂将废料进行解体、磁力分选和人工分选等预处理后，熔炼再生铅基合金，节省原料费约33%。应用较广泛的磁选设备主要有干法永磁强磁选机、湿法永磁强磁选机、筒式磁选机、磁聚机、磁选柱等。

（1）干法永磁强磁选机

干法永磁强磁选机的工作原理见图2-4。当原料落到正在旋转的磁辊上时，非磁性物料由于离心力的作用被抛出去，而弱磁性物料受强磁力的吸引向磁辊偏移，适当调节分矿位置，从而使物料得到有效分选，提高了品位[26]。

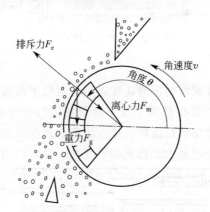

图 2-4 干法永磁强磁选机工作原理

（2）湿法永磁强磁选机

湿法永磁强磁选机的分选原理见图2-5，其利用重力、浮力和磁力的差异实现弱磁性矿物的湿法分选[27]。为了补偿磁场的不足，采用上部给料。当物料落到在水中旋转的圆筒上

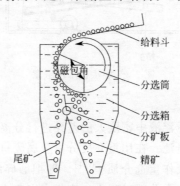

图 2-5 湿法永磁强磁选机分选原理

时，由于磁场的作用和水的浮力，物料分散开来。弱磁性颗粒在磁力作用下顺着圆筒的旋转向精矿斗侧偏移，而非磁性颗粒不受磁力的影响而沿圆筒直接向下沉降，进入非磁性物料斗，从而实现磁性颗粒和非磁性颗粒的分离。通过调整分矿板，可使物料获得最佳分选指标。

（3）筒式磁选机

外磁式筒式磁选机在分选圆筒内形成强弱有序的磁场（图 2-6）。原料从一端给入筒体内部，并随筒体轴向滚动，原料中的磁性颗粒吸附在筒体内表面，并随圆筒旋转至分选圆筒顶部无磁区域，磁性颗粒在惯性和重力作用下，落入精矿箱中并排出；非磁性及磁性极弱的颗粒基本不受磁力作用，从筒体另一端流入尾矿箱中，从而完成分选作业[28]。

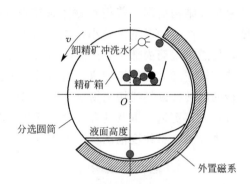

(a) 外磁式筒式磁选机的分选原理

(b) 实验室用外磁式筒式磁选机

图 2-6　外磁式筒式磁选机分选原理及设备

（4）磁聚机

磁聚机是集磁力、重力分选于一体的设备，与传统永磁筒式磁选机相比具有更高的选别精度，原料垂直流向若干层不同磁场组成的工作区，待分选物料经过磁团聚-分散-再团聚-再分散的过程，使得磁性颗粒与非磁性颗粒、富连生体及贫连生体分离，从而获得高品位的磁精矿[29]。

（5）磁选柱

磁选柱是一种磁力和重力相结合的脉动低磁场的磁重选设备。磁选柱在磁选空间产生特殊的磁场变化，使得分选物料经过反复多次的磁团聚-分散-磁团聚，从而达到分选物料的目的。物料采用自下而上的冲洗水进行淘洗，解决了常规磁选设备的磁性和非磁性颗粒夹杂问题，从而获得高品位的铁精矿。

2.2.5　涡流分选

涡流分选是根据有色金属与非金属材料导电性差异进行分离的过程。当铝及其合金、铜及其合金等金属通过高频交变的磁场空间时，在材料中产生感应涡电流，带有电流的金属在磁场中将受到电磁力排斥的作用，而塑料和橡胶等非金属材料不受力[30]。涡流分选设备特别适用于高电导率低密度物质与低电导率高密度物质及导体与非导体之间的分离，因设备装有永久磁体，在分选之前原料需要经过磁选除铁，避免铁磁性物质在涡电流下产生高热损害设备。涡流分选的处理对象为废铜/铝电力电缆、铝制品、非铁金属碎屑、印刷电路板灰渣、多金属（铝、铜、铅、锌）混合物、铸铜（铝）型砂及铝渣等[30-32]。图 2-7 所示为涡流分选有色金属和塑料、橡胶的原理及结构简图。若把永磁体直接安装在辊筒上，因转速较慢，金属切割磁感线的相对速度较慢，产生的涡电流较小，电磁斥力难以达到分离物料的效果。在传送带速度一定的情况下，传送带辊筒内部装有独立驱动的磁转鼓，磁转鼓由宽度相同的永磁体相间组合安装而成，使其转速远大于辊筒转速。当塑料、橡胶和有色金属通过传送带到达磁转鼓上方时，高速旋转的磁转鼓磁场线切割物料，在金属中产生涡电流，在同样的电磁力下密度小的铝及其合金将被抛得更远，铜及其合金抛得近些。涡流分选具有单位磁极面积处理能力大、选择性好、处理金属物料粒度范围较宽等优点[32,33]。

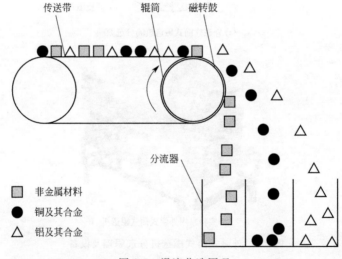

图 2-7　涡流分选原理

目前，涡流分选机已成功地用于几种金属的拣选与回收[31]。最常见的是从汽车的碎片废料及城市垃圾中拣选有色金属。拣选汽车废料一般可回收 80%～90% 的有色金属；从城市垃圾中拣选铝质饮料罐效果也非常好；处理含一定金属量的铝浮渣可以获得高达 99.7% 的金属回收率。

2.2.6　静电分选

静电分选是依据物料介电常数差异，利用电场的作用将物料中的金属导体与绝缘体分开，也可以根据各种塑料不同的静电性能分离不同的塑料[34]。多种混杂在一起的废旧塑料则需经过多次分选。处在电场中的物体，不论其成分如何都带有电荷，电荷的大小取决于电机的极性和物料的特性。在电场相同的情况下，金属导体所获得的电荷较绝缘物体大。当带电物体同接地导体接触时即放出自身电荷，放出电量的多少取决于电阻、电容和接触时间。对金属导体来说，由于其电阻较低，在与接地导体接触时其所带电荷会迅速释放出来，最终带正电而不被吸附，而绝缘物体保持自身电荷的时间较长，最终带负电，因而易被吸附[34,35]（图 2-8）。因此，静电分选机辊筒表面的金属物体瞬间释放出自身电荷后落入料桶，而绝缘体则随辊筒一起转动而留在辊筒表面，之后再落入另一个料桶。静电分选与气流风选相比，具有成本低、高效、结构简单、无污染等特点[36,37]。

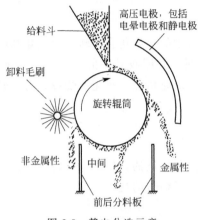

图 2-8　静电分选示意

静电分选机按结构特征可分为辊筒式、带式、滑板式、圆盘式等，其中最常见且应用最广泛的为辊筒式静电分选机[20,38,39]。1988 年 Taylor 等首次利用该技术，采用辊式静电分选机成功地分选回收了破碎电缆中的金属、塑料以及橡胶等物质，为静电分选技术在金属二次资源的循环利用开辟了先河[40]。

2.3　火法冶金

火法冶金是利用主金属与杂质物理化学性质的差异，加入某种反应剂，使之在高温下形成难溶于金属的化合物，将杂质化合物析出或造渣后，实现从原料中提取或精炼有色金属的过程。火法冶金需要维持一定的高温，除了冶金本身为放热反应外，主要靠碳质燃料燃烧供热（碳质燃料有煤、焦、天然气和石油产品）。参与火法冶金过程的物质有固体、气体和熔体（如固体精矿、熔剂、燃料），空气、工业氧、熔体锍、熔剂和炉渣等。火法冶金过程发生的高温化学反应相当复杂，主要的反应类型有气-固相、气-液相、固-液相、液-液相、固-固相反应、冶金以及气-液-固三相之间的反应[40]。火法冶金过程中的产物除金属或金属化合物之外，还产生炉渣、烟气和烟尘。通过对烟气处理和烟尘综合利用来回收其中的热量、有价组分，同时把对环境有害的气体转化为有用产品。在金属二次资源回收领域，火法冶金过程的工艺一般包括焙烧、热解和等离子法[41,42]。

2.3.1　焙烧

焙烧是指在低于物料熔化温度下完成的某种化学反应的过程。焙烧大多为下一步的熔炼或浸出等主要冶炼工艺做准备。根据工艺的目的，焙烧大致可以分为氧化焙烧、盐化焙烧、还原焙烧、挥发焙烧、烧结焙烧；其中的盐化焙烧包括硫酸化焙烧和氯化焙烧，磁化焙烧属还原焙烧[43]。按物料在焙烧过程中的运动状态，焙烧分为固定床焙烧、移动床焙烧、流态化焙烧等。

2.3.1.1　氧化焙烧

氧化焙烧是用氧化剂使物料中的金属化合物转变为氧化物的工艺过程。目的是获得氧化物以利于下一步熔炼制取粗金属，并回收其中的热量和有价成分。为了除去原料中的砷和锑、油、碳等有害杂质也可进行氧化焙烧。氧化焙烧设备有回转窑、多膛焙烧炉、流态化焙烧炉等[44]。

2.3.1.2　盐化焙烧

硫酸化焙烧和氯化焙烧是盐化焙烧的典型例子，目的是使物料中的某些金属硫化物或氧化物尽可能多地转化为可溶于水或稀酸的盐。

（1）硫酸化焙烧

硫酸化焙烧控制条件主要有温度和送风量。在同一温度下，各种硫酸盐的分解压和稳定性是不同的，温度越高，硫酸盐越不稳定，容易分解为氧化物。利用各种硫酸盐稳定性的差异，通过控制适当的温度，进行选择性硫酸化焙烧[45]。当送风量能使气相中的 SO_3 达到最大值时便是硫酸化焙烧最优送风量。硫酸化焙烧工业上多采用流态化焙烧炉。

（2）氯化焙烧

氯化焙烧是物料中某些组分与氯化剂作用生成氯化物的焙烧方法。被氯化的物料可以是氧化物、碳化物、硫化物及金属或合金[46]。常用氯化剂有 Cl_2、HCl、CCl_4、$CaCl_2$、NaCl、$MgCl_2$、$FeCl_3$ 等。根据温度条件，氯化焙烧分为中温氯化焙烧和高温氯化焙烧[47]，前者作业温度不高，生成的氯化物以固体状态存在，利用其水溶性，在浸出工序中加以提取；高温氯化因焙烧温度高，而氯化物的沸点比较低，因此生成的氯化物往往同时挥发进入气相后而富集[48]。高温氯化焙烧又叫氯化挥发焙烧。氯化物沸点低，熔点不高，与金属矿、硫化物、氧化物几乎不互溶，既易生成又易还原或分解，再加上氯化选择性好，因此氯化焙烧得到广泛应用。

2.3.1.3　还原焙烧

还原焙烧是指在还原性气氛下将金属氧化物还原成金属或低价化合物的焙烧过程。按被还原物挥发和不挥发分为还原挥发焙烧和不挥发焙烧两类。还原剂可以为固体、液体或气体等碳质还原剂[49,50]。固体还原剂煤或焦粉等物质在焙烧过程中转化为 CO，CO 起还原作用。在还原焙烧过程中，发生的反应方程式如下：

$$MeO(s,l)+CO(g)\longrightarrow Me(g)+CO_2(g)$$

还原挥发焙烧的典型例子：

$$ZnO(s)+CO(g)\longrightarrow Zn(s)+CO_2(g)$$

$$As_2O_5(s) + 2CO(g) \longrightarrow As_2O_3(s) + 2CO_2(g)$$

目前，火法回收金属二次资源主要用于回收阳极泥、镍镉电池、锂电池、液晶显示屏等材料中的有价金属[51]。

（1）火法回收阳极泥

如图 2-9 所示，火法处理铅阳极泥工艺的主要流程为"还原熔炼-氧化精炼-电解精炼提取贵金属"[52-54]。在阳极泥中加入纯碱、萤石、焦炭等辅料，在弱还原性气氛下进行还原熔炼富集金银，得到金银品位为 $20\% \sim 30\%$ 的贵铅，通过氧化精炼除去贵铅中的铋、锑、砷等杂质元素，这些杂质元素经过进一步的还原熔炼得以回收；氧化精炼后的贵铅熔铸得到满足电解要求的金银阳极板，金银阳极板电解精炼产出高纯银，同时获得含金量较高的阳极泥。最终经过洗涤、烘干、铸锭等工序，获得品位在 99.99% 以上的金属银。电解提银后的阳极泥再采用硝酸浸煮、氯化分金等方式提取金，之后采用萃取和还原实现金富集，通过洗涤除杂、烘干铸锭后得到含金量大于 99.99% 的金。目前，铅阳极泥火法处理工艺已得到了广泛的工业应用。该法主要优点是原料适应性强、化学反应速度快、设备简单可靠、处理能力大、易于实施、便于管理。

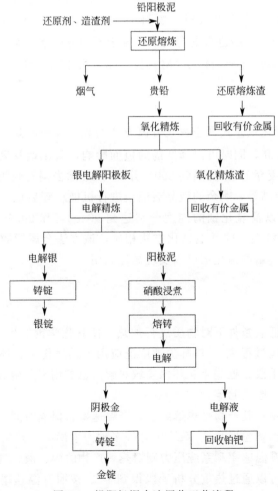

图 2-9　铅阳极泥火法回收工艺流程

（2）火法回收镍镉电池

火法冶金处理废弃镍镉电池是通过高温熔炼，将镉从电池中的其他几种金属中分离出来。这一过程简单实用，易于工业化，因而被广泛采用[55,56]。由于镉的沸点远远低于铁、钴、镍的沸点，将经过预处理的废镍镉电池在还原剂（氢气、焦炭等）存在的条件下，加热至 900～1000℃，金属镉转化成镉蒸气，冷凝回收镉，铁和镍作为铁镍合金进行回收。日本的关西触媒化学公司将废镍镉电池在 900～1200℃下进行氧化焙烧，使其分离为镍烧渣和氧化镉的浓缩液，从而实现镉、镍与铁的回收[56]。

（3）火法回收锂电池

火法冶金处理废弃锂电池是将电池电芯与焦炭、石灰石混合，进行还原焙烧，此过程中，有机物燃烧分解为二氧化碳及其他气体，钴酸锂被还原为金属钴和氧化锂，氟和磷元素被沉渣固定，铝被氧化为炉渣，大部分氧化锂以蒸气形式逸出后用水吸收，金属铜、钴等形成含碳合金。袁文辉等提出了采用还原熔炼法对废旧锂离子电池中有价金属进行回收[57]。将失效锂离子电池放电后，配制 SiO_2-CaO-MgO-Al_2O_3 体系的熔渣，加入适量的焦炭作为还原剂，利用直流电弧炉，在 1600℃恒温下进行焙烧，产物中的主要含钴相有 $LiCoO_2$、Co_3O_4、CoO 和 Co 的混合物，采用该方法回收，Co 的回收率达 78.63%，Cu 的回收率达 81.54%。揭晓武等将锂电池正极废料（废料主要成分为 $LiCoO_2$ 和 Co_3O_4）和钠、钾或 NH_4^+ 等离子的硫酸盐与浓硫酸进行混合调浆，置于不同温度下火烧后，最终含钴物料转变为易溶于水的 $M_2Co(SO_4)_2 \cdot nH_2O$（M＝Na、K、$NH_4^+$），焙烧产物的溶解率最高可达 100%[58]。

（4）火法回收液晶显示屏

马恩以 NH_4Cl 为氯化剂采用真空氯化分离方法回收废弃液晶显示器（LCD）中的金属铟[59]。该方法铟回收率高，同时可以降低锡的负面影响，氯化铟及氯化铵可以在不同的冷凝温度下进行分离。将废弃 LCD 加热到 200℃并维持 1h 除去偏光膜组分，然后继续加热到 500℃除去有机组分和液晶等，剩余的液晶玻璃板进行机械粉碎后放入真空石英管式炉进行处理。铟的最终转化率以及氯化铟的纯度分别达到 98.02%和 99.50%。该方法回收废弃 LCD 中的铟有良好的经济性。同其他氯化方法相比，该方法金属回收率更高，且回收过程中不排放废水和废气，过量的氯化剂可以实现循环利用。

2.3.2 热解

热解法是在无氧或低氧条件下对物质进行加热，使其化学键发生改变，最终生成焦炭、气体和液体的热化学反应过程[60]。热解法被广泛应用于燃料化工、环保等领域，是有机物与无机物热处理的常用手段。近些年在环保领域热解法也被用来分解有机废物，如热解法处理废弃电路板、废塑料、废轮胎等。

热解法处理有机废物，其产物受热解终温、升温速率、保温时间、热解原料的物理化学性质（物料成分、粒径和颗粒形状）、系统压力等多种因素影响。热解温度往往决定了热解反应是否能反应完全，升温速率和系统压力则对热解产物的固、液、气组分影响较大，有机物完全热解需要的温度可以通过热重分析手段得到[61]。按照升温速率，热解反应可以分为慢速热解、常规热解、快速热解、闪速热解和气化热解，各种热解类型的升温速率区间和主要产物见表 2-1。由表 2-1 可以看出，升温速率越慢，产物易生成炭；升温速率越快，产物易生成更多油；当升温速率达到闪速热解以上并保持足够长时间时，产物只有气体[62]。

表 2-1　热解类型

工艺类型	反应条件			
	升温速率/(℃/s)	停留时间	温度范围/℃	主要产物
慢速热解	非常低	数小时~数天	300~400	炭
常规热解	0.1~1	5~30min	300~700	气、油、炭
快速热解	10~200	0.5~5s	500~800	油
闪速热解	>1000	<0.5s	550~10000	油或气
气化热解	>1000	0.5~10s	>800	气

按照系统压力分类，热解可以分为常压热解和真空热解。常压热解一般在氮气或氩气等惰性气氛下进行，反应器压力等于或略高于大气压。真空热解则是利用真空泵使反应器达到一定的低压后，并维持在该状态下加热分解有机物。常压热解和真空热解的区别为：常压热解中惰性气体将分解气化的产物吹扫出反应器；真空热解靠低真空环境，降低热解产物的沸点，使分解后的产物能迅速气化，离开加热区。一般情况下，真空热解产物中的含油组分高于常压热解产物。在废物回收领域，因为热解油产物比热解气和焦炭更易于收集、运输和二次利用，所以出于资源化的目的，热解油是主要目标产物[63]。

邓青等对 FR4 型废印制电路板进行热解处理。电路板的热解温度在 300~350℃ 范围内，且在 440℃ 之前基本能完成热解[64]。电路板热解过程中，其中的金属始终没有参与热解反应，采用一定方法处理热解产物后易回收其中的金属。蒋卉将废电脑电路板在 550℃、600℃ 下进行热解处理，铜的回收率分别高达 91% 和 84%[65]。龙来寿等研究了真空热解预处理对回收电路板中金属铜的影响，研究表明真空热解预处理不仅不会破坏电路板中的单质铜，而且可以促进铜箔和材料层之间的自然剥离，提高了电路板的选择性破碎性能，有利于金属铜的回收[66]。Chien 等研究了液晶材料无氧常压热解（氮气氛围下的常压热解）的动力学参数，得到液晶热解的活化能为 17.00kcal/mol（1kcal≈4185J，下同），指前因子为 $10^{8.71}min^{-1}$，反应级数为 1.15[67]。

2.3.3　等离子法

等离子体是由正离子、电子、气体原子和分子组成的混合体。等离子体总体呈中性，但能够导电。等离子加热是通过受控电弧释放产生非常热的离子化气体，把电能转变为显热的过程。等离子电弧加热区温度可高达 4000~8000℃。工作气体可根据情况选用还原性气体 H_2、CO_2，中性气体 N_2、Ar，以及氧化性气体空气、氧气等[68]。不同气体氛围可满足冶金过程不同的要求。由于等离子体火炬既能提供可控性极好的高温能量，又能提供氧位可调的气氛，因此等离子体具有良好的冶金特性。等离子弧炉主要用于熔炼难熔金属及活泼金属，也可熔炼合金钢。等离子弧炉熔炼铝和锑的收率可达 60%~95%，可熔炼含碳为 0.005%~0.009% 的各种牌号的超低碳不锈钢和含氮为 0.6%~1.0% 的奥氏体钢。

等离子体熔炼常用于失效汽车催化剂中富集回收铂族贵金属（铂、铑、钯，PGM）[68]。利用等离子体产生的极高温度使 Al_2O_3 和堇青石在反应炉中直接熔化，再采用铁作为贵金属的捕集剂，形成合金沉淀，利用合金与渣较大的密度差实现分离。用 H_2SO_4 或其与空气的混合物溶解铁合金，留下含贵金属的残渣，过滤后得到贵金属富集物。此方法实际上只应用于 Al_2O_3 载体的催化剂，而不用于堇青石载体。这是因为：a. 堇青石生成的渣黏性大，金属与渣分离困难；b. 在熔炼温度下，堇青石中的 SiO_2 会被还原为单质硅，硅与捕集剂铁生成硅铁合金，该合金与 PGM 形成新合金相，其具有极强的抗酸、抗碱性，难以回收。通过等离子体熔炼，汽车催化剂中的 PGM 被捕集金属富集，品位从 $0.1\% \sim 0.2\%$ 提高到 $5\% \sim 7\%$，回收率达到 90% 以上，而炉渣中的铂族金属品位 $<5g/t$。

2.4　湿法冶金

　　湿法冶金是用酸、碱、盐类的水溶液，以化学方法使原料中所需的金属组分进入液相而与其他物料分离，然后通过处理，如选择性浸出、化学沉淀、电化学沉积、溶剂萃取、置换等过程回收其中的有价金属。

　　湿法冶金主要步骤为：

　　① 将原料中有用成分转入溶液，即浸取；

　　② 浸取溶液与残渣分离，同时将夹带于残渣中的冶金溶剂和金属离子洗涤回收；

　　③ 浸取溶液的净化和富集，常采用离子交换和溶剂萃取技术或其他化学沉淀方法；

　　④ 从净化液提取金属或化合物。

　　湿法冶金技术在金属提取中具有日益重要的地位。湿法冶金过程有较强的选择性，即在水溶液中控制适当条件使不同元素能有效地进行选择性分离，原料中有价金属综合回收程度高，生产过程较易实现连续化和自动化。因此，复杂的冶金废渣和尾矿的开发利用更多地依赖湿法冶金新技术的开发。根据使用的水溶液不同，湿法冶金可分为酸性湿法冶金和碱性湿法冶金。

2.4.1　酸法

　　化学浸出能够将原料中的有价金属或杂质选择性溶解并转入溶液中，达到有价金属与杂质或原料中其他组分分离的目的。部分金属（铝、铁、铜）能溶于酸中，部分金属（锰、钴）在有还原剂的存在下更容易溶解。已有大量文献报道采用硫酸（H_2SO_4）、盐酸（HCl）和硝酸（HNO_3）等无机酸作为浸出剂浸出废弃物中的有价金属。

　　① 金属氧化靠酸中的 H^+ 还原发生：

$$Me + H_2SO_4 \longrightarrow MeSO_4 + H_2$$

　　② 金属的氧化靠加入溶液中的氧化剂发生：

$$Me + Fe_2(SO_4)_3 \longrightarrow MeSO_4 + 2FeSO_4$$

或

$$Me + H_2SO_4 + H_2O_2 \longrightarrow MeSO_4 + 2H_2O$$

　　③ 有络合物形成的氧化还原溶解：

$$4Au + 8NaCN + 2H_2O + O_2 \longrightarrow 4Na[Au(CN)_2] + 4NaOH$$

　　据文献报道，浸出废锂离子电池正极废料中的金属组分主要采用硫酸（H_2SO_4）、盐酸（HCl）和硝酸（HNO_3）等无机酸，同时由于 Co(Ⅲ) 化合物不易溶解浸出，浸出过程中为了提高 Co 或 Mn 的浸出率，通常加入过氧化氢（H_2O_2）将固相中的 Co 或 Mn 还原成更

易溶解的 Co^{2+} 或 Mn^{2+}。

现有报道废旧锂离子电池酸浸体系见表 2-2。

表 2-2　废旧锂离子电池金属回收浸出体系[69]

浸出试剂	还原剂(体积分数)	温度/℃	浸出效率/%
4mol/L HCl	—	80	Co≈100,Li≈100
1mol/L HNO_3	1.7% H_2O_2	75	Co=85,Li=85
1mol/L HNO_3	1.0% H_2O_2	80	Co≈100,Li≈100
2mol/L H_2SO_4	—	80	Co≥100,Li≥100
2mol/L H_2SO_4	2.0% H_2O_2	60	Co≈96,Li≈88
2mol/L H_2SO_4	5.0% H_2O_2	75	Co≈93,Li≈94
2mol/L H_2SO_4	6.0% H_2O_2	60	Co≈99,Li≈99
2mol/L H_2SO_4	15.0% H_2O_2	75	Co≈100,Li≈100
3mol/L H_2SO_4	—	70	Co=98,Li=98
3mol/L H_2SO_4	3.0% H_2O_2	70	Co≈100,Li≈100
1.5 mol/L 苹果酸	2.0% H_2O_2	90	Co≈93,Li≈94
1.25 mol/L 柠檬酸	1.0% H_2O_2	90	Co≥90,Li≥100
1.25 mol/L 抗坏血酸	—	70	Co=94.8,Li=98.5

在镍渣中镍、钴、铜等有价金属含量比较高，提炼金属的流程为：首先对镍渣进行酸浸，将镍、钴、铜等有价金属溶于水溶液中，结晶脱水后，使用碳酸钠将镍、钴、铜分离，分别向镍、钴、铜的溶液中加入硫酸，反应结束后，过滤、结晶、脱水，得到硫酸镍、硫酸钴、硫酸铜等产品。该工艺流程比较简单。

郭学益等采用砷化镓废料研磨-浸出-除杂-提取回收镓等工艺得到纯度为 4N（即 99.99%）的金属镓。首先用 1.0～5.0mol/L 硝酸自催化溶解研磨后的废料，向滤液中通入 H_2S 或加入 Na_2S 或 FeS 反应得到 As_2S_3 沉淀和含镓溶液，向含镓溶液中加碱得到氢氧化镓沉淀，过滤后将沉淀溶解在 NaOH 溶液中（控制 pH=10～12），电解即可得到纯度为 4N（即 99.99%）的金属镓。该方法镓的回收率高，分离镓、砷效果好，成本低廉，同时不会造成二次污染。

铅阳极泥的酸性浸出工艺利用其易被氧化的特点，通过自然堆放氧化或烘烤氧化将阳极泥中的砷、锑、铋等杂质转变成相应的氧化物；然后在含有氯离子（Cl^-）的酸性溶液如 H_2SO_4+NaCl 或 HCl+NaCl 体系中浸出，杂质氧化物将与氯离子发生化学反应生成可溶于水的配合物。

Xue 等将粉碎后的镍铬电池在 600～700℃下焙烧，其中的金属氧化，有机物分解转化成 CO_2 和水[70]。焙烧后的粉末用 H_2SO_4 浸出，浸出液加入 MnO_2 并调节 pH 值至 4～6 除去溶液中的铁离子。加入 $(NH_4)_2SO_4$ 使镍离子以 $(NH_4)_2Ni(SO_4)_2$·$2H_2O$ 晶体的形式沉淀出来，再加入 NH_4HCO_3 并调节 pH 值至 6～6.5，过滤除去溶液中的 $CdCO_3$。将 $(NH_4)_2Ni(SO_4)_2$·$2H_2O$ 晶体溶解并使镍离子以 $Ni(OH)_2$ 的形式重新沉淀，将 $CdCO_3$ 焙烧分解为 CdO。$Ni(OH)_2$ 和 CdO 可以直接作为电池原料使用。其中，镍的回收率＞95%，镉的回收率＞99.66%。在中试实验中，通过电解还原回收镉，得到镉的纯度大于99.82%。尤宏等采用 H_2SO_4 溶液浸取废弃电池得到含有镍和镉的母液，加入双氧水使其中的 Fe^{2+} 氧化为 Fe^{3+}，调节 pH 值使铁以氢氧化物的形式沉淀出来，然后用旋转圆盘电极电解槽回收镉[71]。在电解后的溶液中加入碳酸钠调节 pH 值，使镍离子以碳酸镍的形式析出，镍的回收率可达 99.5%。

常见的硫酸、盐酸、硝酸等无机酸可以较好地浸出废电池正极材料，但无机酸具有较强的腐蚀性，对设备要求较高，同时易产生 Cl_2、SO_2 等有害气体。有机酸相对绿色环保，已有研究者采用草酸、柠檬酸、马来酸、抗坏血酸、酒石酸、葡萄糖酸等作浸出剂。Zeng 等采用草酸浸出废旧锂离子电池中 $LiCoO_2$ 正极物料，发现草酸浸出过程属于液固相非催化反应，其主要受化学反应控制，在草酸用量 1mol/L、时间 150min、温度 95℃、固液比 15g/L 条件下，Co、Li 回收率分别达 97%、98%。此外，贵金属和溶液中的阴离子形成配合物更容易转入溶液中。废催化剂粉碎后，用一种或几种氧化剂（HNO_3、$NaClO$、$NaClO_3$、$HOCl$、Cl_2、H_2O_2 等）的盐酸溶液溶解废催化剂中的 PGM 组分，使其以 $PtCl_6^{2-}$、$PdCl_4^{2-}$、$RhCl_6^{3-}$ 等配离子形式进入溶液，也可在 HCl 介质中添加 F^- 强化 PGM 的浸出。PGM 在 HCl-NaClO$_3$ 浸出体系中的反应如下：

$$3Pd+11Cl^-+ClO^{3-}+6H^+ \longrightarrow 3PdCl_4^{2-}+3H_2O$$

$$3Pt+16Cl^-+2ClO^{3-}+12H^+ \longrightarrow 3PtCl_6^{2-}+6H_2O$$

$$2Rh+11Cl^-+ClO^{3-}+6H^+ \longrightarrow 2RhCl_6^{3-}+3H_2O$$

浸出体系为王水时，产生的 Cl_2 和 NOCl 提供了强的氧化能力和高 Cl^- 浓度。

$$HNO_3+3HCl \longrightarrow NOCl+Cl_2+2H_2O$$

$$NOCl+H_2O \longrightarrow HNO_2+HCl$$

PGM 在王水中可以被完全溶解，溶解过程是氧化还原反应。

$$3Pd+12HCl+2HNO_3 \longrightarrow 3PdCl_4^{2-}+6H^++2NO+4H_2O$$

$$3Pt+18HCl+4HNO_3 \longrightarrow 3PtCl_6^{2-}+6H^++4NO+8H_2O$$

$$2Rh+12HCl+2HNO_3 \longrightarrow 2RhCl_6^{3-}+6H^++2NO+4H_2O$$

以具有还原性的 H_2O_2 为还原剂时，PGM 也能被完全溶解。

$$Pd+4HCl+H_2O_2 \longrightarrow PdCl_4^{2-}+2H^++2H_2O$$

$$Pt+6HCl+2H_2O_2 \longrightarrow PtCl_6^{2-}+2H^++4H_2O$$

$$2Rh+12HCl+3H_2O_2 \longrightarrow 2RhCl_6^{3-}+6H^++6H_2O$$

2.4.2 碱法

碱性浸出体系的作用基于两性金属可溶于碱性溶液。碱性湿法冶金主要包括氨法和苛性碱法。

（1）氨浸

常用的氨性浸出体系根据铵盐的组成成分不同可以分为氨-碳酸铵、氨-氯化铵、氨-硫酸铵体系。原料中 Zn、Cu、Ni、Co、Cd 在 NH_3-NH_4Cl 水溶液中形成易溶的氨配合物：

$$Me+iNH_3 \longrightarrow [Me(NH_3)_i]^{2+}+2e(i=1\sim4)$$

相对于碳酸铵和氯化铵，硫酸铵分解温度高（280℃），常温下不易分解，易于储藏和运输，对设备的腐蚀小；同时有利于萃取工艺中用硫酸反萃得到富集的铜溶液，与现有铜电积工艺匹配。所以氨-硫酸铵浸出体系是应用最为广泛的氨性浸出体系。

国内外已有一些关于氨性浸出体系的报道。瑞典 Anderson 在 1977 年开发碳酸铵浸出工艺。在 30℃的条件下，Cu、Ni、Zn 的浸出率分别为 80%、70%、70%，但 Cr 的回收率较低。台湾大学的 Chang 等[72] 在 1998 年研究了氨水浸出含铜污泥中铜的可行性，在 pH

值为 10 的条件下反应 6h，铜的浸出率为 94%。氨性浸出体系曾运用于含铜矿石的湿法冶炼工艺。近 10 年来，国内也开始研究氨性体系浸出含金属污泥。姚雅伟等在 2010 年研究了氨-硫酸铵体系浸出电路板生产过程中蚀刻酸洗步骤产生的含铜污泥，最优的条件下铜浸出率可达 97.5%[73]。

巴西圣保罗大学的 Soares Tenorio 等推出了一种氨性浸出工艺。该工艺在浸出前采用物理方法将影响贵金属浸出的其他金属分离，简化后续浸出工艺，提高贵金属的浸出效率。在 $(NH_4)_2SO_4$ 和 NH_4Cl-NH_3 溶液中，利用 Cu（Ⅱ）作氧化剂浸出电路板中的金属铜，Cu（Ⅱ）将金属铜氧化成 Cu（Ⅰ）并形成 $Cu(NH_3)_2^+$，再通过萃取分离出 Zn、Pb、Mn 等杂质，然后电解得到高纯铜[74]。

（2）碱浸

碱浸法通常适用于两性氧化物，例如镓和铝。镓和铝的碱浸过程中可发生如下反应：

$$Al_2O_3 + Na_2CO_3 \longrightarrow 2NaAlO_2 + CO_2$$

$$Ga_2O_3 + 3Na_2CO_3 \longrightarrow 2Na_3GaO_3 + 3CO_2$$

用碳酸钠溶液浸出粉煤灰，反应生成的镓酸钠和偏铝酸钠和偏铝酸钙溶解在溶液中，但硅酸钙不溶沉淀下来。过滤除去不溶杂质，采用碳酸化法将铝和镓分离，此过程分 3 次，pH 值控制在 11 左右，此时偏铝酸钠水解，以氢氧化铝的形式沉淀析出：

$$NaAlO_2 + 2H_2O \longrightarrow Al(OH)_3 + NaOH$$

滤出氢氧化铝沉淀，将滤液进行二次碳酸化，体系内发生如下反应：

$$2NaOH + CO_2 \longrightarrow Na_2CO_3 + H_2O$$

$$Na_2CO_3 + CO_2 + H_2O \longrightarrow 2NaHCO_3$$

$$NaAlO_2 + 2H_2O \longrightarrow Al(OH)_3 + NaOH$$

$$Na_3GaO_3 + 3H_2O \longrightarrow Ga(OH)_3 + 3NaOH$$

将适量的氢氧化钠溶液加入二次碳酸化的沉淀物中，使镓转移至溶液，铝以氢氧化铝沉淀分离；二次碳酸化母液主要成分是碳酸氢钠，还可能含有少量镓。将母液与上述溶液混合，通过蒸发手段分离出碳酸盐；然后将剩余溶液进行三次碳酸化，此时镓以氢氧化镓沉淀的形式析出，过滤、洗涤即得到高含量的氢氧化镓沉淀物；最后用氢氧化钠溶液将氢氧化镓沉淀溶解，再经过电解而制得纯镓。

废锂离子电池的正极集流体铝是两性金属，与酸碱都可以发生反应，而正极活性物质钴酸锂、负极材料石墨和负极集流体铜箔均不与碱发生反应。因此，可采用 NaOH 碱性溶液溶解正极集流体中的 Al 及其表面的 Al_2O_3，去除集流体铝箔和富集电极材料，包含以下反应：

$$2Al + 2NaOH + 2H_2O \longrightarrow 2NaAlO_2 + 3H_2$$

$$Al_2O_3 + 2NaOH + 3H_2O \longrightarrow 2Na[Al(OH)_4]$$

Ferreira 等将锂离子电池手工拆解后，采用 NaOH 溶解正极集流体中的铝箔，Co 和 Li 仍保留在固体中，后续采用 $H_2SO_4 + H_2O_2$ 浸出 Co 和 Li。实验发现，随着 NaOH 溶液浓度从 1% 提高到 10%（质量分数），溶液中稳定的可溶相 $Na[Al(OH)_4]$ 迅速增加。另外，温度对于 Al 箔的溶解影响很小，远没有 NaOH 溶液浓度的影响大。该方法在碱处理过程中释放大量气体，碱液易飘散到操作环境中，可能危害设备或人员的安全，需要采取适当的防护措施。

铅、锡、锑均为两性金属，在氧化条件下可与碱反应生成可溶盐。将废电路板的金属粉

末与氧化剂 $NaNO_3$、碱性介质 NaOH 按一定比例混合均匀后进行微波辐射，两性金属 Pb、Sn、Sb、Zn 先与 $NaNO_3$ 反应生成氧化物后，再与 NaOH 反应，最后以钠盐形式存在于溶液中；铜和贵金属熔点较高，能与 $NaNO_3$ 反应，但不与 NaOH 反应，以固体形式存在于溶液中。过滤得到浸出液（Sn^{2+}、Pb^{2+}、Zn^{2+}）与浸出渣（Na_3SbO_4、CuO、贵金属）。特别说明，Sb 的三价化合物 $NaSbO_2$ 可溶于水，但五价化合物 Na_3SbO_4 不溶于水[16]。在氧化浸取过程中，由于存在强氧化剂，Sb 被氧化为五价，因此 Sb 留在了浸出渣中；在 Na_2S 浸取过程中，浸出渣中的 Sb 可通过与 Na_2S 反应生产可溶的硫代产物 Na_3SbS_4，又回到液体中，反应如下：

$$5Sn+6NaOH+4NaNO_3 \longrightarrow 5Na_2SnO_3+3H_2O+2N_2$$
$$5Pb+8NaOH+2NaNO_3 \longrightarrow 5Na_2PbO_2+4H_2O+N_2$$
$$5Zn+8NaOH+2NaNO_3 \longrightarrow 5Na_2ZnO_2+4H_2O+N_2$$
$$2Sb+4NaOH+2NaNO_3 \longrightarrow 2Na_3SbO_4+2H_2O+N_2$$
$$Na_3SbO_4+4H_2O+4Na_2S \longrightarrow Na_3SbS_4+8NaOH$$

碱法浸出技术在对于 Cr 和 Fe 等杂质金属的选择性上优于酸法，解决了选择性浸出的问题，但其对于有价金属 Cu、Ni、Zn 的浸出率较低，存在对底物浸出不彻底的问题。同时，碱法浸出技术对温度要求较高，浸出条件苛刻是该技术的缺点。工业应用上要重点解决浸出条件的控制和强碱回收的问题。

2.5 生物冶金

生物冶金是指借助微生物的催化氧化作用将原料中的有价金属以离子的形式溶解到浸出液中，将原料中的杂质元素除去，再借助萃取、电积等下游工艺分离纯化以获得高纯度的金属[75]。根据微生物在金属冶炼中的作用，生物冶金可以分为微生物浸出、微生物氧化和微生物分解三种微生物冶金技术。三种微生物冶金技术在金属二次资源回收中应用最为广泛的是微生物浸出技术[76,77]。微生物浸出是指利用特定微生物的生理生化作用，用含有微生物的溶剂溶解原料中的金属并富集的湿法冶金技术。

应用于微生物浸出技术的微生物多为杆菌，因其能从普通细菌无法生存的酸性环境中摄取无机物合成自身组织，利用氧化原料中的硫、铁获得能量来促进物质的合成[78]。原料中的金属自然溶解速率很慢，但在微生物的作用下溶解速率可以提高 10^5 倍。目前已知的可以参与微生物浸出的细菌种类有 20 多种，其中主要是氧化亚铁硫杆菌、氧化硫硫杆菌、氧化亚铁钩端螺旋菌。对于原料中的难浸出金属，如金等贵金属，可以利用产氰细菌如紫色色杆菌进行浸出处理，此外真菌中的黑曲霉和简单青霉也可用于浸出原料中的金属。但是，真菌浸出时间相对于细菌较长，因而研究较少[79]。

2.5.1 微生物浸出机理

目前关于微生物浸出的机理研究主要包括直接浸出、间接浸出和协同浸出 3 种[80]。

（1）直接浸出

直接浸出是指浸出过程中，细菌或者真菌通过静电力等物理作用吸附或化学吸附在金属表面，通过其胞外聚合物层实现金属的浸出。

（2）间接浸出

间接浸出是指细菌或真菌并不直接与原料中金属表面接触，而是通过其生长代谢过程产生的代谢产物实现金属的浸出。氧化亚铁硫杆菌、氧化硫硫杆菌、紫色色杆菌的间接浸出过程如下。

1）氧化亚铁硫杆菌

氧化亚铁硫杆菌生长过程中能把培养液中大量的 Fe^{2+} 氧化成 Fe^{3+}，反应方程见下式：

$$4Fe^{2+}+4H^{+}+O_2 \xrightarrow{\text{氧化亚铁硫杆菌}} 4Fe^{3+}+2H_2O$$

培养液中的 Fe^{3+} 可以与金属元素发生氧化还原反应实现金属的浸出。氧化亚铁钩端螺旋菌与氧化亚铁硫杆菌的浸出机制相同，故不再说明[81]。

2）氧化硫硫杆菌

氧化硫硫杆菌生长过程中能将培养基中的单质硫进一步氧化成高价态形成 H_2SO_4，从而实现废弃物中金属的浸出。

$$2S^{0}+3O_2+2H_2O \xrightarrow{\text{氧化硫硫杆菌}} 2H_2SO_4$$

3）紫色色杆菌

紫色色杆菌在生长过程中将产生 HCN，而 HCN 可以与金反应，从而回收废弃物中的贵金属。

$$2HCN+2Au \longrightarrow 2AuCN+H_2$$

（3）协同浸出

协同浸出是指在浸出过程中多种细菌共同参与原料中金属的浸出。例如，混合培养氧化亚铁硫杆菌与氧化硫硫杆菌浸出原料中的金属，或者采用矿坑废水中的微生物浸出原料中的金属。相比于单一菌浸出，多细菌协同浸出能够增加细菌对原料的耐受性，同时提高原料的浸出效率。由于协同机制涉及多种细菌，各细菌在浸出过程中的作用还有待进一步研究。

2.5.2　生物浸出工艺

目前的微生物浸出工艺主要有如下几种。

（1）堆浸法

该法广泛应用于浸出各种尾矿、废矿中的金属，通过在矿堆上方喷淋酸性浸矿溶液，在重力作用下浸矿溶液自上而下经过矿堆，与矿堆中的化合物接触并发生反应。该法成本低、操作简单，适合处理尾矿、废矿、贫矿。

（2）槽浸法

该法常用于电子废弃物中金属的浸出，将物料放在搅拌槽中，加入溶液，整个浸出过程在搅拌槽中完成。该法的优点是浸出周期短，金属的回收率高，浸出条件容易控制。但同时该法需对浸出的原料进行预处理，严格控制原料的直径，而且对设备要求比较高，生产成本高，一般用来处理高品位原料。

与传统氧化工艺相比，生物浸出具有以下优点：

① 生产在常温、常压下进行，能耗低，投资和运营资本低；

② 相比于火法和湿法工艺，生物浸出产生的废弃物环境友好，处理成本低。

目前微生物冶金技术主要用在尾矿、电子废弃物金属浸出以及污泥中重金属的去除。

2.5.2.1 尾矿金属浸出

尾矿生物浸出的应用研究早在 1989 年就已经有报道，Attia 等[82] 用改良的氧化亚铁硫杆菌对金矿尾矿进行预处理，使得尾矿中的贵金属回收率大幅提高，其中，金回收率从 32% 提高到 95%，银回收率从 48% 提高到 98%。Lee 等[83] 利用氧化硫硫杆菌从尾矿中浸出砷，研究表明初始 pH=1.8、温度为 25℃、矿浆浓度为 0.5% 时，砷的浸出率最高；随着温度升高和矿浆浓度增大，细菌活性下降，浸出率降低。Liu 等[84] 研究了矿浆浓度对于尾矿中重金属浸出率的影响，在 5 个测试浓度梯度中，1% 的矿浆浓度最适合细菌生长和金属的浸出；随着矿浆浓度的升高，金属的浸出率明显下降。总的来说，尾矿的生物浸出实验研究较少，工业应用还处于空白，还有大量的工作要做，特别是尾矿中残留的浮选药剂对浸矿细菌的抑制作用及机理还有待研究。

2.5.2.2 电子废弃物金属浸出

近年来，许多学者开始将生物浸出技术用于电子废弃物中金属浸出的研究[85]。Faramarzi 等[86] 用氰细菌处理含金约 10mg/g 的印刷电路板碎片（5mm×10mm），金以 $Au(CN)_2^-$ 的形式被浸出，当投加量大于 10g/L、温度 30℃下反应 7h 后，体系 pH 值上升至 9，金的浸出率为 14.9%，证实了氰细菌浸出电路板中的金可行。Natarajan 等用 6mol/L 的硝酸对电子废弃物颗粒（45～75μm）进行预处理，去除铜、铝等基本金属，用 Luria-Bertani 培养基（pH=9.5）对产氰菌预培养 1d 后，加入 0.5%（质量体积比）的电子废弃物颗粒反应 8d，金的浸出率为 22.5%。Wang 等[87] 采用氧化亚铁硫杆菌和氧化硫硫杆菌以及它们的混合物从电路板中浸取金属。结果表明，在有电路板存在时氧化亚铁硫杆菌和氧化硫硫杆菌均能生长，但在纯的氧化亚铁硫杆菌溶液中铜不能被有效浸出，铅、锌等能部分溶解。英国伯明翰大学也在研究将生物技术应用到电子废弃物有价金属回收中，他们把金属溶到硝酸和盐酸中，然后通入装有细菌的反应器，细菌会将金属沉积在细胞壁上，通过回收细菌就可以回收金属，该法效率约为 90%，速度比一般方法快 50%[88,89]。

2.5.2.3 污泥重金属浸出

国外学者在生物浸出污泥中重金属方面已开展不少研究，并且详细研究了生物沥滤反应器设计和运行效果。Blais 等[90] 做了大量污泥生物浸出实验，结果表明硫氧化细菌去除重金属效果优于铁氧化细菌。Couillard 等[91] 采用连续搅拌式反应器（CSTR）和带有污泥回流的连续搅拌式反应器（CSTRWR）两种工艺进行生物浸出试验，结果表明，相同运行条件下 CSTR 和 CSTRWR 两种工艺处理重金属的效率接近，Ni 和 Cd 的最大去除率分别达到 82.4%～83% 和 83.3%～85%。Tyagi 等[92] 比较研究了体积为 30L 的搅拌式反应器（STR）和气提升式反应器（ALR）的污泥生物浸出效果试验。结果表明，在相同的沥浸条件，STR 和 ALR 工艺去除污泥重金属效果接近，重金属铜、锌、锰、铬、镍、镉、铅的去除率分别为 91%、94%、93%、67%、67%、8%、7%。

污泥生物浸出技术在国内研究起步较晚。李音[93] 对污泥生物浸出工艺参数进行了优化，确定了污泥初始 pH＝4，浓度为 4％，$FeSO_4 \cdot 7H_2O$ 投加量为 10g/L、单质硫粉投加量为 8g/L 时，对生物浸出过程的启动有利，重金属铜、锌、镉、铅去除率达到最大值。李超等[94] 对复合硫杆菌生物浸出污泥重金属机制进行研究，结果表明，在生物浸出过程中受直接机制作用的重金属有铜、镍、镉，受间接机制作用的重金属有锌，浸出过程以混合机制为主的重金属有铬、铅，但二者作用机制不同，铬主要是因为有机结合态的转化，铅主要是因为碳酸盐结合态与硫化物结合态的转化。张军等[95] 研究了生物浸出污泥重金属时不同重金属的溶解机制，锌、铜及镉主要依靠 Fe^{3+} 氧化作用滤出，铅和铬主要通过酸溶作用滤出，而镍的滤出则由 Fe^{3+} 氧化作用和酸溶作用共同控制。

2.6　金属二次资源利用过程污染控制

金属二次资源的利用处置是为了在处理中，既能够充分利用好其中的金属，又不产生二次污染。与开采一次资源时一样，二次资源的回收过程中对环境造成的污染是相当惊人的，有些甚至比填埋处置二次资源造成的环境危害还要大。目前采用火法或湿法工艺回收废料中的贵金属时对贵金属的回收率考虑较多，对回收工艺对环境造成的二次污染考虑较少。部分二次资源再生利用企业的火法回收过程只是将固体废物变成废气和更多的二次固体废物的过程，而湿法回收过程则是将固体废物变成大量酸碱废水和氰化废水的过程，环境危害可想而知。由于金属二次资源的种类繁多，原料中金属含量差异很大，废料中其他成分各异，因此以统一的工艺处理所有品类的废物很难。但遵循一定的原则和规律，可以尽量减少金属二次资源处置过程中的二次污染，逐步达到无害化处置的标准[96,97]。

2.6.1　污染物来源与特征

在处理金属二次资源过程中，大部分工序均有废水产生。例如，破碎和分选时产生的废水，湿法回收金属过程中产生的酸性、碱性废水、萃取除杂废水、萃取分离废水，处理焙烧烟气产生的废水，喷淋处理产生的浓盐水。根据废水中所含污染物的主要成分，又可分为酸性废水、碱性废水、含氰废水、含氟废水、各种重金属废水、有机废水和含放射性废水等。金属二次资源回收过程中产生的废水成分复杂，不能被生物降解，重金属会在生物体内聚积。如果这些废水不经处理而直接排放，将污染水体和土壤，对生态环境乃至人体健康构成危害[98,99]。

金属二次资源再生工艺中几乎每步都会产生废气。例如，破碎、分选过程产生的烟尘，废弃汽车、废船拆解过程中的残留汽油氟里昂挥发，焙烧过程中黏结在原料表面的油污、塑料、橡胶树脂等可燃物产生的二噁英、NO_2、SO_2。金属二次资源回收中产生的废气以无机物为主，废气成分复杂，排放量较大，污染面较广，治理难度较大，在冶炼过程中，铅、砷、镉等重金属污染物会随高温烟气排出，对生态环境和人体均有较大影响[100,101]。

回收工艺过程中产生的固体废物大多是固体渣，还有部分污泥和废锂电池拆解外壳等，但是多数属于危险废物，需要特殊处理。

2.6.2 污染物控制技术

2.6.2.1 废气

回收工艺产生的废气主要有破碎分选烟尘、焙烧烟气、浸出酸雾、其他无组织废气[102,103]。

以下为主要污染源分布和相应的处理工艺。

（1）破碎、分选烟尘

烟尘分别经管道收集后进入混合烟道，废气分别经重力沉降除尘室、列管漏斗除尘器、布袋除尘器、湿式脱硫塔净化达标后，经烟囱排放。

（2）焙烧烟气

废料中有机物在高温下分解燃烧，最终转化成二噁英、NO_2、SO_2 等进入废气。焙烧烟气通常采用的处理工艺为：二次燃烧室＋旋风收尘器＋余热锅炉＋急冷塔＋布袋除尘＋碱喷淋吸收塔＋除雾器＋排放。

（3）浸出酸雾

浸出过程产生的酸雾通常为硫酸、部分会有 HCl，采用吸风罩进行收集浸出废气，浸出酸雾废气采取两段吸收的方式处理：第一段采用稀碱水喷淋装置吸收，依据中和反应的原理冷却、中和废气中的硫酸；第二段采用清水喷淋装置吸收净化尾气后，废气经排气筒外排。

（4）其他无组织废气

车间内加料口、排渣口、浇铸机、堆渣区等产生无组织废气均在排放源设置排气罩，排渣口设有防止烟气溢散的装置，抽出的废气经布袋除尘器净化处理达标后，经烟囱排放。

2.6.2.2 废水

生产废水先进行中和沉淀预处理后，再采用隔油＋氧化＋生化（水解酸化＋曝气生物滤池）＋混凝气浮＋活性炭过滤工艺进行处理，排入生产废水处理系统的生化段[104]。

某企业产生的生产废水主要包括废铅酸蓄电池预处理设备在破碎和水力分选时产生的废水、铅泥脱硫处理废水、生产车间地坪冲洗水和脱硫塔除尘废水等。废铅酸蓄电池预处理产生的废水、铅泥脱硫处理废水和地坪冲洗水主要含悬浮物等污染物，企业在车间内合设一循环系统，废水经二次沉淀后循环使用，无废水外排。脱硫塔除尘废水主要含硫化物、铅、悬浮物等污染物，通过设置循环水处理池，废水经中和、沉淀后循环使用，系统少量排水进入废铅酸蓄电池预处理废水系统。

2.6.2.3 废渣

回收工艺过程中产生的固体废物大多是固体渣，还有部分污泥等，但是多数属于危险废物，需要特殊处理[103]。

（1）浸出渣

废料采取硫酸浸出工艺中，大部分金属均进入料液，有少量金属没有溶解进入浸出渣中，同时含有硅、氟等无机元素。浸出渣按危险废物处置，暂存在企业危废暂存库中，定期交由有资质的危废处置单位处置。

（2）稀土复盐沉淀渣

硫酸浸出时稀土进入浸出液中，为了去除浸出料液中的稀土杂质，采取硫酸复盐沉淀的方法去除，稀土复盐沉淀渣经板框压滤后暂存在企业危废暂存库中，定期交由有资质的危废处置单位处置。

（3）除铁锰渣

为了去除浸出料液中的铁锰等杂质，采取氧化、沉淀的方法去除，除铁锰渣暂按危险废物处置，暂存在企业危废暂存库中，定期交由有资质的危废处置单位处置。

（4）隔油渣

对含油废水先采用隔油措施处理，隔油渣属危废，危废类别"HW08 废矿物油"，危废代码 900-210-08。暂存在企业危废暂存库中，定期交由有资质的危废处置单位处置。

（5）废电池拆解外壳、塑料废电池拆解过程产生的外壳、塑料

主要成分为金属、塑料等，按固体废物处置，定期交由有资质的危废处置单位处置。

处置金属二次资源时必须考虑以下几方面的问题[103]。

① 在制定的金属二次资源回收利用方案中，必须将回收利用过程中的二次废气、废液和废渣的治理问题放在与贵金属的回收利用率同等重要的地位。

② 最大限度地以废治废，用其他废弃物作为处置贵金属二次资源的原料，如用其他行业产生的酸性、碱性废水作为金属废料处置过程中的酸碱，以电镀废水作为贵金属废料处置过程中的含氰溶液等，都能较好地达到以废治废的目的。含贵金属量较高的固体废料，可以作为冶炼厂冶炼过程的添加物料，尽量减少单独处置贵金属二次资源的数量。

③ 生物处理，利用某些生物体对金银等贵金属有特殊的亲和力来达到富集贵金属的目的。该方法已经有几个国家的研究人员在进行具体研究，预计在不远的将来能够得到应用。该方法能够大大减少贵金属二次资源处置过程中的酸碱和氰化物的使用量以及烟尘排放量。

④ 集中和滞后处理。对目前暂时无法做到无害化处置的贵金属废料，如各类电器的板卡、显示器等，经过适当拆解后集中储存，待找到科学合理的无害化处置方案后再统一处置，比现在简单地用火法或酸碱浸泡处置对环境有利得多。

⑤ 政府协调和加大无害化处置的研究力度。因为无论对何种二次资源进行无害化处置，都是一个涉及环保、化工、冶金、电子等众多学科的系统工程，其科学技术研究跨度很大，有关协调工作必须得到政府和全社会的支持和理解。

2.7 金属二次资源综合利用优势判断模型

金属二次资源中含有大量有价金属（如铜、铝、金、银、镓、铟、钯等）和重金属铅、砷、镉等，具有资源与环境双重属性，因此在回收这些金属二次资源时需要建立一个良好的金属二次资源评价模型。近几年，研究者提出金属二次资源再利用是实现循环经济的唯一途径，并且没有一个过程可以实现从金属二次资源中直接回收金属[105]。金属二次资源的再生过程包括拆解、预处理和金属提取。影响金属回收的因素可以归结为两方面：一方面是回收经济性，主要包括材料费用以及再生后产生的收益；另一方面是回收的技术性，从金属二次

资源中回收金属需要合适的预处理和冶金过程，而这些过程通常是针对某类金属二次资源的特性而设计的，这些过程必须在技术和经济上可行。对每种材料的处理方法还需要考虑回收过程中对环境的影响。例如某一回收过程技术具有可行性，但再生金属过程的成本远高于开采原生金属的成本，企业通常会选择开采一次资源。此外，由于固体废物/废弃产品金属存在的物理形态及其化学组成各不相同，导致从金属二次资源中回收有价金属的难度更高。

因此，通过系统评估金属二次资源，提供全面的理论指导，不仅可以减少不必要的预实验，也可以指导企业建立更高效的废弃物处理体系[106]。如上文所提，评估体系中主要需要考虑经济性和技术性两方面。在经济性方面，使用资源指数（Resource Index，RI）和技术指数（Technology Index，TI）两个指标评估废弃物的经济性，采用可回收性评估材料回收的难度。

2.7.1 关键性指数

确定电子废弃物回收潜力和开发高性价比、环境友好的回收设备，需要定量和定性分析金属二次资源中的高值材料；同时，需要评估技术可行性和成本有效性，通常采用风险分析进行评估，它的横纵坐标分别为资源指数（Resource Index，RI）和技术指数（Technology Index，TI）。

（1）资源指数

资源指数（Resource Index，RI）主要取决于金属的价值、运费、材料费和回收金属创造的收益，金属的价值通常取决于金属的重要性以及其对工业发展的影响。因此，RI 取决于：a. 金属二次资源中所含金属的市场价值（MV）；b. 从二次资源中可回收金属的经济重要性（EI）；c. 金属的供应风险（SR）。资源指数的几个影响因素之间会互相影响。为了使数据归一化，我们认为所有的参数同等重要，取其权重均等，基于以上几点，RI 可以用如下公式表示：

$$RI = \left(1 + \sum_i x_i MV_i\right)^{1/3} \times \left(1 + \sum_i x_i SR_i\right)^{1/3} \times \left(1 + \sum_i x_i EI_i\right)^{1/3} - 1 \qquad (2-1)$$

式中　　　　i——在金属二次资源中某一特定金属；

x_i——该金属在废弃物中的含量；

MV，SR，EI——市场价值、供应风险和经济重要性。

（2）技术指数

金属二次资源通常由几部分组成，如 LED 灯由泡壳、发光组件、散热器和驱动等组成。因此，为了高效回收其中金属，需要预处理，如破碎和分选，之后通过湿法或火法冶金过程提取其中金属，在金属二次资源的回收过程中会向环境中排放废气、废水和固废。基于以上考虑，技术指数（Technology Index，TI）包括以下几个因素：

① 回收这类产品的技术可行性（Technology Availability，TA）；

② 预处理该类产品时的成本指数（Mechanical Processing Costs Indicator，MC），这个主要取决于处理前后的尺寸（即处理前产品的大小和处理后对破碎颗粒粒径大小的要求）、分选后中间产品的纯度；

③ 金属提取过程的成本指数（Metallurgical Processing Cost Indicator，MEC）；

④ 再生全流程的环境影响指数（Environmental Impact，EVI），它取决于产品中有毒金属的含量、组成产品每种金属对环境的影响以及再生过程中每个过程对环境的影响。

上述 4 个指数对 TI 同等重要，其权重相同。为了使参数归一化，TI 如下式所示：

$$TI = \frac{(1+TA)^{1/4} \times (1+MC)^{1/4} \times (1+MEC)^{1/4}}{(1+EVI)^{1/4}} - 1 \qquad (2-2)$$

$$TA = \sum_i x_i \rho_i$$

$$MC = \left(\frac{d_e}{d_o}\right)$$

$$MEC = \frac{\sum_i 100 x_i}{1+n+m}$$

$$EVI = \sum_i x_i \frac{50 EVI_{i,substitute}}{EVI_i}$$

式中　　　　　　　i——该产品中某种特定金属；

x_i——该金属在废弃物中的含量；

ρ_i——该产品中某种金属的回收率；

d_o 和 d_e——机械处理前后废弃物的平均直径；

n 和 m——多价碱和贵金属的含量；

$EVI_{i,substitute}$ 和 EVI_i——构成某一特定金属点环境影响。

2.7.2　可回收性

可回收性是从技术角度考虑回收金属、玻璃和塑料的回收难度。某一特定产品的可回收性主要由预处理过程、金属提取过程的回收难度决定，即取决于产品类型、组成和其中某种金属的含量。因此，决定某一产品可回收性的临界参数取决于该产品的类型、组成和金属含量。

计算特定产品的金属分布浓度时，使用信息理论领域中的数学函数中的熵评估废弃物中物质的浓度。基于统计熵函数和物质流分析理论可以实现产品中的化学物质浓度的测算，基于工业生产过程中的物质流分析、废弃物和资源管理决策，建立废弃物组成信息的公共数据库，该熵的有限概率分布可表示为：

$$H = -\sum_{i=1}^{n} (P_i \log_2 P_i) \qquad (2-3)$$

$$\sum_{i=1}^{n} P_i = 1$$

式中　P_i——i 事件发生的概率；

n——该废弃物中所使用的材料种类数；

H——对应的熵。

分级是废弃物材料或组件从初始状态到最终回收产品（纯金属）需要经历的过程。因此，分级可以定义为其包含的所有材料的分级总和，如下式所示：

$$D = \sum_i^m D_i = \begin{cases} \sum_i^m P_i \\ \sum_i^m [1-(ji-1)/N]_i \end{cases} \qquad (2-4)$$

式中 　D_i——材料 i 的等级；

　　　m——废弃物中所含材料的量；

　　　j——金属从低到高的价态；

　　　N——废弃物中所含元素价态的总和；

　　　D——废弃物分级总和。

当熵增加，废弃物的可回收性会降低，分级 D 下降时废弃物的可回收性下降。可回收性如下式所述：

$$R = \frac{100D}{nH} \tag{2-5}$$

式中 　R——可回收性；

　　　100——扩大系数。

2.7.3　回收难度

在废弃物中，高 D 值的废弃物通常回收难度低，也就是说当材料的分级较高时，其回收难度较低；反之亦然。此外，某一特定废弃物总回收难度主要取决于其中金属的含量，当废弃物中的金属含量较高时，其回收难度也会相应降低，对于由单一材料组成的废弃物，则其回收难度只取决于该材料。以废弃电路板为例，其回收难度取决于其中所含每种材料的含量和分级，如废弃电路板的回收难度会随金含量的增加而降低。对废弃物中某一材料的回收难度可表示为式（2-6）：

$$\eta_i = \frac{P_i}{D_i} \tag{2-6}$$

该废弃物总回收难度可表示为：

$$\eta = \sum_i^n \frac{P_i}{D_i} \tag{2-7}$$

式中 　η_i——废弃物中材料 i 的回收难度；

　　　n——废弃物中所含材料的数量。

在回收过程中，如果废弃物中只有一种或几种金属被回收，如回收 LED 灯时，只有镓和铟两种金属被回收，回收难度如下式所述：

$$\eta^* = \sum_{i=1}^n \frac{P_i}{D_i} \tag{2-8}$$

$$\varphi = \frac{\eta^*}{\eta} \times 100\% \tag{2-9}$$

式中 　η^*——废弃物的回收难度；

　　　φ——回收难度比例；

　　　n——废弃物中所含材料的总数。

当前，我国金属年均消费已经从 21 世纪初的 6% 左右大幅回落，市场需求增长趋缓，部分金属甚至出现下降趋势，行业已经由过去的"快速发展期"进入"深度转型调整期"。《中共中央关于制定国民经济和社会发展第十三个五年规划的建议》提出，要支持绿色清洁生产，推进传统制造业绿色改造，推动建立绿色低碳循环发展产业体系。有色、钢铁和煤炭三大国民经济支柱产业也因为高能耗、高污染被视为工业体系中去黑化难度最大、任务最重的行业。我国有色金属工业发展面临资源、环境、能源的制约，实现工业绿色化是必然的途径。有色金属工业绿色化需要政、产、学、研紧密结合。在供给侧改革、化解产能过剩的背景下需要全行业从以下几个方面共同努力。

① 从源头上抓好转型升级，形成环境友好的产业布局和产品结构，建立再生资源行业环境准入机制，关停能耗高、污染重的企业。引导再生资源集散地向园区化转变。鼓励集散地小企业入驻园区，实现加工利用过程中环境风险集中监管。在现有加工园区和交易市场基础上，形成技术先进、管理规范、环境标准高的加工园区。

② 切实抓好生态问题治理和环境恢复，防止污染扩散。开展试点研究，完善再生资源综合利用政策法规标准体系，推动报废汽车等拆解企业污染防治技术规范的修订工作。

③ 鼓励企业提高有色金属再生利用率，推动建立全国有色金属循环利用体系。再生有色金属产业技术装备水平大幅提升，促进有色金属产业绿色化发展。

参考文献

[1] 张华，胡德文. 我国二次资源回收利用状况与发展潜力 [C]. 全国矿产资源合理开发、有效利用和生态环境综合整治技术交流会，2004.

[2] 王成彦，邱定蕃，徐盛明. 金属二次资源循环利用意义、现状及亟需关注的几个领域 [J]. 中国有色金属学报，2008，18（e01）：359-366.

[3] 马荣骏，马玉雯. 循环经济的二次资源金属回收 [J]. 矿冶工程，2014，34（2）：68-72.

[4] 付光强，范兴祥，董海刚，等. 贵金属二次资源回收技术现状及展望 [J]. 贵金属，2013（3）：75-81.

[5] 赵飞，王欢，贺小塘，等. 银的二次资源综合回收 [J]. 贵金属，2013（01）：42-46.

[6] 李新，崔献丹，梁亚楠，等. 中国金属矿产的消费强度与回收潜力分析 [J]. 中国人口·资源与环境，2017，27（7）：53-59.

[7] 李一夫，戴永年，刘红湘. 中国有色金属二次资源的回收利用 [J]. 矿冶，2007，16（1）：86-89.

[8] 蒋英，郭杰，许振明. 废旧印刷电路板中非金属材料资源化的新进展 [J]. 材料导报，2011，25（11）：133-138.

[9] 李振猛，夏仕兵. 关于电子废弃物中贵金属的资源化回收研究 [J]. 低碳世界，2016（26）：13-14.

[10] 李英顺，黄晨，朱理立，等. 废旧家用电器的资源化 [J]. 上海第二工业大学学报，2011，28（3）：236-239.

[11] 叶平，钟真宜，何春倩，等. 破碎分选技术在废弃电器电子产品再生利用中应用 [J]. 广东化工，2016，43（16）：154-155.

[12] 郎宝贤. 颚式破碎机现状与发展 [J]. 矿山机械，2004（1）：9-10.

[13] 高强，张建华. 破碎理论及破碎机的研究现状与展望 [J]. 机械设计，2009，26（10）：72-75.

[14] 王伟. 破碎机的发展现状与趋势 [J]. 现代制造技术与装备，2016（7）：145-147.

[15] 刘勇. 破碎机的发展现状与趋势 [J]. 工程技术：引文版，2016（11）：258.

[16] 兰兴华. 汽车废料的回收：分类、切碎和分离 [J]. 资源再生，2008（6）：26-27.

[17] 易有福. 镁合金压铸废料分料及收集、囤积、运输的安全管理研究 [D]. 重庆：重庆大学，2009.

[18] 冯瑞新，刘业莉. 固体废弃物的处理技术 [J]. 城市建设理论研究（电子版），2015，5（12）：2834.

[19] 何双华，朱华炳，柏宇轩. 废动力电池破碎产物的风选特性分析及试验 [J]. 中国科技论文，2017，12（10）：1118-1123.

[20] 薛面强，杨义晨，许振明. 废弃电路板破碎—风选—高压静电分选生产线的经济分析 [J]. 环境污染与防治，2011，33（9）：87-90.

[21] 伍玲玲，段晨龙，谭之海. 废弃线路板浮选试验的灰色模型研究 [J]. 矿业研究与开发，2012（3）：66-68.

[22] 谭之海，伍玲玲，段晨龙. 浮选处理<0.25mm粒级废弃印刷电路板的试验研究 [J]. 环境污染与防治，2011，33（11）：20-23.

[23] 刘勇，刘牡丹，周吉奎，等. 废弃线路板尾渣选冶联合提纯新工艺 [J]. 材料研究与应用，2011，05（4）：318-322.

[24] 马国军，刘洋，苏伟厚，等．采用磁选和重选回收废旧电路板中的金属 [J]．武汉科技大学学报：自然科学版，2009，32（3）：296-299．

[25] 王志国，王晓明，刘承帅．现代磁选理论及技术的发展与应用 [J]．矿冶，2009，18（2）：27-29．

[26] 谷运臣，谷守航．废钢渣干法磁选工艺 [P]．CN 201410761264.9.2015．

[27] 何建松，白荣林，白保安，等．一种含铁废料中回收铁的湿法磁选工艺 [P]．CN 201410354720.8.2014．

[28] 刘承帅，王晓明．磁选技术应用进展 [J]．现代矿业，2017（7）：38-44．

[29] 李文博，韩跃新，汤玉和，等．高梯度磁选机聚磁介质的研究概况及发展趋势 [J]．金属矿山，2012，41（9）：129-133．

[30] 孙云丽，段晨龙，左蔚然，等．涡电流分选机理及应用 [J]．环境科技，2007，20（2）：40-42．

[31] 阮菊俊．破碎废弃硒鼓、废旧冰箱箱体的涡流分选及工程应用 [D]．上海：上海交通大学，2012．

[32] 钱艺铭．废旧破碎冰箱铜、铝混合颗粒涡流分选研究 [D]．扬州：扬州大学，2016．

[33] 薛广记，王守仁，王英姿，等．一种家电类废物拆解分选回收工艺及设备 [P]．CN 201310498180.6.2014．

[34] 王建中，白希尧，刘慎言，等．静电分选技术及其应用 [J]．自然杂志，1985（4）：34-36，82．

[35] R·科恩勒彻，M·博茨，周岳远．静电分选及其在处理各种再生物料混合物的工业应用 [J]．国外金属矿选矿，1998（9）：22-25．

[36] 阎利，邓辉，赵新．废旧电器中废塑料的分选技术 [J]．中国资源综合利用，2009，27（5）：7-10．

[37] 余璐璐．破碎废旧电路板风选—高压静电分选技术研究 [D]．上海：上海交通大学，2011．

[38] 吴江．破碎废旧电路板高压静电分选的理论模型与优化设计 [D]．上海：上海交通大学，2009．

[39] 路洪洲．破碎废弃印刷电路板的高压静电分选 [D]．上海：上海交通大学，2007．

[40] 余璐璐，许振明．高压静电分选技术在回收废旧电路板中的研究进展 [J]．材料导报，2011，25（11）：139-145．

[41] 王颜赟，高虹，赵春英．废旧氢镍电池回收处理技术研究进展 [J]．有色冶金，2008，24（4）：40-42．

[42] 韩东梅，南俊民．废旧电池的回收利用 [J]．电源技术，2005，29（2）：128-131．

[43] 陈利生，余宇楠．火法冶金——备料与焙烧技术 [M]．北京：冶金工业出版社，2011．

[44] 许涛．稀土固体物的成因分析及综合利用 [J]．矿业装备，2012（5）：43-44．

[45] 赵红芬．用硫酸盐化焙烧法从含镍冰铜渣中回收镍 [J]．湿法冶金，1998（1）：43-45．

[46] 郑敏，李先荣，孟艳艳，等．氯化焙烧法回收铬渣中的铬 [J]．化工环保，2010，30（3）：61-64．

[47] 李志生．我国有色金属火法氯化冶金现状与展望 [J]．有色矿冶，1988（1）：36-42，45．

[48] 韩世忠，王新华．用 NaCl 对含镓钒渣进行氯化焙烧提取镓的研究 [J]．钢铁钒钛，1993（4）：39-43．

[49] 李运刚．低品位氧化铜矿还原焙烧—氨浸试验研究 [J]．矿产综合利用，2000（6）：7-10．

[50] 陈娴，程洁红，顾冬梅．还原焙烧-酸浸回收电镀污泥中的铜 [J]．环境污染与防治，2011，33（6）：48-51．

[51] 李宏鹏．低温焙烧—高温熔炼法回收废旧线路板中有价金属 [D]．马鞍山：安徽工业大学，2016．

[52] 王春光，胡亮，陈加希．铅阳极泥综合回收技术 [J]．云南冶金，2008，37（6）：78-80．

[53] 翟居付，李利丽．浅议从处理铅阳极泥后的渣中综合回收有价金属 [C]．全国重冶新技术新工艺成果交流推广应用会，2005．

[54] 骆建伟．铅阳极泥金银回收现状与技术发展 [J]．工程设计与研究：长沙，2015（2）：17-20．

[55] 尤宏，姚杰，孙丽欣，等．废旧镍-镉电池中镍镉的回收方法 [J]．环境污染与防治，2002，24（3）：187-189．

[56] 李华明，潘志彦，林函，等．废铅蓄电池火法回收工艺及污染治理 [J]．环境科学与技术，2007，30（z1）：184-185．

[57] 袁文辉，邱定蕃，王成彦．还原熔炼失效锂离子电池的研究 [J]．有色金属（冶炼部分），2007（4）：5-7．

[58] 揭晓武，王成彦，李敦钫，等．失效锂离子电池焙烧及其有价金属浸出 [J]．过程工程学报，2011，11（0）：249-253．

[59] 马恩．废弃液晶面板有机材料的热解机制及铟的提取 [D]．上海：上海交通大学，2014．

[60] S. A. Shuey, P. Taylor, 兰兴华．电子废料火法冶金处理 [J]．资源再生，2005（12）：34-35．

[61] 赵龙．废电路板的热解及脱溴实验研究 [D]．大连：大连理工大学，2014．

[62] 魏莉莉．FR4 型废弃印刷线路板中温热解处理的实验研究 [D]．天津：天津大学，2008．

[63] 朱灶．废旧线路板真空热解油合成热固性酚醛树脂研究 [D]．广州：广东工业大学，2012．

[64] 邓青，张文琰，魏莉莉．FR4 型废弃印刷线路板热解的实验研究 [J]．宁波工程学院学报，2013，25（2）：

69-73.

[65]　蒋卉. 热解处理回收废弃电脑主板中金属铜的实验研究 [J]. 矿物学报，2010，30（s1）：228.

[66]　龙来寿，孙水裕，钟胜，等. 真空热解预处理对回收废线路板中铜的影响 [J]. 中国有色金属学报，2010，20（4）：795-800.

[67]　Yi Chi Chen，Pai Haung Shih，I Hui Hsien. Pyrolysis binotics of liquid grytal wasters [J]. Environmental Engineeriny Science，2005，22（5）.

[68]　贺小塘，李勇，吴喜龙，等. 等离子熔炼技术富集铂族金属工艺初探 [J]. 贵金属，2016，37（1）：1-5.

[69]　王光旭，李佳，许振明. 废旧锂离子电池中有价金属回收工艺的研究进展 [J]. 材料导报，2015，29（7）：113-123.

[70]　Zhihuai Xue，Zongbing Hua，Naiyi Yao，et al. Separation and recovery of nickel and cadnrium from spent Cd-Ni storage batteries and their process wasters [J]. Separation Science and Technology，2006，27（2）：213-221.

[71]　尤宏，姚杰，刘洋，等. 废旧镍-镉电池回收利用新工艺 [C] //第二届全国环境化学学术报告会论文集，2004：722-724.

[72]　Chin-Jung Chang，J. C. Liu. Feasibility of copper leaching from an industrial sludge using ammonia solutions [J]. Journal of Hazardous Materials，1998，58（1）：121-132.

[73]　姚雅伟. 氨性体系浸析含铜废物中铜的技术研究 [D]. 济南：山东大学，2010.

[74]　李东明，白建峰，毛文雄. 湿法技术处理含金属污泥的研究进展 [J]. 上海第二工业大学学报，2015，32（1）：33-38.

[75]　温建康. 生物冶金的现状与发展 [J]. 中国有色金属，2008（10）：74-76.

[76]　李宏煦，王淀佐. 生物冶金中的微生物及其作用 [J]. 有色金属工程，2003，55（2）：58-63.

[77]　李浩然，冯雅丽. 微生物冶金的新进展 [J]. 冶金信息导刊，1999（3）：29-33.

[78]　彭艳平，余水静. 我国生物冶金研究的发展概况 [J]. 现代矿业，2006，25（12）：8-10.

[79]　乐长高，姜国芳，刘云海. 氧化亚铁硫杆菌生物冶金的新进展 [J]. 生物技术，2003，13（3）：45-47.

[80]　高国龙，李登新，朱喆. 微生物浸出电子废弃物的研究进展 [C]. 全国铅污染监测与控制治理技术交流研讨会，2007.

[81]　邓明强，白静，白建峰，等. 影响嗜酸氧化亚铁硫杆菌生长及生物浸出效率的研究进展 [J]. 湿法冶金，2016，35（3）：171-175.

[82]　Attia Y A，EI-Zeky M. Effects of galvanic interaction of suifides on extraction of precious metals from refractory complex sulfides by bioleaching [J]. International Journal of Mineral Processing，1990，30（1-2）：99-111.

[83]　Eunseong Lee，Yosep Han，Jeonghyun Pask，et al. Bioleaching of arsenic from highly contaminated mine tailings using Acidithiobacillus thiooxidans [J]. Journal of Environmental Management，2015，147.

[84]　Jin Liu，Dong Wei Li，Shao Jian Zhang，et al. The effect of silver ion catalysis on bioleaching of chalcopyrite tailings [J]. Applied Mechanics and Materials，2011，1388（84-85）：635-640.

[85]　白建峰，白静，戴珏，等. 碘化法提取废旧手机线路板微生物浸出残渣中的金 [J]. 矿冶工程，2016，36（2）：62-66.

[86]　Faramarzi M A，Stagars M，Pensini E，et al. Metal solubilization from metal-containing solid materials by cyanogenic Chromobacterium violaceum [J]. Journal of Biotechnology，2004，113（1）：321-326.

[87]　Wang J，Bai J，Xu J，et al. Bioleaching of metals from printed wire boards by Acidithiobacillus ferrooxidans and Acidithiobacillus thiooxidans and their mixture [J]. Transactions of Nonferrous Metals Society of China，2006，16（4）：937-942.

[88]　李利德，贺文智，李光明，等. 微生物浸出印刷线路板中金属的研究进展 [J]. 环境污染与防治，2011，33（7）：83-86.

[89]　林晓，曹宏斌，李玉平，等. 电子废料中的贵金属回收技术进展 [J]. 现代化工，2006，26（6）：12-16.

[90]　Blais J F，Tyagi R D，Auclair J C. Bioleaching of metals from sewage sludge：Microorganisms and growth kinetics [J]. Water Research，1993，27（1）：101-110.

[91]　Couillard D，Mercier G. Bacterial leaching of heavy metals from sewage sludge - bioreactors comparison [J]. Environmental Pollution，1990，66（3）：237-252.

[92] Tyagi R D, Sreekrishnan T R, Blais J F, et al. Kinetics of heavy metal bioleaching from sewage sludge—Ⅲ. Temperature effects [J] . Water Research, 1994, 28 (11): 2367-2375.

[93] 李音 . 污泥重金属生物淋滤的工艺参数优选和反应机理的研究 [D] . 长沙: 湖南大学, 2006.

[94] 李超, 周立祥, 王世梅 . 复合硫杆菌生物浸出污泥中重金属的效果及与 pH 和 ORP 的关系 [J] . 环境科学学报, 2008, 28 (6): 1155-1160.

[95] 张军, 盛媛, 肖潇, 等 . 城市污泥生物沥滤过程中重金属滤出途径的研究 [J] . 环境工程, 2016, 34 (02): 113-118, 122.

[96] 任鸣鸣 . 电器电子废弃物末端污染治理的生产商激励问题研究 [J] . 河南师范大学学报 (哲学社会科学版), 2012, 39 (3): 94-97.

[97] 王鹏 . 电子废弃物的污染防治与资源化 [J] . 中国资源综合利用, 2005 (9): 30-34.

[98] 周生贤 . 电子废物污染环境防治管理办法 [J] . 资源与人居环境, 2007 (23): 13-17.

[99] 查建宁 . 电子废弃物的环境污染及防治对策 [J] . 沿海环境, 2002 (11): 35-37.

[100] 林松, 徐慧 . 电子废物污染现状分析及其治理措施 [J] . 环境保护与循环经济, 2009, 29 (1): 35-37.

[101] 国家环境保护总局 . 电子废物污染环境防治管理办法 [J] . 广西节能, 2008 (1): 9-12.

[102] 雷波 . 电子废物污染环境防治措施分析 [J] . 电子测试, 2013 (5): 271-272.

[103] 肖国光, 邓曙新, 唐浩, 等 . 一种电子废弃物回收处理过程三废系统治理的技术及工艺 [P] . CN 201310662854.1. 2014.

[104] 王玉瑾, 杜庆有 . 电子废物处理过程中的废水处理技术初探 [J] . 工程技术: 全文版, 2016 (6): 231.

[105] Sun Z, Cao H, Xiao Y, et al. Toward sustainability for recovery of critical metals from electronic waste: The hydrochemistry processes [J] . Acs Sustainable Chemistry & Engineering, 2017, 5 (1): 21-40.

[106] Fang S, Yan W, Cao H, et al. Evaluation on end-of-life LEDs by understanding the criticality and recyclability for metals recycling [J] . Journal of Cleaner Production, 2018, 182 (May1): 624-633.

第3章

汽车行业中关键金属二次资源综合利用

3.1 汽车行业发展概况

根据国际汽车制造商协会（OICA）相关数据，2005～2017 年全球汽车产销量持续增长（见图 3-1）。2020 年全球汽车销售 7803 万辆，受新冠疫情影响，同比下降了 13％。2020 年全球汽车销量比 2019 年减少 1300 万辆、产量减少 1500 万辆，产销数据与 2007 年相当。

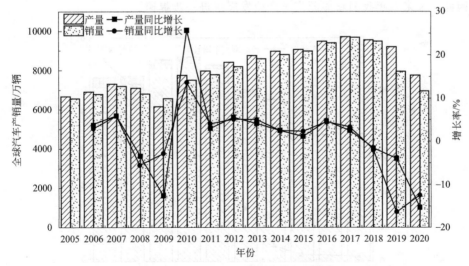

图 3-1 2005～2020 年全球汽车产销量

根据中国汽车工业协会相关数据，2005～2017 年，我国汽车产销量持续增长（图 3-2）。2020 年我国汽车产量与销量分别达到 2522.5 万辆和 2531.1 万辆，仅分别比 2019 年下降了

69

1.93%和1.78%，降幅远低于全球水平。

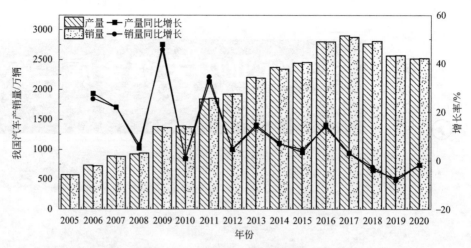

图 3-2　2005～2020 年我国汽车产销量

2020 年 9 月，习近平主席在第 75 届联合国大会提出我国 2030 年前碳达峰、2060 年前碳中和目标。发展新能源汽车产业是实现"3060"目标的重要举措，当前我国已将其上升为国家战略，新能源汽车产业发展迅猛。2019 年，我国电动汽车保有量和销量分别占全球的53.9%和54.4%，我国已经拥有世界上最大的新能源汽车市场。据公安部交通管理局 2021年 7 月发布的统计数据，截至 2021 年 6 月，全国新能源汽车保有量达 603 万辆，其中纯电动汽车保有量 493 万辆，占新能源汽车总量的 81.76%。图 3-3 为 2011～2020 年我国燃油汽车与新能源汽车销量（书后另见彩图）。2020 年，我国新能源汽车销量达到 136.6 万辆，仅占我国汽车销量的 5.4%。根据国务院办公厅 2020 年 10 月印发的《新能源汽车产业发展规划（2021—2035 年）》，到 2025 年，我国新能源汽车新车销售量将达汽车新车销售总量的20%。因此，未来 5 年我国新能源汽车产业发展将进一步提速。

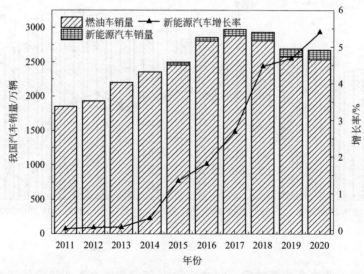

图 3-3　2011～2020 年我国燃油汽车与新能源汽车销量

3.2　报废汽车回收处理行业概况

根据商务部市场体系建设司发布的相关数据，我国报废机动车回收量整体呈现增长态势（图 3-4，书后另见彩图）。2011～2020 年，我国报废汽车回收量显著高于摩托车。根据中国物资再生协会相关数据，2020 年，全国 768 家有资质的报废机动车回收拆解企业共回收报废机动车约 250.4 万辆，同比上升 14.34％。其中，回收报废汽车 220.1 万辆，同比增长 16.52％；回收报废摩托车 35.1 万辆，同比增长 2.03％。

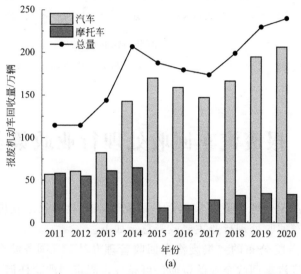

(a)

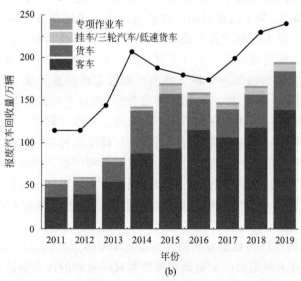

(b)

图 3-4　2011～2020 年我国报废机动车回收量

图 3-5 为 2020 年全国各省（市、自治区）报废机动车回收量。

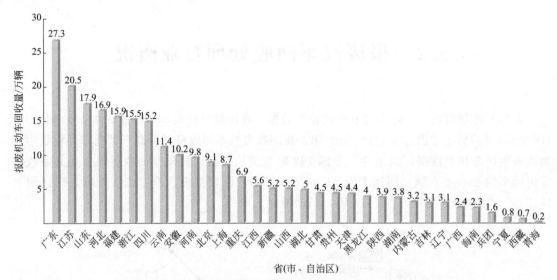

图 3-5　2020 年全国各省（市、自治区）报废机动车回收量

3.3　报废汽车回收处理行业政策现状

目前，我国报废汽车处理行业政策体系日臻完善，行业的规范发展具有较好的政策条件。现将我国报废汽车回收处理行业主要政策总结如下。

2001 年 6 月，国务院公布的《报废汽车回收管理办法》（国务院令第 307 号）开始施行。该办法明确了报废汽车回收企业的资质许可条件，规定"严禁任何个人或单位利用报废汽车的零配件组装汽车"。为了防止利用旧件拼装汽车，规定报废汽车发动机、方向机、变速器、前后桥、车架（以下统称"五大总成"）作为废金属强制回炉，禁止对汽车零部件进行交易和买卖，该办法在当时的历史条件下对报废汽车行业的规范发展发挥了积极作用。

2006 年 2 月，国家发展改革委、科学技术部和国家环保总局联合制定了《汽车产品回收利用技术政策》（国家发改委 2006 年第 9 号公告），该技术政策是推动我国汽车产品报废回收制度建立的指导性文件，建议在汽车生产、维修、报废和拆解处理的过程中，要从整体来考虑汽车材料的再利用。禁用散发有毒物质和破坏环境的材料，减少并最终停止使用不能再生利用的材料和不利于环保的材料；要最大限度地选用可循环利用的材料，并不断减少所用材料的种类，以利于材料的回收利用；限制使用铅、汞、镉和六价铬等重金属。同时提出了"2017 年起，所有国产及进口汽车的可回收利用率要达到 95% 左右，其中材料的再利用率不低于 85%"的目标。

2007 年 4 月，由国家环保总局发布的《报废机动车拆解环境保护技术规范》（HJ 348—2007）正式实施。该技术规范对报废机动车拆解和破碎过程的污染防治和环境保护提出了要求，并对报废机动车拆解产生的废液化气罐、废安全气囊和废蓄电池等危险废物的管理和处置提出了要求。目前该技术规范正由生态环境部固体废物与化学品管理技术中心组织修订中。

2009 年 1 月，《中华人民共和国循环经济促进法》正式实施。该法明确提出对废电器电子产品、报废机动车船、废轮胎、废铅酸电池等特定产品进行拆解或者再利用，应当符合有关法律、行政法规的规定。国家支持企业开展机动车零部件、工程机械、机床等产品的再制造和轮胎翻新。

2008 年 7 月，国家质量监督检验检疫总局和国家标准化管理委员会联合发布《报废汽车回收拆解企业技术规范》(GB 22128—2008)，并于 2009 年 1 月 1 日起正式实施。《报废汽车回收拆解企业技术规范》是我国报废汽车回收拆解行业第一个正式实施的、具有法律效力的国家强制性标准，其针对当时我国报废汽车回收拆解业基础设施落后、拆解作业不规范和经营管理混乱的特点和现状，对报废汽车回收拆解企业的基本条件、作业程序和经营管理提出更高的强制性法规要求，同时规定了报废汽车典型废弃物拆解和存储方法及注意事项。该技术规范已于 2019 年修订发布（GB 22128—2019），自 2021 年 1 月 17 日起正式施行。

2016 年 9 月，针对报废汽车回收领域面临的各方面环境变化以及出现的新情况和问题，国务院法制办公布了《国务院关于修改〈报废汽车回收管理办法〉的决定（征求意见稿）》。征求意见稿聚焦于调整规范回收拆解行为，进一步完善相关许可制度，允许将报废汽车“五大总成”交售给再制造企业。同时，针对回收拆解过程中固体废物、废油液等污染环境的情况比较突出，建议增加环保部门作为联合审批部门，在许可条件中增加环保相关要求，并进一步明确环保部门的事中事后监管职责，加大对有关违法行为的处罚力度。

2017 年 1 月 3 日，国务院办公厅印发了《生产者责任延伸制度推行方案》（国办发〔2016〕99 号），提出了对汽车产品实施生产者责任延伸制度的重点任务：“制定汽车产品生产者责任延伸政策指引，明确汽车生产企业的责任延伸评价标准，产品设计要考虑可回收性、可拆解性，优先使用再生原料、安全环保材料，将用于维修保养的技术信息、诊断设备向独立维修商（包括再制造企业）开放。鼓励生产企业利用售后服务网络与符合条件的拆解企业、再制造企业合作建立逆向回收利用体系，支持回收报废汽车，推广再制造产品。探索整合汽车生产、交易、维修、保险、报废等环节基础信息，逐步建立全国统一的汽车全生命周期信息管理体系，加强报废汽车产品回收利用管理。”

2019 年 5 月，国务院公布《报废机动车回收管理办法》（国令第 715 号）（下简称《办法》），自 2019 年 6 月 1 日起施行。《办法》适应发展循环经济需要，规定拆解的报废机动车“五大总成”具备再制造条件的，可以按照国家有关规定出售给具备再制造能力的企业循环利用，消除了报废机动车零部件再制造的法律障碍。《办法》强化了环境保护方面的要求，在报废机动车回收企业资质认定条件中，增加了存储拆解场地、设备设施、拆解操作规范等方面的规定。同时进一步明确生态环境主管部门的事中事后监管职责，加大了对有关违法行为的处罚力度。《办法》落实国务院关于“放管服”改革的要求，删去报废机动车的收购价格参照废旧金属市场价格计价的规定，取消报废机动车回收拆解企业特种行业许可。作为国令第 715 号的配套文件，2020 年 7 月，商务部等七部门公布《报废机动车回收管理办法实施细则》（商务部令 2020 年第 2 号），自 2020 年 9 月 1 日起施行。

2020 年 4 月 29 日，十三届全国人大常委会第十七次会议审议通过了修订后的《固体废物污染环境防治法》，自 2020 年 9 月 1 日起施行。第六十七条规定，国家对废弃电器电子产品等实行多渠道回收和集中处理制度。禁止将废弃机动车船等交由不符合规定条件的企业或者个人回收、拆解。拆解、利用、处置废弃电器电子产品、废弃机动车船等，应当遵守有关法律法规的规定，采取防止污染环境的措施。

2021 年 7 月，国家发展改革委印发《"十四五"循环经济发展规划》（发改环资〔2021〕969 号，以下简称《规划》）。《规划》提出实施废钢铁、废有色金属、废塑料、废纸、废旧轮胎、废旧手机、废旧动力电池等再生资源回收利用行业规范管理，提升行业规范化水平，促进资源向优势企业集聚。加强废弃电器电子产品、报废机动车、报废船舶、废铅蓄电池等拆解利用企业规范管理和环境监管，加大对违法违规企业整治力度，营造公平的市场竞争环境。加快建立再生原材料推广使用制度，拓展再生原材料市场应用渠道，强化再生资源对战略性矿产资源供给保障能力。《规划》将报废机动车回收拆解纳入重点工程与行动。

3.4 报废汽车中关键金属利用技术

报废汽车具有资源价值性和环境风险性的双重属性，一方面，报废汽车中含有大量的钢铁、有色金属和橡胶等有价资源；另一方面，其拆解处理过程也会产生废安全气囊、废铅蓄电池、废油液和废尾气净化催化剂等危险废物，若处置不当则会对环境及人体健康构成潜在风险。

图 3-6 为 2020 年我国报废汽车拆解产物组成。

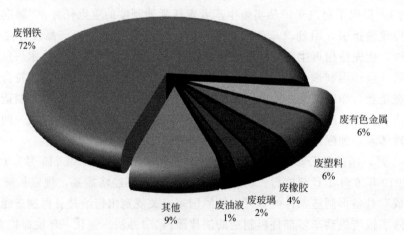

图 3-6 2020 年我国报废汽车拆解产物组成

由图 3-6 可知，报废汽车拆解产物包含的有价资源主要包括废钢铁、废有色金属、废塑料、废橡胶和废玻璃等。其中，2020 年报废汽车拆解产物中废钢铁占比高达 72%，废有色金属仅占 6% 左右。

不同类型汽车中金属含量如表 3-1 所列。

表 3-1 不同类型汽车中主要金属含量[1]   单位：g

材料	燃油车	插电式混合动力汽车（镍氢电池）	插电式混合动力汽车（锂离子电池）	纯电动汽车
银（Ag）	17.5	28.0	28.0	29.8
铝（Al）	110544	115544	141370	200000

材料	燃油车	插电式混合动力汽车（镍氢电池）	插电式混合动力汽车（锂离子电池）	纯电动汽车
金（Au）	0	0.20	0.20	0.32
铈（Ce）	46.95	2127	49.67	0.15
钴（Co）	0	8313	2712	9330
铬（Cr）	6510	6510	6510	6031
铜（Cu）	28500	43481.92	59166	150000
镝（Dy）	14.70	165.72	165.72	224.63
铒（Er）	0	0.18	0.18	0.18
铕（Eu）	0.23	0.23	0.23	0.23
铁（Fe）	806144	853826	806144	746945
镓（Ga）	0.42	0.81	0.81	1.12
钆（Gd）	0.18	0.17	0.17	0.17
锗（Ge）	0	0.05	0.05	0.08
铟（In）	0.38	0.38	0.38	0.38
镧（La）	4.04	14555	7.38	7.38
锂（Li）	1.36	1.36	2242	7709
锰（Mn）	5968	5968	5968	5530
钼（Mo）	260	260	260	260
铌（Nb）	426.30	426.30	426.30	426.30
钕（Nd）	162	2631	552.79	749.30
镍（Ni）	1780	82832	16049	55724
铅（Pb）	5850	5850	5850	5850
钯（Pd）	1.24	0.94	0.94	0
镨（Pr）	16.53	2129	51.48	98.00
铂（Pt）	7.85	5.51	5.51	0
铑（Rh）	0.01	0.01	0.01	0
钐（Sm）	1.98	2.32	2.32	3.15
钽（Ta）	6.99	10.83	10.83	10.83
铽（Tb）	0	13.62	13.62	26.93
钒（V）	852.61	852.61	852.61	790
镱（Yb）	0	0.08	0.08	0.16
钇（Y）	0.41	0.41	0.41	0.41
材料总重量/kg	967	1145	1048	1190
材料重量百分比/%	82.5	84.7	80	74.7
其他材料重量/kg	206.1	206.1	263.1	402.4
总重量/kg	1173	1351	1311	1592

报废汽车回收利用是一个包括钢铁处理与冶炼、塑料与高分子材料循环利用、橡胶循环利用、有色金属循环利用的多产业要素多领域产业融合延伸的系统工程（图 3-7）。本章节重点关注报废汽车中主要有色金属资源的回收利用。

3.4.1 报废汽车拆解技术

相比国外发达国家或地区，我国报废汽车处理行业起步较晚，且没有制定明确的回收目标。欧盟规定报废汽车的回收利用率达到 95%，其中材料再利用率不低于 85%。德国大众汽车公司为满足欧盟提出的报废汽车回收利用率目标，其报废汽车处理主要包括如下步骤（图 3-8，书后另见彩图）：

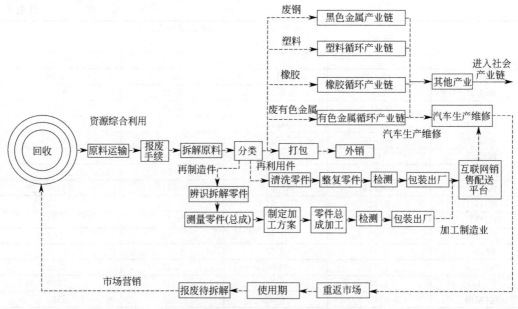

图 3-7 报废汽车回收利用产业链示意

① 排空车辆中的废油、空调制冷剂、刹车制动液和残余燃料等液体，这是满足报废汽车环保处理最重要的一个环节；

② 安全气囊失效处理，出于安全因素，不应以再使用为目的对安全气囊进行拆解，应将安全气囊（或者其他的焰火设备）在报废汽车内直接引爆失效；

③ 二手零件拆解，从报废汽车上拆解下来的很多二手零件可以不经过再制造环节出售并再使用，这是报废汽车拆解行业的主要利润点之一；

④ 主要废金属部分的分离，对于那些易于拆解的大型金属零部件，将其单独拆解并再利用；

⑤ 将残余车体压扁并移交给破碎企业进行处理；

⑥ 破碎后产物的资源化利用及最终环保处置。

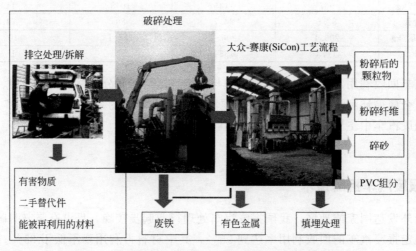

图 3-8 德国大众汽车公司报废汽车回收利用工艺示意

依据《报废机动车回收管理办法》（国令第 715 号）相关规定，报废机动车拆解的发动机、方向机、变速器、前后桥、车架"五大总成"具备再制造条件的，可以按照国家有关规定出售给具备再制造能力的企业予以循环利用。报废汽车含有废铅蓄电池（主要用于打火、照明电源）、废电路板、尾气净化三元催化剂、废机油等危险废物，还含有塑料、钢铁和有色金属等有价资源，且动力电池残留电压高，具有高环境风险、高资源价值性和高安全风险的"三高"属性。因此，在报废汽车中有色金属回收前需对其进行拆解预处理，将含高资源价值、可再制造或危险废物的零部件预先拆除。

图 3-9 为某报废汽车回收拆解企业预处理平台。

图 3-9　报废汽车预处理平台

依据《报废汽车回收拆解企业技术规范》（GB 22128—2019）和《报废汽车拆解指导手册编制规范》等相关规定，我国报废汽车回收拆解工艺及设备如下。

3.4.1.1　传统燃料汽车拆解

拆解传统燃料汽车所需设备名称和功能要求如表 3-2 所列，具体拆解预处理技术要求如下：

① 在室内或有防雨顶棚的拆解预处理平台上使用专用工具排空存留在车内的废液，并使用专用容器分类回收[图 3-10(a)]；

② 拆除铅酸蓄电池；

③ 用专门设备回收机动车空调制冷剂[图 3-10(b)]；

④ 拆除油箱和燃料罐；

⑤ 拆除机油滤清器；

⑥ 直接引爆安全气囊或者拆除安全气囊组件后引爆[图 3-10(c)]；

⑦ 拆除催化系统（催化转化器、选择性催化还原装置、柴油颗粒物捕集器等）。

除上述强制性要求外，还需拆除玻璃；拆除消声器、转向锁总成、停车装置、倒车雷达及电子控制模块；拆除车轮并拆下轮胎；拆除能有效回收含铜、铝、镁的金属部件；拆除能有效回收的大型塑料件（保险杠、仪表板、液体容器等）；拆除橡胶制品部件；拆解有关总成和其他零部件，并应符合相关法规要求。

(a) 油液抽取装置   (b) 冷媒回收机   (c) 安全气囊引爆装置

图 3-10   传统燃油汽车拆解典型设备

表 3-2   传统燃料汽车拆解设备功能要求及名称

	设备功能要求	设备名称
一般拆解设施设备	车辆称重设备	地磅、电子衡等
	室内或有防雨顶棚的拆解预处理平台	预处理工作台等
	车架(车身)剪断、切割设备或压扁设备,不得仅以氧割设备代替	等离子切割机、大力剪、打包压块机等
	起重、运输或专用拖车等设备	叉车、拖车、清障车、抓钢机、吊车、起重机等
	总成拆解平台	动力总成拆解平台等
	气动拆解工具	气动扳手、气动割刀等
	简易拆解工具	螺丝刀、钢筋剪/钢丝剪、套筒、钳、扳手、真空吸盘等
安全设施设备	安全气囊直接引爆装置或者拆除、贮存、引爆装置	安全气囊引爆器等
	GB 50016 规定的消防设备	灭火器、消火栓、消防井、消防池、消防沙等
环保设施设备	满足 HJ 348 要求的油水分离器等企业建设环境保护设备	废水收集管道(井)、油水分离器等
	专用废液收集装置和分类存放各种废液的专用密闭容器	放油机、接油机、油液储存容器等
	机动车空调制冷剂的收集装置和分类存放各种制冷剂的密闭容器	制冷剂回收机、钢瓶等
	分类存放机油滤清器和铅酸蓄电池的容器	机油滤清器和铅酸蓄电池存放箱等
电脑、拍照设备、电子监控设备等设施设备	电脑、拍照设备、电子监控设备等设施设备	电脑、照相机、摄像头等
高效拆解设施设备	精细拆解平台及相应的设备工装	机动车升举机等
	解体机或拆解线等拆解设备	废钢破碎生产线、快速解体机、废钢破碎机等
	大型高效剪断、切割设备	龙门式剪切机、全自动液压金属剪切机等
	集中高效废液回收设备	气动抽接油机、移动戳孔放油机等

3.4.1.2   电动汽车拆解

电动汽车拆解首先需要拆卸其动力蓄电池,拆卸动力蓄电池后车体的其他预处理和拆解技术要求参照传统燃油车执行。

电动汽车拆解设备功能要求及名称如表 3-3 所列。

表 3-3 电动汽车拆解设备功能要求及名称

设备功能要求	设备名称
安全评估设备	绝缘检测设备、温度探测仪等
动力蓄电池断电设备	断电阀、止锁杆、保险器、专用测试转换接口、高压绝缘棒等
动力蓄电池拆卸设备	绝缘吊具、夹臂、机械手和升降工装设备等
防静电废液、空调制冷剂抽排设备	防静电绝缘真空抽油机、防静电塑料接口制冷剂回收机
安全防护及救援设备	绝缘电弧防护服、防砸绝缘工作鞋、高压绝缘手套、防高压电弧面罩、防护头盔、球囊面罩;耐酸/耐碱工作服、防有机溶剂手套、专用眼镜、防毒面具;绝缘救援钩、医用急救箱等
绝缘气动工具	绝缘气动扳手等
绝缘辅助工具	绝缘承重货架、专用绝缘卡钳、绝缘剪等
动力蓄电池绝缘处理材料	专用耐高压耐磨布基绝缘材料或绝缘灭弧灌封防打火胶等绝缘材料
放电设施设备	充放电机、盐水池等

3.4.2 报废汽车典型零部件中金属回收技术

由图 3-6 可知,报废汽车拆解产物中有色金属含量较低,仅占 6% 左右。报废汽车铜铝制件中的铜和铝一般在预处理阶段被预拆除,作为再制造零部件或作为粗原料出售至下游铜铝冶炼企业。主要作为打火或照明用途的铅蓄电池需按照危险废物进行管理,主要含有铅、锌、镍等有色金属,需交由具有相应类别危险废物利用处置资质的企业进行冶炼及处置。废铅蓄电池中有色金属回收技术已有较多文献介绍,本书不再赘述。废电路板也属于危险废物,其中含有的关键金属主要是铜、铅、锡、镍、金、银等,亦需交由具有相应类别危险废物利用处置资质的企业进行冶炼及处置。废电路板中有色金属回收技术参照本书第 4 章相关内容。电动汽车动力蓄电池和尾气净化三元催化剂不仅含有铜、铝等常规有色金属,还含有锂、镍、钴、铂、钯、铑等关键金属或稀贵金属等,本章重点介绍动力蓄电池和尾气净化三元催化剂中主要有色金属的回收技术。

3.4.2.1 动力蓄电池中关键金属回收技术

(1) 动力蓄电池回收技术概述

根据国家发展改革委、工业和信息化部、环境保护部、商务部和质检总局于 2016 年 1 月 5 日联合发布的《电动汽车动力蓄电池回收利用技术政策(2015 年版)》(公告 2016 年 第 2 号),动力蓄电池包括锂离子动力蓄电池、金属氢化物镍动力蓄电池等,不包括铅酸蓄电池[2]。由于锂离子电池具有高能量密度、高电压、长寿命、低自放电率和较宽的操作温度范围等优势,其广泛应用于消费类电池产品和电动汽车中[3,4]。美国阿贡国家实验室(Argonne National Laboratory,ANL)最新发布的电池性能和成本模型(Battery Performance and Cost Model,BatPaC)表明[5],在包括正负极、集流体、电解液、黏结剂、电池组件和外壳的典型电池中,电极材料约占整个电池成本的 44% [其中 $Li_{1.05}(Ni_{4/9}Mn_{4/9}Co_{1/9})_{0.95}O_2$ 正极活性物质的成本约占 30%,石墨负极活性物质的成本约占 14%]。

鉴于废锂离子电池及其生产废料具有环境危害性和资源价值性的双重属性,世界各国的研究者对其资源化利用技术开展了大量研究,该研究成为近年来电子废物处理及资源化利用领域的研究热点[6-9]。由于正极材料中含有 Li、Co 和 Ni 等高价值的有色金属,正极材料约占整个锂离子电池制造成本的 30%~50%,是锂离子电池中价值最高的部件;同时随着正极材料制备及改性技术的不断发展,正极材料的组成将越来越复杂,因此正极材料是废锂离子电池回收的重点和难点[10]。目前发展的废锂离子电池回收工艺主要包括火法冶金、湿法冶金、生物冶金及其组合工艺[11]（图3-11）。为了克服现有回收工艺存在的流程复杂、回收率低、处理成本高和环境风险高等缺点，直接从废锂离子电池中再制备正极材料的短程清洁工艺受到国内外研究者的青睐并有望成为废锂离子电池高值化利用的发展方向[11-14]。

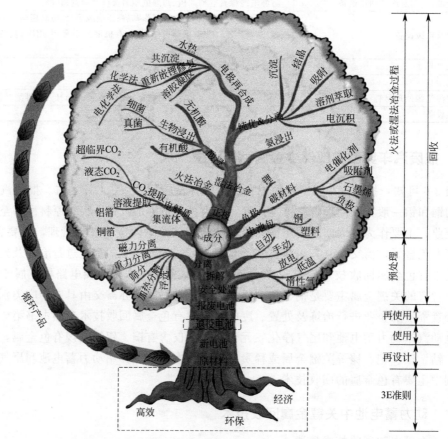

图 3-11 锂离子电池完整回收工艺和技术示意[11]

（2）动力蓄电池正极材料回收及再生技术研究进展

1）钴酸锂正极材料回收及再生技术研究进展

层状钴酸锂（$LiCoO_2$）是最早实现商业化生产的锂离子电池正极材料，也是目前废物流中主要的正极材料，且其价值较高，故大多数废锂离子电池回收研究工作都是基于回收 $LiCoO_2$ 中的 Co 和 Li 而开展的[15-17]。现有的从废锂离子电池及其正极废料中再制备活性材料的工艺也大都是针对 $LiCoO_2$ 的再制备而开展的[18,19]。Kim 等在 200℃的浓 LiOH 溶液中采用水热法从含有 $LiCoO_2$、导电炭、黏结剂、铝箔集流体和隔膜的废 $LiCoO_2$ 中一步实现 $LiCoO_2$ 正极材料的修复和分离。通过扫描电子显微镜（SEM）、X 射线衍射（XRD）、拉曼光谱和 X 射线吸收近边结构谱（XANES）对修复后的 $LiCoO_2$ 和纯相 $LiCoO_2$ 进行表征和对比研究，结果表明修复后的 $LiCoO_2$ 相结晶成菱方晶系，属于 $R\,3\,m$ 空间群。尽管得到的材料含有一些非电化学活性的杂质，修复后 $LiCoO_2$ 的首次放电容量为 144.0mA·h/g，经 40 次充放电循环后其容量保持率为 92.2%。由于提出的水热反应机理完全基于"溶解-沉淀"机理，不需要任何使正极材料与铝箔分离的预处理步骤，故该工艺流程较短，进而有望降低废锂离子电池的处理成本。

Zhang 等[20] 采用水热超声辐射法对废 LiCoO₂ 材料进行修复。实验结果表明，超声波在液体中能产生空化效应和加速效应进而增大聚偏氟乙烯（PVDF）从 LiCoO₂ 表面剥离的概率，超声波剪切效应产生的羟基自由基（·OH）可以促进 PVDF 的去除，同时超声波剪切效应也促进了 Li^+ 的传质过程。修复后的 LiCoO₂ 具有 α-NaFeO₂ 层状结构，结晶成六方晶系，属于 $R\bar{3}m$ 空间群，具有较高的结晶度、良好的层状结构、较好的颗粒分散性和电化学循环性能。修复后 LiCoO₂ 相的首次放电容量为 133.5mA·h/g，经 40 次充放电循环后其容量保持率为 99.5%，达到了商品化电池的电化学性能。此外，为了获得最好的回收效果，Li 等[21] 研究在 2.0mol/L 的 LiOH 溶液中，超声功率为 800 W 条件下不同温度和反应时间对 LiCoO₂ 晶体结构修复的影响。研究结果表明，LiCoO₂ 再生过程的最佳温度和时间分别为 120℃ 和 6 h。再生 LiCoO₂ 的首次充放电容量分别为 132.8mA·h/g 和 131.8mA·h/g，经 40 次充放电循环后其容量与首次循环相比降低率小于 2%，能够达到商品化电池的电化学性能。Zhang 等[22] 确定了水热超声辐射法修复废锂离子电池中 LiCoO₂ 晶体结构的最佳反应条件为反应温度为 120℃、超声功率为 999 W、超声方法为（辐射 5 s/停 2 s）、超声辐射时间为 10 h。同时考察了 LiCoO₂ 修复过程中晶体结构和 Li 含量的变化。XRD 表征结果证实了修复后 LiCoO₂ 的（003）、（101）和（104）特征衍射峰更明显，且没有检测到其他结晶相，晶体的结晶度得以强化、晶体原子排列更有序且层状结构更明显，这说明超声水热反应能显著修复废 LiCoO₂ 的晶体结构。很多研究者[23,24] 采用主特征峰（003）与次特征峰（104）累计峰强比（I_{003}/I_{104}）来表征层状结构中的阳离子混排程度。一般认为，当 $I_{003}/I_{104} > 1.2$ 时，晶体中阳离子的混排程度较低，具有较好的层状结构。较高的 I_{003}/I_{104} 值表明晶体具有更好的层状结构，更有利于 Li^+ 的嵌入和脱出，进而具有较好的电化学性能。修复后 LiCoO₂ 的 I_{003}/I_{104} 值得以增大，这说明其具有达到较高充放电容量的先决条件。电化学测试结果表明，该材料的首次充放电容量分别为 132.6mA·h/g 和 131.5mA·h/g，相应的库仑效率为 99.2%，经 20 次充放电循环后其容量保持率为 98.1%。

Li 等[25] 发展了基于柠檬酸溶胶凝胶法从废锂离子电池中再制备高品质 LiCoO₂ 的环境友好工艺。SEM 观测表明，再制备的 LiCoO₂ 粉末由更多的光滑球形粒子组成，平均粒径大于 5 μm，其具有的多孔结构有利于锂离子嵌入/脱出时的自由移动。XRD 表征证实了纯相 LiCoO₂ 的形成，并通过 XRD 图谱中的数据计算其晶格常数 a、c 以及 c/a。晶格常数 a 表示 Co 原子之间的距离，当 $a < 2.82$ Å（1Å=10^{-10} m，下同）时表明材料具有较好的金属导电率，随着 a 的减小材料中 Li^+ 的传导率增大，c/a 则反映 LiCoO₂ 层状结构的稳定性。再制备 LiCoO₂ 的晶格常数 $a = 2.8117$ Å < 2.82 Å，这表明与废 LiCoO₂（$a = 2.8179$ Å）相比其具有较好的结构稳定性。同时再制备 LiCoO₂ 的 $c/a = 5.0031$，其值明显高于立方最密堆积结构的理想 c/a 值（4.899），故其呈现出高结晶度。电化学测试表明，再制备 LiCoO₂ 在 0.1 C 倍率下的放电容量为 137mA·h/g，经 20 次和 40 次充放电循环后其容量保持率分别为 97.98% 和 88.14%，显示出较好的充放电和循环性能。

Nie 等[26] 设计了一个废 LiCoO₂ 的绿色回收工艺，并通过与 Li₂CO₃ 混合之后的固相合成法再制备 LiCoO₂。XRD 表征发现，LiCoO₂ 再生前 $I_{003}/I_{104} = 1.232$，随着焙烧温度由 800℃ 升高至 900℃，再生 LiCoO₂ 的 I_{003}/I_{104} 值明显增大。当焙烧温度为 900℃ 时，其值达到最大值（2.554），这表明其层状结构得以修复，此时其振实密度同样达到最大值

（2.366g/mL）。电化学测试表明，再生 $LiCoO_2$ 的电化学性能得以显著提升，尤其是在 900℃焙烧下再生 $LiCoO_2$ 的首次放电容量可达 152.4 mA·h/g，且每次充放电循环的衰减容量仅为 0.0313mA·h/g，该材料的电化学性能接近于商品化 $LiCoO_2$（140～155mA·h/g），满足再利用的商业化要求。再生 $LiCoO_2$ 电化学性能的改善可归因于其层状结构的修复，这能从其 I_{003}/I_{104} 值的增大体现出来。

2）三元正极材料的回收及再生技术

尽管 $LiCoO_2$ 性能稳定，但其容量偏低、成本较高，且金属 Co 有毒[27]。与其相比，三元正极材料 $LiNi_xMn_yCo_zO_2$（$x+y+z=1$）不仅具有高可逆容量，而且展现出较好的环境兼容性和 Li^+ 扩散性，已广泛应用于消费类电子产品和电动汽车中。近年来，从废锂离子电池中再制备 $LiNi_xMn_yCo_zO_2$ 及其改性材料引起了国内外研究者的重视[28-33]。针对缺乏经济有效地回收不同正极材料废锂离子电池技术的现状，Zou 等[30]建立了包括 $LiCoO_2$、$LiMn_2O_4$、$LiNi_{1/3}Mn_{1/3}Co_{1/3}O_2$ 和 $LiFePO_4$ 在内的锂离子电池混合正极材料的低温高效回收工艺，浸出液中的 Ni、Co 和 Mn 无需分离，而是经组分调控后直接再制备 $LiNi_{1/3}Mn_{1/3}Co_{1/3}O_2$。研究结果表明，混合正极材料中的 Ni、Mn 和 Co 几乎 100% 被回收，而约有 80% 的 Li 以高纯 Li_2CO_3 的形式被回收。XRD 表征发现，再制备的 $LiNi_{1/3}Mn_{1/3}Co_{1/3}O_2$ 具有 α-NaFeO₂ 层状结构，无杂相，属于 $R\bar{3}m$ 空间群，且其 XRD 图谱中（006）/（012）和（018）/（110）两组衍射峰的明显劈裂表明其具有较好的层状结构[34]，这些均表明高纯度 $LiNi_{1/3}Mn_{1/3}Co_{1/3}O_2$ 的形成。SEM 观测发现，均一的颗粒均匀分布于材料表面，且无团聚现象，其粒径范围为 100～200 nm。均匀的颗粒粒径分布是高品质材料的关键因素，较小的颗粒意味着较短的 Li^+ 扩散路径，这是材料具有优异电化学性能的必要条件。电化学测试表明，该材料在 0.0729 C（11.67 mA/g，1C=160mA·h/g）倍率下的首次放电容量为 173.96mA·h/g，库仑效率为 81.07%。在 2.5～4.6 V、46.6 mA/g 倍率下其首次放电容量为 130.20mA·h/g，经 50 次充放电循环后其容量保持率为 82.40%（容量降低的原因可能是循环过程中锂片阻抗的增大[35]），库仑效率接近 100%，这表明其具有较好的电化学性能。

现有的部分回收工艺由于试图分离正极中的每一种元素/材料，但除非使用价格昂贵的有机试剂进行溶剂萃取，Co、Mn 和 Ni 很难互相分离，进而可能导致工艺流程复杂、处理成本高，且会对环境和人体健康构成潜在威胁[36-38]。针对现有工艺的不足，Yao 等[33]发展了基于柠檬酸（既作为浸出剂又作为络合剂）的废锂离子电池中 Li、Co、Ni 和 Mn 的短程清洁回收工艺，主要涉及废锂离子电池溶解、溶胶-凝胶形成和 $LiNi_{1/3}Co_{1/3}Mn_{1/3}O_2$ 的合成。XRD 表征发现，再制备的 $LiNi_{1/3}Co_{1/3}Mn_{1/3}O_2$ 具有 α-NaFeO₂ 层状结构、无杂相、结晶度高，属于六方晶系、$R\bar{3}m$ 空间群。XRD 图谱中 38°和 65°附近两组衍射峰（006）/（102）和（108）/（110）的明显劈裂表明其具有高度有序的层状结构[34]。电化学测试表明，再制备 $LiNi_{1/3}Co_{1/3}Mn_{1/3}O_2$ 和参考样品在 1 C 倍率下的首次放电容量分别为 147mA·h/g 和 150mA·h/g。在 2.75～4.25V、1C 倍率下，经 50 次充放电循环后其容量保持率高达 93%，具有优异的循环性能。再制备材料在 0.2C、1C、2C、3C 和 5C 倍率下的平均放电容量分别为 153.9mA·h/g、146.4mA·h/g、139.6mA·h/g、113.5mA·h/g 和 106.9mA·h/g，当倍率回到 0.2 C 时约有 90.1% 的放电容量（138.8mA·h/g）得以恢复，具有较好的倍率性能。该研究组还采用 D,L-苹果酸作为浸出剂和络合剂，提出了回收废锂离子电池中有价金属的新工艺（图 3-12，书后另见彩图）[39]。通过调节金属离子比例和浸出液 pH 值，采用溶胶凝胶法合成了新的 $LiNi_{1/3}Co_{1/3}Mn_{1/3}O_2$ 正极材料，且不需要任何其他螯合剂。XRD 表征发现，在不同焙烧温度下再制备的 $LiNi_{1/3}Co_{1/3}Mn_{1/3}O_2$ 样品均具有 $\alpha\text{-}NaFeO_2$ 层状结构、无杂相、结晶度高，属于六方晶系、$R\bar{3}m$ 空间群。当焙烧温度不高于 850℃时，I_{003}/I_{104} 和 c/a 值均随着焙烧温度的升高而增大，当焙烧温度为 850℃时，其值均达到最大值，分别为 $I_{003}/I_{104}=1.589>1.2$ 和 $c/a=4.979>4.9$。然而，当焙烧温度升高至 950℃时，其值反而降低。因此，在 850℃下焙烧得到的材料具有最低的阳离子混排度和最好的层状结构稳定性。场发射扫描电子显微镜（FESEM）观测表明，在温度 850℃、8h 下再制备的 $LiNi_{1/3}Co_{1/3}Mn_{1/3}O_2$ 具有小面、钝边的多面体形貌，由于其曲率半径比球形颗粒大，这有助于形成较好的电化学结构，进而有利于提升材料的容量[40]。电化学测试表明，当焙烧温度分别为 850℃、950℃和 750℃时，再制备 $LiNi_{1/3}Co_{1/3}Mn_{1/3}O_2$ 在 $2.75\sim4.25V$、0.5 C 倍率下的放电容量分别为 147.2mA·h/g、134.5mA·h/g 和 118.8mA·h/g。经 100 次充放电循环后其放电容量分别降低至 139.0mA·h/g、118.2mA·h/g 和 96mA·h/g，相应的容量保持率分别为 94.4%、87.9% 和 80.8%。因此，在 850℃下再制备的材料具有最高的首次放电容量和最佳的循环性能，这与 XRD 和 FESEM 表征得出的结论是一致的。此外，该材料即使在高倍率下仍表现出稳定的放电容量（> 120mA·h/g @ 2C、>100mA·h/g @ 5 C），当回到低倍率时其容量得以适当恢复（> 140mA·h/g @ 0.2C），具有较好的倍率性能。电化学阻抗谱（EIS）表明，该材料倍率性能得以强化的原因可归结为较低的 Li^+ 扩散活化能和较快的感应电流反应。

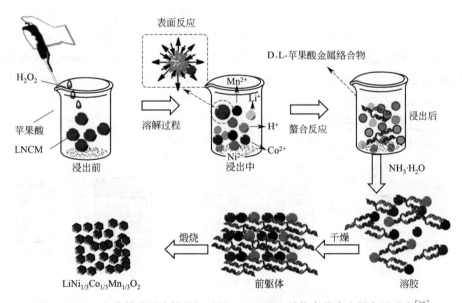

图 3-12　D，L-苹果酸浸出镍钴锰酸锂（LNCM）并络合其中金属离子示意[39]

针对废锂离子电池低成本、高效回收技术极为匮乏的现状，Sa 等[29] 确认了从回收的混合锂离子电池浸出液中合成高性能 $Ni_{1/3}Mn_{1/3}Co_{1/3}(OH)_2$ 前驱体和 $LiNi_{1/3}Mn_{1/3}Co_{1/3}O_2$ 正极材料的可行性。SEM 观测表明，再制备的 $LiNi_{1/3}Mn_{1/3}Co_{1/3}O_2$ 结晶良好、结构密实、保持了前驱体的球形形貌。XRD 表征发现，该材料具有 $\alpha\text{-}NaFeO_2$ 层状晶体结构，属于 $R\bar{3}m$ 空间群。XRD 图谱中(006)/(012)和(018)/(110)两组衍射峰的明显劈裂表明形成了结晶度高、纯度高的产品，其晶格常数 $a = 2.86$、$c = 14.27$，且 $c/a = 4.98 > 4.9$，这表明形成了较好的层状结构的材料。电化学测试表明，该材料在 0.1 C 倍率下的首次充放电容量分别为 178mA·h/g 和 158mA·h/g、首次库仑效率为 89%。在 C/5、C/3、C/2 和 1C 倍率下，对应的放电容量分别为 155mA·h/g、149mA·h/g、142mA·h/g 和 127mA·h/g，且在 2C 和 5C 的较高倍率下其放电容量仍保持在可接受的水平（分别为 114mA·h/g 和 94mA·h/g）。在 0.5C 倍率下经 50 次、100 次和 200 次充放电循环后，其容量保持率分别超过 85%、80% 和 65%，且 200 次循环中 95% 的循环其库仑效率大于 98%，这表明该材料具有较好的电化学性能。

为了进一步提高再制备正极材料的电化学性能，Li 等[41] 通过草酸共沉淀、水热法和焙烧法从废锂离子电池抗坏血酸浸出液中再制备富锂层状正极材料 $Li_{1.2}Co_{0.13}Ni_{0.13}Mn_{0.54}O_2$（图3-13）。XRD 表征发现，再制备的材料和采用商业原材料、相同组分、相同方法制备的参比材料均具有层状结构，无杂相。除 20°~25° 附近的弱超结构衍射峰外，所有衍射峰均与六方相 α-$NaFeO_2$ 结构相对应，属于 $R\bar{3}m$ 空间群。20°~25° 附近的弱超结构衍射峰是由富锂正极材料中单斜相 Li_2MnO_3（$C/2m$）引起的[42]，其层状结构中过渡金属层的 Li 和 Mn 呈超晶格有序排布（图3-14）[43]。SEM 表征未观测到再制备的 $Li_{1.2}Co_{0.13}Ni_{0.13}Mn_{0.54}O_2$ 与参比材料有明显区别，均呈现表面光滑、颗粒均匀分布的特征，其颗粒粒径小于 $1\mu m$。电化学测试表明，在 2.0~4.8V、0.1C 倍率下再制备 $Li_{1.2}Co_{0.13}Ni_{0.13}Mn_{0.54}O_2$ 的首次充放电容量分别为 345.8mA·h/g 和 258.8mA·h/g、首次库仑效率为 75%。在 2.0~4.8V、0.1C 倍率下，在前 10 个充放电循环再制备材料的放电容量由 258.8mA·h/g 较快速下降至 226.3mA·h/g，经 50 个充放电循环后其容量仍保持在 225.1mA·h/g，容量保持率高达 87%，其循环性能与参比材料无明显区别。随着电流密度的增大，电极的极化程度变大，由此导致再制备的材料放电容量逐渐降低。在 0.2C、0.5C、1C、2C 和 5C 倍率下，再制备材料的首次放电容量分别为 249mA·h/g、237.8mA·h/g、223.3mA·h/g、218.1mA·h/g 和 179.7mA·h/g，经 50 次充放电循环后其容量分别降低至 193.9mA·h/g、183.4mA·h/g、168.2mA·h/g、152.3mA·h/g 和 126.2

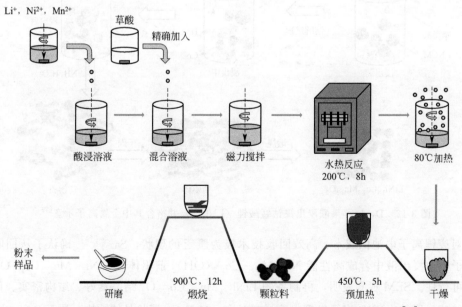

图 3-13　富锂三元正极材料 $Li_{1.2}Co_{0.13}Ni_{0.13}Mn_{0.54}O_2$ 再合成工艺流程[41]

mA·h/g，对应的容量保持率分别为 77.9%、77.1%、75.3%、69.8%和 70.2%。在 2.0
~4.8V、0.1C 倍率下，再制备的材料分别在－20℃、0℃、30℃和 60℃下放电时其放电容
量分别为 139.1mA·h/g、210.5mA·h/g、260mA·h/g 和 271.3mA·h/g，其放电容量
随着温度的升高而增大。在循环伏安（CV）测试中，再制备材料 CV 曲线较高的重叠程度
表明其具有较好的可逆性。

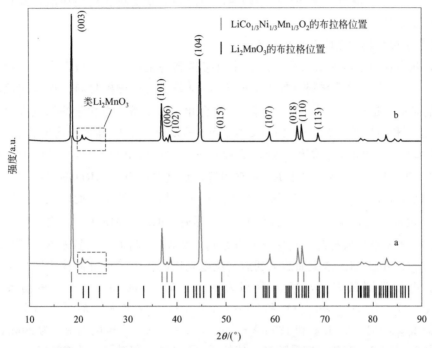

图 3-14 再制备富锂三元正极材料 $Li_{1.2}Co_{0.13}Ni_{0.13}Mn_{0.54}O_2$（a）和参比材料（b）的 XRD 图谱[41]

为了解决现有废锂离子电池回收工艺复杂、环境风险高的难题，Zhang 等[44] 提出结合
草酸浸出和焙烧再生锂离子电池镍钴锰三元正极活性材料的短程创新方法（图 3-15，书后
另见彩图）。不同于传统的酸浸出工艺，草酸浸出过程中废三元正极材料中过渡金属的沉淀
形成以及转变程度可通过浸出时间进行调控。在此过程中，废三元正极材料中的锂溶解进入

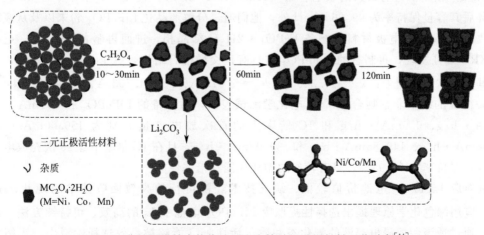

图 3-15 草酸浸出结合焙烧法再生废镍钴锰酸锂材料工艺示意[44]

溶液，而过渡金属则转变为草酸沉淀并沉积在废三元正极表面，进而实现一步分离锂和过渡金属的目的。将得到的过渡金属草酸沉淀和未反应的正极活性材料与一定量的 Li_2CO_3 直接焙烧即可得到再生的镍钴锰三元正极活性材料。研究发现，经过 10 min 浸出反应再生的 $LiNi_{1/3}Co_{1/3}Mn_{1/3}O_2$ 展现出最佳的电化学性能，其在 0.2 C 倍率下的最高初始放电容量为 168mA·h/g，且经 150 次充放电循环后其放电容量仍达到 153.7mA·h/g，其容量保持率高达 91.5%。该材料展现出优异电化学性能的原因可归结为焙烧后形成的亚微米尺度的颗粒和空隙以及最优的元素比例。

3）其他正极材料的回收及再生技术

目前，从废锂离子电池及其生产废料中直接再制备正极材料的研究大都针对 $LiCoO_2$、$LiNi_xMn_yCo_zO_2$ 及其改性材料（如离子掺杂），而关于其他正极材料（如锰酸锂、磷酸铁锂等）再制备的报道极少[45,46]。Kim 等[45] 结合化学、机械、电化学法回收废锂离子电池中的 Co，进而利用从浸出液中回收的 Co 盐、Mn 盐以及外加 Li 盐混合均匀后于 950℃焙烧 8 h 再制备 $LiCo_{1-x}Mn_xO_2$ 粉末。XRD 表征发现，形成的单相 $LiCo_{1-x}Mn_xO_2$（$x = 0$、0.05、0.08 和 0.1）晶体结构属于 $R\bar{3}m$ 空间群，且这些材料的 XRD 图谱没有区别。由于原子半径的差异，$LiCo_{1-x}Mn_xO_2$ 的晶格常数 c 随着其 x 值的增大而增大。透射电子显微镜（TEM）表征发现，随着 Mn^{3+} 替代 Co^{3+}，尽管 $LiCo_{1-x}Mn_xO_2$ 晶胞膨胀，但其晶体结构没有被阳离子替代所打乱，仍保持六方结构、$R\bar{3}m$ 空间群。拉曼光谱表征发现，随着 $LiCo_{1-x}Mn_xO_2$ 中 x 值的增大而观测到的其拉曼光谱的扩展是由其晶体中阳离子的部分混排导致的。电化学测试表明，当 x 分别为 0、0.05、0.08 和 0.1 时，再制备 $LiCoO_2$、$LiCo_{0.95}Mn_{0.05}O_2$、$LiCo_{0.92}Mn_{0.08}O_2$ 和 $LiCo_{0.90}Mn_{0.10}O_2$ 的首次放电容量分别为 161mA·h/g、156mA·h/g、131mA·h/g 和 120mA·h/g（3.2~4.3V，充电电流密度为 20mA/g，放电电流密度为 30mA/g），其放电容量随着 x 值的增大而减小，但其循环性能较好。

Shin 等[46] 发展了回收 $LiFePO_4$ 电极材料的绿色工艺路线。他们首先采用溶液沉淀技术并通过精确控制该过程的温度和 pH 值等反应条件制备结晶相 $FePO_4·2H_2O$（磷菱铁矿Ⅰ）前驱体，进而合成 $LiFePO_4$ 正极材料。研究表明，在 700℃焙烧 $FePO_4·2H_2O$ 结晶相和锂源化合物的混合物时制备的 $LiFePO_4$ 具有较好的电化学性能，在 0.1 C（1 C = 170 mA·h/g）倍率下具有最大的放电容量（168.51mA·h/g），且在 1 C 倍率下经 25 次充放电循环后其容量保持率为 99.36%。此外，他们通过分解商品化 $LiFePO_4$ 粉末以及从废电池中回收的 $LiFePO_4$ 电极材料以制备 $FePO_4·2H_2O$ 结晶相，进而再制备 $LiFePO_4$ 正极材料。XRD 表征发现，再制备的 $LiFePO_4$ 均具有正交橄榄石结构，属于 $pnma$ 空间群，无杂相，其晶格常数分别为：$a = 10.340$ Å、$b = 6.019$ Å、$c = 4.703$ Å、$V = 292.698$ Å^3，与相关报道的结果非常吻合[47,48]。电化学测试表明，再制备的 $LiFePO_4$ 在 0.1mA·h/g、0.2mA·h/g、0.5mA·h/g 和 1C 倍率下的首次放电容量分别为 156.66mA·h/g、154.58mA·h/g、149.85mA·h/g 和 139.03mA·h/g，且在 1C 倍率下经 25 次充放电循环后其容量保持率为 98.95%，具有较好的循环性能和倍率性能。

针对废 $LiFePO_4$ 电池价值较低、缺乏技术经济可行的高效回收技术的现状，Yang 等[49] 应用绿色化学原理提出选择性提取废 $LiFePO_4$ 电池中 Li 的高效、可持续方法。研究发现，通过适当调控浸出溶液的氧化态和质子活性，Li 能够被高效选择性浸出，铝箔集流体以金属的形态回收，而 Fe 则以 $FePO_4$ 的形式进入固相残渣，进而可容易地通过筛分实现

Li、Fe 和 Al 的分离。在乙酸浓度为 0.8mol/L、H_2O_2 浓度为 6%（体积分数）、S/L 为 120g/L、反应温度为 50℃ 和反应时间为 30 min 的最优浸出条件下，回收 Li_2CO_3 的纯度（质量分数）可达到 99.95%，满足电池级纯度要求。浸出动力学研究结果表明，在前述浸出条件下 Li 的浸出受表面化学反应控制，其表观活化能为 19.42kJ/mol。为实现废 $LiFePO_4$ 电池中 Li 的选择性提取，对浸出溶液氧化态的控制非常关键，且从 Fe^{2+} 基到 Fe^{3+} 基的晶体结构转变需有效以避免 Fe 被浸出至溶液中（图 3-16，书后另见彩图）。

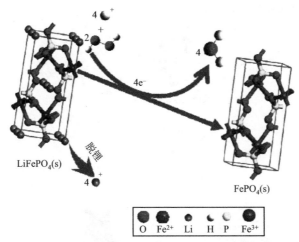

图 3-16　H_2O_2 存在条件下乙酸浸出废 $LiFePO_4$ 电池的产物[49]

3.4.2.2　尾气净化三元催化剂中有色金属回收技术

汽车尾气催化剂主要由载体、涂层及活性组分 3 部分组成。整体式汽车尾气催化剂的载体主要有堇青石（圆柱形蜂窝状）和金属（长矩形卷成圆柱状）两种，以堇青石作为载体的居多。堇青石的主要成分为 $2MgO \cdot 2Al_2O_3 \cdot 5SiO_2$ 或 $2FeO \cdot 2Al_2O_3 \cdot 5SiO_2$，属陶瓷性质，后者多为 Fe-Cr-Al 等组成的合金。

图 3-17 为某报废机动车回收拆解企业拆解下来的尾气净化三元催化器。

图 3-17　汽车尾气净化三元催化器

相较于天然矿石，汽车尾气净化三元催化剂铂族金属（PGM）含量高、杂质少，因此其回收工艺均聚焦于提取其中的铂族金属。一般而言，汽车尾气净化三元催化器中铂族金属的提取主要包括预处理（收集、去壳、研磨和制样）、铂族金属富集、提取、分离和纯化以及最终还原为金属产品[50]（见图3-18）。首先将废催化器样品去掉外壳、破碎、研磨并筛分至合适粒度以便后续通过火法或湿法冶金技术处理。铂族金属富集可采用机械富集或化学预处理法。接着，样品中的铂族金属（无论有无富集阶段）通过火法冶金和湿法冶金这两种主要的技术分离溶解。通过火法冶金得到的富集铂族金属的合金需进一步通过化学法提取，其中也可能将铂族金属直接溶解进入溶液中进而采用湿法冶金技术处理。最后，铂族金属从浸出液中分离、纯化并被还原成最终产品。

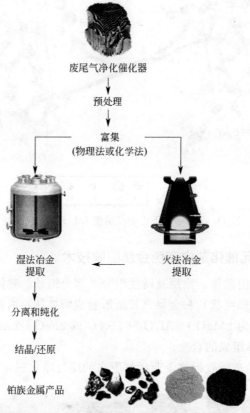

废尾气净化催化器

预处理

富集
(物理法或化学法)

湿法冶金
提取

火法冶金
提取

分离和纯化

结晶/还原

铂族金属产品

图 3-18　回收废尾气净化催化器中铂
族金属的典型工艺流程示意[50]

（1）火法富集技术

火法富集技术即向失效汽车尾气催化剂中加入其他熔剂进行高温处理，使催化剂中的绝大部分铂族金属与载体分离，从而得到铂族金属含量较高的富集物，以便接下来的提纯工艺顺利进行。

火法富集技术主要包括金属捕集法和氯化气相挥发法[51]。金属捕集法大致可分为铅捕集法、铁捕集法、铜捕集法以及镍锍捕集法。

1）铅捕集法

铅捕集法常在电弧炉或鼓风炉中进行，将失效汽车尾气催化剂与捕集剂 PbO、还原剂焦炭以及各种熔剂一起进行熔炼，得到富集铂族金属的粗铅，然后将此粗铅置于转炉或灰吹炉中，将铅进行选择性氧化后使铂族金属得到富集，或者在真空炉中对粗铅进行真空蒸馏，使铅挥发，从而使铂族金属富集在蒸馏残渣中[52]。铅捕集的操作简单且投资少，但在生产过程中挥发的氧化铅会严重危害工人健康和环境，铅捕集法目前已基本被淘汰。

2）铁捕集法

铁捕集法中效果比较好且较特殊的是等离子熔炼法，其主要用于处理堇青石基的失效汽车尾气催化剂，其富集过程在等离子电弧炉中进行，具有熔炼过程迅速、铂族金属回收率高及对环境友好等特点[53]。最先实现等离子熔炼法从二次资源中回收贵金属工业化的是美国 Texasgulf 公司，其在 20 世纪 80 年代就率先建成 3MW 的等离子电弧熔炼炉[54]。经过 30 多年的发展，德国巴斯夫公司、美国 Multimetco 公司、捷克 Safina 公司及荷兰迪斯曼公司等世界知名贵金属公司都实现了等离子熔炼的工业化应用[55,56]。贵研资源（易门）有限公司于 2012 年引进了等离子熔炼炉，进行了等离子熔炼富集失效汽车尾气催化剂的研究[56]，铂、钯和铑的回收率分别为 99.14%、99.31% 和 97.22%。等离子熔炼法设备投资大，高熔炼温度导致喷枪和炉衬寿命短，熔炼中产生的高黏渣与合金分离困难，且熔炼中会产生高硅铁进入合金导致后续合金的处理困难。

3）铜捕集法

铜捕集法的代表是日本田中贵金属公司的专利[57,58]。将磨碎的堇青石载体失效汽车尾气催化剂与作为捕集剂的 CuO、还原剂焦炭和一定配比的造渣剂（CaO、Fe_2O_3、SiO_2）混合，置于密闭且内为负压的电弧炉中，在 1350℃ 下熔炼 5h 后得到富集了铂族金属的铜合金，并将其转移到氧化炉中进行富氧吹炼，经过多次的氧化、除去氧化铜层，直到金属铜中含 Pt 33%、Pd 12%、Rh 3.2%；然后吹炼得到的铜合金进入下一步富集精炼步骤，而吹炼得到的氧化铜水淬成氧化铜粒，其中 Pt<1 g/t、Pd<0.2 g/t、Rh<0.1 g/t，返回熔炼阶段进行配料。铜捕集法工艺简单、捕集效果好、对环境友好且捕集剂铜可循环利用，但存在生产周期较长且物料消耗较大的问题。

4）镍锍捕集法

镍锍捕集法即是将失效汽车尾气催化剂和其他的炉料在电弧炉中熔炼，使铂族金属富集在镍锍（$FeS-Ni_3S_2-Cu_2S$ 的共熔体）中，而催化剂的载体造渣被放出，富集了铂族金属的镍锍通过吹炼等步骤得到合金，然后通过常规方法从合金中回收铂族金属[59]。铜锍捕集和镍锍捕集类似[60]。锍捕集法的收率较高、易于产业化，但该方法生产流程长且复杂，主要适用于规模较大的生产铜镍等冶炼企业。

氯化气相挥发法基于 600～1200℃ 高温下铂族金属能被氯气氯化成可溶性氯化物或气态氯化物这一原理发展而来。Toru[61] 发明了一种氯化气相法：首先向粉碎的失效汽车尾气催化剂中配入 NaCl、KCl、$CaCl_2$ 或 NaF、CaF_2 等卤化剂中的一种，然后将其放入 1000～1200℃ 的密闭氯化炉中，并向炉中通入 Cl_2 或 CCl_4 等气态氯化剂进行高温氯化，将挥发的铂族金属氯化物导入水或氯化铵溶液中进行吸收。此外，向气态氯化剂中加入 N_2、NO_2、CO、CO_2 等气体可降低铂族金属氯化温度以提高挥发率[62]。氯化气相挥发法具有工艺简单、消耗试剂少、耗能低等优点，但其高温氯化对设备的腐蚀性强，导致对设备的要求较高，还要注意氯气的污染控制问题。

（2）湿法富集技术

湿法富集技术采用酸碱浸出或其他方法处理失效尾气催化剂，选择性溶解其中的铂族金属或贱金属，达到铂族金属与贱金属分离的目的。

1）预处理

为提高铂族金属浸出回收率，需要对催化剂采用一些预处理措施来强化浸出过程，如细磨[63]、焙烧、溶浸打开包裹、试剂还原[64,65]等。有研究者在 $300\sim800℃$ 下将失效汽车尾气催化剂焙烧 $1\sim5$ h 以破坏物料中的有机物及硫、磷化物；然后用盐酸加氧化剂浸出[66]。Letowski 等[67]将失效汽车尾气催化剂高温煅烧，转变 Al_2O_3 的结构后，先酸溶部分载体打开包裹，使铂族金属微粒的反应表面增加，再用盐酸加氧化剂浸出。针对堇青石基失效汽车尾气催化剂，Kim 等[68]采用一种物理形式的磨损洗涤方法将堇青石基体与含有铂族金属的催化剂层分离，随着磨损得到的颗粒尺寸减小，催化剂层含量增加，堇青石含量减少，同时增加处理时间，能使铂族金属的回收率增加，这些研究表明磨损洗涤方法能有效使催化剂层脱离基体。

2）浸出

浸出是湿法富集技术的核心工序。对于 γ-Al_2O_3 载体的粒状及压制的失效汽车尾气催化剂，由于 Al_2O_3 两性氧化物性质，可使用硫酸或氢氧化钠来溶解氧化铝载体[69]。浸出过程中发生的反应如下。

$$硫酸溶解：Al_2O_3+3H_2SO_4 \longrightarrow Al_2(SO_4)_3+3H_2O$$
$$氢氧化钠溶解：Al_2O_3+2NaOH \longrightarrow 2NaAlO_2+H_2O$$

周俊等[70]使用硫酸盐化焙烧-水浸法处理失效汽车尾气催化剂，首先通过硫酸盐化焙烧将失效汽车尾气催化剂中的 γ-Al_2O_3 转化为可溶的硫酸铝；然后用水将硫酸铝溶解使大部分的铂族金属留在渣中，渣中的铂族金属回收率为 Pt 95%、Pd 96%、Rh 91%。同时，向硫酸铝溶液中加入一些铝粉，在 70℃ 的条件下置换 1 h，以回收硫酸铝溶液中的少量铂族金属，回收率为 Pt 50%~87%、Pd 95%、Rh 95%。整个工艺的回收率为 Pt 97%~99%、Pd 99%、Rh 96%。

载体溶解法工艺成本较低，产生的副产品明矾有一定经济价值，但生产明矾的工艺复杂，且整个工艺的经济效益也与明矾价格有关。氢氧化钠溶解一般需要加压，对设备要求高，且工艺成本较高，副产品铝酸钠的价值不大。

活性组分溶解法主要适用于处理蜂窝状堇青石载体失效汽车尾气催化剂，用含有一种或者几种氧化剂（$NaClO_3$、HNO_3、Cl_2、H_2O_2 等）的 HCl 溶液将失效汽车催化剂中的铂族金属转变为 $PtCl_6^{2-}$、$PdCl_4^{2-}$、$RhCl_6^{3-}$ 等氯配离子的形式；然后再从溶液中回收铂族金属[69]。用王水处理失效汽车催化剂，铂族金属能被完全溶解[71]，反应如下：

$$3Pt+18HCl+4HNO_3 \longrightarrow 3H_2PtCl_6+4NO+8H_2O$$
$$3Pd+12HCl+2HNO_3 \longrightarrow 3H_2PdCl_4+2NO+4H_2O$$
$$Rh+6HCl+HNO_3 \longrightarrow H_3RhCl_6+NO+2H_2O$$

活性组分溶解法的工艺流程简单，且铂族金属的浸出率较高，但溶解过程中用酸量大，并且由于在催化剂使用过程中催化剂载体包裹部分铂族金属，导致铑的回收率较低。

全溶法是活性组分溶解法和载体溶解法的结合，在强浸出剂中同时加入强氧化剂，使失效汽车尾气催化剂中活性组分和载体同时溶解，然后从溶液中提取铂族金属。以 γ-Al_2O_3 为载体的球状失效汽车尾气催化剂常用全溶法进行处理[69]。全溶法技术可行，铂族金属的回收率较高。但溶解过程中耗酸量大，且载体溶解使溶液的过滤变得困难，此外产生的大量废液会带来环境污染。

加压高温氰化法是使用氰化物在高温加压条件下直接从失效汽车尾气催化剂中选择性浸

出铂族金属。发生的主要反应如下[72]：

$$2Pt+8NaCN+O_2+2H_2O \longrightarrow 2Na_2[Pt(CN)_4]+4NaOH$$

$$2Pd+8NaCN+O_2+2H_2O \longrightarrow 2Na_2[Pd(CN)_4]+4NaOH$$

$$4Rh+24NaCN+3O_2+6H_2O \longrightarrow 4Na_3[Rh(CN)_6]+12NaO$$

较早使用加压高温氰化法[73,74]的是美国国家矿务局，分别对新整体式催化剂、失效整体式催化剂以及失效球形催化剂进行了实验小试和工厂中试研究。在 2000g 的实验小试中，新整体式催化剂中铂族金属的浸出率达到 95% 以上，失效整体式催化剂的铂族金属浸出率为 85% 以上，失效球形催化剂的铂族金属浸出率为 90% 以上。在 1600 kg 的中试中，失效整体式催化剂的浸出率为 Pt 84%、Pd 81%、Rh 66%，失效球形催化剂的浸出率为 Pt 96%、Pd 95%、Rh 73%。陈景等[75]也对加压氰化法回收蜂窝陶瓷催化剂中铂族金属做了相关研究，通过工艺条件的优化，铂族金属的浸出率达到 Pt 96.0%、Pd 97.8%、Rh 92.0%。加压氰化法铂族金属回收率较高，对物料适应性强，流程简短且成本较低。但在生产中会使用大量剧毒的氰化钠，给生态环境和操作过程带来风险。

刘国旗等[76]提出了基于破碎-球磨、浸泡还原预处理、氯化常压浸出和溶剂萃取相结合回收汽车尾气三元催化剂中铂族金属的方法（图 3-19）。该工艺通过对汽车尾气三元催化剂的破碎-球磨、浸泡还原预处理，采用盐酸氯化，氯酸钠作为氧化剂，对预处理的物料进行常压浸出，考察了各种工艺参数对铂族金属浸出率指标的影响，最佳工艺条件为固液比为 1:4、盐酸浓度为 6mol/L、浸出温度为 70℃、浸出时间为 2h。铂、钯、铑浸出率分别达到 96%～98%、98%～99%、90%～93%。

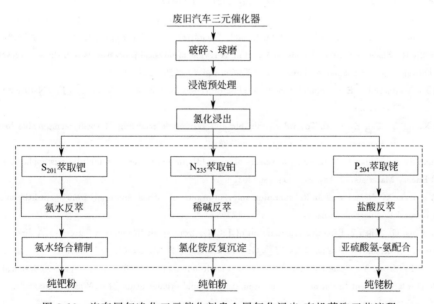

图 3-19　汽车尾气净化三元催化剂贵金属氯化浸出-有机萃取工艺流程

（3）火法-湿法联用富集技术

Okabe 等[77-79]研究发现，铂族金属在被镁、钙等金属蒸气处理后能更快地在王水等溶液中溶解。其后，Kayanuma 等[80,81]在单金属回收研究的基础上，采用类似的工艺从失效汽车尾气催化剂中回收铂族金属。首先使用镁或钙蒸气处理磨碎的催化剂，并在高温空气中进行氧化，然后将得到的样品磨碎后在 50～60℃用王水浸出。实验结果显示，经过金属蒸气处理的铂族金属的浸出率有所提高，原因在于金属蒸气与催化剂上铂族金属反应生成如 $Mg_{44}Rh_7$ 等金属间化合物或 $MgRh_2O_4$、Ca_4PtO_6 等复杂氧化物，这些物质更加容易被王水等溶解浸出。吴晓峰等[82]先将失效汽车尾气催化剂置于含氧化剂的盐酸溶液中进行选择性浸出，然后将浸出渣进行熔炼，使用铁来捕集铂族金属，在 1400℃ 及熔炼时间 30 min 的最佳工艺条件下，Pt、Pd 和 Rh 回收率相较活性组分溶解法分别提高了 23.53%、2.8% 和 18.81%。

参考文献

[1] Ortego A，Valero A，Valero A，et al. Vehicles and critical raw materials：A sustainability assessment using thermo-dynamic rarity [J]．Journal of Industrial Ecology，2018，22 (5)：1005-1015.

[2] 国家发展改革委，工业和信息化部，环境保护部，商务部，质检总局．电动汽车动力蓄电池回收利用技术政策（2015 年版）[R]．2016.

[3] Turcheniuk K，Bondarev D，Singhal V，et al. Ten years left to redesign lithium-ion batteries [J]．Nature，2018，559 (7715)：467-470.

[4] Li M，Li J，Chen Z，et al. 30 years of lithium-ion batteries [J]．Advanced Materials，2018，30 (33)：1800561.

[5] Argonne National Laboratory. BatPaC—A spreadsheet tool to design a lithium ion battery and estimate its production cost [EB/OL]．2020. https：//www. anl. gov/cse/batpac-model-software.

[6] Lv W，Wang Z，Cao H，et al. A critical review and analysis on the recycling of spent lithium-ion batteries [J]．ACS Sustainable Chemistry & Engineering，2018，6 (2)：1504-1521.

[7] Ferrara C，Ruffo R，Quartarone E，et al. Circular economy and the fate of lithium batteries：Second life and recycling [J]．Advanced Energy and Sustainability Research，2021，2100047.

[8] Arshad F，Li L，Amin K，et al. A comprehensive review of the advancement in recycling the anode and electrolyte from spent lithium ion batteries [J]．ACS Sustainable Chemistry & Engineering，2020，8 (36)：13527-13554.

[9] Sommerville R，Shaw Stewart J，Goodship V，et al. A review of physical processes used in the safe recycling of lithium ion batteries [J]．Sustainable Materials and Technologies，2020，25：e00197.

[10] Ciez R E，Whitacre J F. Examining different recycling processes for lithium-ion batteries [J]．Nature Sustainability，2019，2 (2)：148-156.

[11] Zhang X，Li L，Fan E，et al. Toward sustainable and systematic recycling of spent rechargeable batteries [J]．Chemical Society Reviews，2018，47 (19)：7239-7302.

[12] Natarajan S，Aravindan V. Burgeoning prospects of spent lithium-ion batteries in multifarious applications [J]．Advanced Energy Materials，2018，8 (33)：1802303.

[13] Zhao Y，Yuan X，Jiang L，et al. Regeneration and reutilization of cathode materials from spent lithium-ion batteries [J]．Chemical Engineering Journal，2020，383：123089.

[14] Shi Y，Chen G，Chen Z. Effective regeneration of $LiCoO_2$ from spent lithium-ion batteries：A direct approach towards high-performance active particles [J]．Green Chemistry，2018，20 (4)：851-862.

[15] Nayaka G P，Zhang Y，Dong P，et al. Effective and environmentally friendly recycling process designed for $LiCoO_2$ cathode powders of spent Li-ion batteries using mixture of mild organic acids [J]．Waste Management，2018，78：51-57.

[16] Zhou S，Zhang Y，Meng Q，et al. Recycling of $LiCoO_2$ cathode material from spent lithium ion batteries by ultra-sonic enhanced leaching and one-step regeneration [J]．Journal of Environmental Management，2021，277：111426.

[17] Wang B，Lin X Y，Tang Y，et al. Recycling $LiCoO_2$ with methanesulfonic acid for regeneration of lithium-ion battery electrode materials [J]．Journal of Power Sources，2019，436：226828.

[18] Zhang L，Xu Z，He Z. Electrochemical relithiation for direct regeneration of $LiCoO_2$ materials from spent lithium-ion battery electrodes [J]．ACS Sustainable Chemistry & Engineering，2020，8 (31)：11596-11605.

［19］　Yang J，Wang W，Yang H，et al. One-pot compositional and structural regeneration of degraded LiCoO$_2$ for directly reusing it as a high-performance lithium-ion battery cathode ［J］. Green Chemistry，2020，22 (19)：6489-6496.

［20］　Zhang Z，He W，Li G，et al. Ultrasound-assisted hydrothermal renovation of LiCoO$_2$ from the cathode of spent lithium-ion batteries ［J］. International Journal of Electrochemical Science，2014，9 (7)：3691-3700.

［21］　Li L，Zhai L，Zhang X，et al. Recovery of valuable metals from spent lithium-ion batteries by ultrasonic-assisted leaching process ［J］. Journal of Power Sources，2014，262：380-385.

［22］　Zhang Z，He W，Li G，et al. Renovation of LiCoO$_2$ crystal structure from spent lithium ion batteries by ultrasonic hydrothermal reaction ［J］. Research on Chemical Intermediates，2015，41 (6)：3367-3373.

［23］　Gao Y，Li Y，Li J，et al. Direct recovery of LiCoO$_2$ from the recycled lithium-ion batteries via structure restoration ［J］. Journal of Alloys and Compounds，2020，845：156234.

［24］　Meng Q，Zhang Y，Dong P. A combined process for cobalt recovering and cathode material regeneration from spent LiCoO$_2$ batteries：Process optimization and kinetics aspects ［J］. Waste Management，2018，71：372-380.

［25］　Li L，Lu J，Ren Y，et al. Ascorbic-acid-assisted recovery of cobalt and lithium from spent Li-ion batteries ［J］. Journal of Power Sources，2012，218：21-27.

［26］　Nie H，Xu L，Song D，et al. LiCoO$_2$：Recycling from spent batteries and regeneration with solid state synthesis ［J］. Green Chemistry，2015，17 (2)：1276-1280.

［27］　Tarascon J M，Armand M. Issues and challenges facing rechargeable lithium batteries ［J］. Nature，2001，414 (6861)：359-367.

［28］　Zhang X，Xie Y，Cao H，et al. A novel process for recycling and resynthesizing LiNi$_{1/3}$Co$_{1/3}$Mn$_{1/3}$O$_2$ from the cathode scraps intended for lithium-ion batteries ［J］. Waste Management，2014，34 (9)：1715-1724.

［29］　Sa Q，Gratz E，He M，et al. Synthesis of high performance LiNi$_{1/3}$Mn$_{1/3}$Co$_{1/3}$O$_2$ from lithium ion battery recovery stream ［J］. Journal of Power Sources，2015，282：140-145.

［30］　Zou H，Gratz E，Apelian D，et al. A novel method to recycle mixed cathode materials for lithium ion batteries ［J］. Green Chemistry，2013，15 (5)：1183.

［31］　Gratz E，Sa Q，Apelian D，et al. A closed loop process for recycling spent lithium ion batteries ［J］. Journal of Power Sources，2014，262：255-262.

［32］　Weng Y，Xu S，Huang G，et al. Synthesis and performance of Li［(Ni$_{1/3}$Co$_{1/3}$Mn$_{1/3}$)$_{1-x}$Mg$_x$］O$_2$ prepared from spent lithium ion batteries ［J］. Journal of Hazardous Materials，2013，246-247：163-172.

［33］　Yao L，Feng Y，Xi G. A new method for the synthesis of LiNi$_{1/3}$Co$_{1/3}$Mn$_{1/3}$O$_2$ from waste lithium ion batteries ［J］. RSC Advances，2015，5 (55)：44107-44114.

［34］　Zhang L，Wang X，Muta T，et al. The effects of extra Li content，synthesis method，sintering temperature on synthesis and electrochemistry of layered LiNi$_{1/3}$Mn$_{1/3}$Co$_{1/3}$O$_2$ ［J］. Journal of Power Sources，2006，162 (1)：629-635.

［35］　Shaju K M，Subba Rao G V，Chowdari B V R. X-ray photoelectron spectroscopy and electrochemical behaviour of 4V cathode，Li (Ni$_{1/2}$Mn$_{1/2}$) O$_2$ ［J］. Electrochimica Acta，2003，48 (11)：1505-1514.

［36］　Chen X，Xu B，Zhou T，et al. Separation and recovery of metal values from leaching liquor of mixed-type of spent lithium-ion batteries ［J］. Separation and Purification Technology，2015，144：197-205.

［37］　Chagnes A，Pospiech B. A brief review on hydrometallurgical technologies for recycling spent lithium-ion batteries ［J］. Journal of Chemical Technology & Biotechnology，2013，88 (7)：1191-1199.

［38］　Wang R C，Lin Y C，Wu S H. A novel recovery process of metal values from the cathode active materials of the lithium-ion secondary batteries ［J］. Hydrometallurgy，2009，99 (3-4)：194-201.

［39］　Yao L，Yao H，Xi G，et al. Recycling and synthesis of LiNi$_{1/3}$Co$_{1/3}$Mn$_{1/3}$O$_2$ from waste lithium ion batteries using D，L-malic acid ［J］. RSC Advances，2016，6 (22)：17947-17954.

［40］　Manikandan P，Periasamy P，Jagannathan R. Faceted shape-drive cathode particles using mixed hydroxy-carbonate precursor for mesocarbon microbeads versus LiNi$_{1/3}$Mn$_{1/3}$Co$_{1/3}$O$_2$ Li-ion pouch cell ［J］. Journal of Power Sources，2014，245：501-509.

［41］　Li L，Zhang X，Chen R，et al. Synthesis and electrochemical performance of cathode material Li$_{1.2}$Co$_{0.13}$Ni$_{0.13}$Mn$_{0.54}$O$_2$

from spent lithium-ion batteries [J]. Journal of Power Sources, 2014, 249: 28-34.

[42] Johnson C S, Li N, Lefief C, et al. Synthesis, characterization and electrochemistry of lithium battery electrodes: xLi$_2$MnO$_3$ · $(1-x)$ LiMn$_{0.333}$Ni$_{0.333}$Co$_{0.333}$O$_2$ $(0 \leqslant x \leqslant 0.7)$ [J]. Chemistry of Materials, 2008, 20 (19): 6095-6106.

[43] Lim J H, Bang H, Lee K S, et al. Electrochemical characterization of Li$_2$MnO$_3$-Li [Ni$_{1/3}$Co$_{1/3}$Mn$_{1/3}$] O$_2$-LiNiO$_2$ cathode synthesized via co-precipitation for lithium secondary batteries [J]. Journal of Power Sources, 2009, 189 (1): 571-575.

[44] Zhang X, Bian Y, Xu S, et al. Innovative application of acid leaching to regenerate Li (Ni$_{1/3}$Co$_{1/3}$Mn$_{1/3}$) O$_2$ cathodes from spent lithium-ion batteries [J]. ACS Sustainable Chemistry & Engineering, 2018, 6 (5): 5959-5968.

[45] Kim S K, Yang D H, Sohn J S, et al. Resynthesis of LiCo$_{1-x}$Mn$_x$O$_2$ as a cathode material for lithium secondary batteries [J]. Metals and Materials International, 2012, 18 (2): 321-326.

[46] Shin E J, Kim S, Noh J K, et al. A green recycling process designed for LiFePO$_4$ cathode materials for Li-ion batteries [J]. Journal of Materials Chemistry A, 2015, 3 (21): 11493-11502.

[47] Liu J, Conry T E, Song X, et al. Nanoporous spherical LiFePO$_4$ for high performance cathodes [J]. Energy & Environmental Science, 2011, 4 (3): 885.

[48] Saravanan K, Balaya P, Reddy M V, et al. Morphology controlled synthesis of LiFePO$_4$/C nanoplates for Li-ion batteries [J]. Energy & Environmental Science, 2010, 3 (4): 457.

[49] Yang Y, Meng X, Cao H, et al. Selective recovery of lithium from spent lithium iron phosphate batteries: A sustainable process [J]. Green Chemistry, 2018, 20 (13): 3121-3133.

[50] Trinh H B, Lee J C, Suh Y J, et al. A review on the recycling processes of spent auto-catalysts: Towards the development of sustainable metallurgy [J]. Waste Manag, 2020, 114: 148-65.

[51] 董海刚, 赵家春, 童伟锋, 等. 从失效汽车尾气催化剂中回收铂族金属研究进展 [J]. 贵金属, 2019, 40 (3): 76-83.

[52] 王永录. 废汽车催化剂中铂族金属的回收利用 [J]. 贵金属, 2010, 31 (4): 55-63.

[53] Benson M, Bennett C, Harry J, et al. The recovery mechanism of platinum group metals from catalytic converters in spent automotive exhaust systems [J]. Resources, Conservation and Recycling, 2000, 31 (1): 1-7.

[54] Saville J. Recovery of PGM's by plasma arc smelting [C] //IPMI 9th International Precious Metals Conference. USA, 1985: 157-167.

[55] Bousa M, Kurilla P, Vesely F. PGM catalysts treatment in plasma heated reactors [C] //IPMI 32nd International Precious Metals Conference. USA: 2008.

[56] 贺小塘, 李勇, 吴喜龙, 等. 等离子熔炼技术富集铂族金属工艺初探 [J]. 贵金属, 2016, 37 (1): 1-5.

[57] 山田耕司, 荻野正彦, 江泽信泰, 等. 回收铂族金属的方法和装置: CN1675385A [P]. 2005-09-28.

[58] 山田耕司, 荻野正彦, 江泽信泰, 等. 回收铂族元素的方法: CN1759194A [P]. 2006-04-12.

[59] Bold J R, Queneau P. The winning of nickel [M]. Toronto: Longmans Canada Ltd, 1967.

[60] Hill J, Day J G. Recovery of platinum group metals from scrap and residue: US 4451290 [P]. 1984.

[61] Toru S. Method for recovering platinum group metal: JPH01234532 [P]. 1989.

[62] Bond G R. Treatment of platinum containing catalyst: GB 795629 [P]. 1958.

[63] Bonucci J A, Parker P D. Recovery of PGM from automotive catalytic converter [C] //Proceedings of TMSAIME Symposium. 1984: 463-482.

[64] Kuroda A, Noda F, Yoshida K, et al. Recovering method for platinum group metals from platinum base catalyst: JP57095831 [P]. 1982.

[65] Sakakibara Y, Takigawa K, Fukui H. Method for recovering rhodium: JP58199832 [P]. 1983.

[66] Ezawa N. Recovery of precious metals in Japan [C] //Symposium on Recovery, Reclamation and Refining of Precious Metals. 1984: 31-42.

[67] Letowski F K, Distin P J. Platinum and palladium recovery from spent catalyst by aluminum chloride leaching [C]. Proceedings of TMSAIME Symposium. 1985, 735-745.

[68] Kim W, Kim B, Choi D, et al. Selective recovery of catalyst layer from supporting matrix of ceramic-honeycomb-

type automobile catalyst [J]. Journal of Hazardous Materials, 2010, 183 (1-3): 29-34.

[69]　王亚军，李晓征. 汽车尾气净化催化剂贵金属回收技术 [J]. 稀有金属，2013, 37 (6): 1004-1015.

[70]　周俊，任鸿九. 从粒状汽车废催化剂中回收铂族金属 [J]. 有色金属（冶炼部分），1996, 2: 31.

[71]　Jimenez D E, Aberasturi D, Pinedo R, et al. Recovery by hydrometallurgical extraction of the platinum-group metals from car catalytic converters [J]. Minerals Engineering, 2011, 24 (6): 505-513.

[72]　Chen J, Huang K. A new technique for extraction of platinum group metals by pressure cyanidation [J]. Hydrometallurgy, 2006, 82 (3-4): 164-171.

[73]　Kuczynski R J, Atkinson G B D W J. High-temperature cyanide leaching of platinum-group metals from automobile catalysts-pilot plant study [R]. 1992.

[74]　Kuczynski R J, Atkinson G B W L A. High-temperature cyanide leaching of platinum-group metals from automobile catalysts-process development unit [R]. 1995.

[75]　黄昆，陈景，陈奕然，等. 加压碱浸处理-氰化浸出法回收汽车废催化剂中的贵金属 [J]. 中国有色金属学报，2006, 16 (2): 363.

[76]　刘国旗，任志勇，李欢，等. 汽车三元催化器中贵金属的湿法回收技术改进研究 [J]. 化学工程与装备，2019 (09): 16-18.

[77]　Okabe T H, Kayanuma Y, Yamamoto S, et al. Platinum recovery using calcium vapor treatment [J]. Materials Transactions, 2003, 44 (7): 1386-1393.

[78]　Okabe T H, Yamamoto S, Kayanuma Y, et al. Recovery of platinum using magnesium vapor [J]. Journal of Materials Research, 2003, 18 (8): 1960-1967.

[79]　Kayanuma Y, Okabe T H, Mitsuda Y, et al. New recovery process for rhodium using metal vapor [J]. Journal of Alloys and Compounds, 2004, 365 (1-2): 211-220.

[80]　Kayanuma Y, Okabe T H, Maeda M. Metal vapor treatment for enhancing the dissolution of platinum group metals from automotive catalyst scrap [J]. Metallurgical and Materials Transactions B, 2004, 35 (5): 817-824.

[81]　Kayanuma Y, Okabe T H, Mitsuda Y. New recovery process for rhodium using metal vapor [J]. Journal of Alloys and Compounds, 2004, 365: 211-220.

[82]　吴晓峰，汪云华，童伟锋. 湿-火联合法从汽车尾气失效催化剂中提取铂族金属新工艺研究 [J]. 贵金属，2010, 31 (04): 24-28, 31.

第 4 章

电子电器行业废电路板关键金属二次资源综合利用

4.1 电子电器行业关键金属概况

20世纪初，全球经历了工业和经济前所未有的快速增长，电子信息产业蓬勃发展，电子电器产品的更新换代日益加速，凝结着人类大量智慧和劳动，同时也消耗了大量的资源。电子电器产品含有1000多种物质，铜、铅、铝、锌等有色金属，铟、镓、锗、钴等稀有金属，铁、铬、锰等黑色金属以及各种高分子材料和玻璃等是电子电器产品和电子元器件生产的主要材料。这些材料绝大部分会在电子电器产品报废后得到高效的回收利用，而且再生利用的成本远低于从矿石、原油等矿产资源中获取材料的成本。废弃电子电器产品具有环境风险性和资源价值性双重属性。电子电器产品经过资源化回收处理，可以得到金、银、钯、铟等稀贵金属，以及铁、玻璃、高分子材料等再生资源（表4-1给出了每吨废弃电子电器产品的回收组分比例）。废弃电子电器产品的资源属性是人们回收利用的驱动力，也是废弃电子电器产品回收处理行业得以存在的根本原生动力。但与此同时，不可忽略的事实是废弃电子电器产品中含有铅、铬、镉、汞等及含卤素元素的阻燃剂等有害物质，可能对土壤造成严重的污染，并且污染地下水，严重损害人类健康，造成病变。

表 4-1 每吨典型废弃电子电器产品的组分分析

材料	占比(质量分数)/%	材料	占比(质量分数)/%
铜	20	锌	1
铁	8	银	0.2
镍	2	金	0.1
锡	4	钯	0.005
铅	2	塑料	30
铝	2		

电子电器行业的关键金属作为二次资源回收时，可以将回收物分成两类：第一类是以壳体、导线等为代表的简单构件；第二类是以印制电路板为代表的复杂构件。电子电器回收行业中的简单构件，往往包含较大块的金属部件，可以通过手工拆解实现金属的直接分离和回收。而且，简单构件中的金属纯度一般较高，多为铝、铁、铜等的合金。手工拆解得到的大块金属可直接送往冶炼厂作为二次金属原料，而稀有金属和重金属往往包含在复杂构件内，例如电路板、液晶面板等。而液晶面板由于金属含量过低，往往没有金属回收价值。所以，印制电路板虽然仅占电子电器行业总固废重量的 4％，却是电子电器行业关键金属二次资源回收利用的关键原材料。因此，本书将对印制电路板关键金属二次资源综合利用情况进行详细介绍。

印制电路板（Printed Circuit Board，PCB），又称印制线路板或印刷线路板。几乎每种电子电器设备都离不开印制电路板，其主要功能是通过电路使各种电子元件相连接，起到导通和传输电流的作用；为各种电子元件提供固定装配的机械支撑、实现其间布线和电气连接或电绝缘等，同时还为自动锡焊提供阻焊图形，为元器件插装检查维修提供识别字符和图形等。PCB 应用领域广泛，小到家电，大到海洋探测产品，只要存在电子元器件，它们之间的支撑、互联就要用到 PCB。个人电脑中 PCB 的有色金属元素含量分析见表 4-2。

表 4-2　个人电脑中 PCB 的有色金属元素含量分析

成分	Ag	Al	Au	Ba	Be	Cd	Cu
含量	3300 g/t	4.7％	80 g/t	200 g/t	1.1 g/t	0.015％	26.8％
成分	Ga	Mo	Ni	Zn	Sb	Se	Sr
含量	35g/t	0.003％	0.47％	1.3％	0.06％	41 g/t	10 g/t
成分	Sn	Te	Ti	Sc	Hg	Zr	—
含量	1.0％	1 g/t	3.4％	55 g/t	1 g/t	30 g/t	—

按照材料的性质来划分，PCB 基本上可以分为纸基印制板、环氧玻纤布印制板、复合基材印制板、特种基材印制板等多种基板材料。印刷电路板是以铜箔基板（Copper-clad Laminate，CCL）作为原料而制造的电器或电子的重要组件。基板是由介电层（树脂，玻璃纤维）及高纯度的导体（铜箔）构成的复合材料。用于线路板的树脂类别很多，如酚醛树脂、环氧树脂、聚酰胺树脂、聚四氟乙烯、B-三氮树脂等热固型的树脂。电路板基板是以环氧树脂、酚醛树脂或聚四氟乙烯等为黏合剂，以纸或玻璃纤维为增强材料而组成的复合材料板，在板的单面或双面压有铜箔。

除基板之外，电子元器件是实现电路板相关功能的重要组成部件。电子元器件主要包括继电器、二极管、三极管、电子专用材料、电容器、连接器、电位器、保险元器件、传感器、电感器、电声配件、频率元件、开关元件、光电显示器件、磁性元器件、集成电路、电子五金件、显示器件、电源、蜂鸣器等。

4.1.1　全球电路板产业概况

印刷电路板行业是电子信息产品制造的基础产业，也是全球电子元件细分产业中产值最大的产业，图 4-1 给出了 2014～2019 年全球 PCB 产值及增长趋势。2019 年，受贸易摩擦、终端需求下降和汇率贬值等影响，全球 PCB 行业产值同比小幅负增长 1.7％，为 613 亿美元。预计 2020～2025 年全球 PCB 产值年均复合增长率约为 5％，2025 年全球 PCB 产值预计接近 800 亿美元。

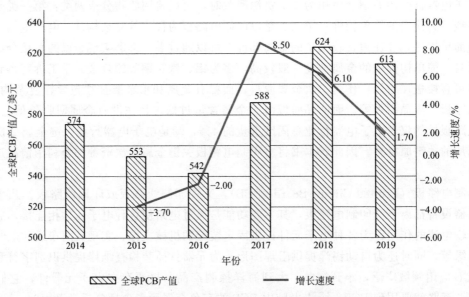

图 4-1 2014~2019 年全球 PCB 产值及增长速度

从应用领域来看，2019 年大多数 PCB 细分市场也都出现了下滑，但对 5G 网络和数据中心等基础设施应用领域的需求延续了 2018 年的增长态势，其中服务器/数据存储领域产值同比增长 3.1%；包含服务器/数据存储的计算机领域占全球 PCB 产值的比重则达到 28.6%。但整体来看（图 4-2），通信电子仍然是 PCB 行业最主要的应用领域，2019 年占全球 PCB 应用市场的比重达 33.0%。

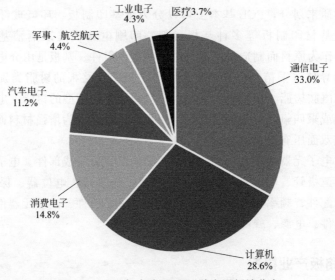

图 4-2 2019 年全球 PCB 下游应用领域分布

4.1.2 中国电路板产业概况

电子信息产业是我国重点发展的战略性、基础性和先导性支柱产业，而 PCB 是现代电子设备中必不可少的基础组件，在电子信息产业链中起着承上启下的关键作用。我国政府和行业主管部门推出了一系列产业政策对 PCB 行业进行扶持和鼓励，引导 PCB 产业步入健康发展轨道。2013 年，发改委发布《产业结构调整指导目录（2011 年本）》（2013 年修订本），将高密度印刷电路板和柔性电路板列为鼓励类目录；2019 年 1 月，工信部发布《印制电路板行业规范条件》和《印制电路板行业规范公告管理暂行办法》，推动印刷电路板行业优化布局，鼓励建设一批具有国际影响力、技术领先、专精特新的 PCB 企业。

近年来，全球经济处于深度调整期，欧洲、美国、日本等主要经济体对世界经济增长的带动作用明显减弱，其 PCB 市场增长有限甚至出现萎缩；而中国与全球经济的融合度日益提高，逐渐占据了全球 PCB 市场的半壁江山。受益于劳动力、资源、政策、产业聚集等方面的优势，全球电子制造业产能向中国大陆、中国台湾和韩国等亚洲地区逐渐转移。随着全球 PCB 产业中心向亚洲转移，PCB 行业呈现以亚洲，尤其是以中国大陆为制造中心的新格局。自 2006 年开始，中国超越日本成为全球第一大 PCB 制造基地，PCB 的产量和产值均居世界第一。

中国是全球最大的 PCB 生产国。从生产厂商来看，2019 年臻鼎科技、欣兴电子、东山精密、华通电脑、健鼎、深南电路、PSA 均进入全球前十排名；从地区分布来看，1000 多家 PCB 生产企业主要分布在珠江三角洲、长江三角洲和环渤海等电子信息行业集中度高、对基础元件需求量大并具备良好运输、水、电等条件的区域；从区域市场来看，仅 2019 年中国 PCB 行业产值约为 329 亿美元，全球占比约 53.7％（图 4-3）。未来，随着 5G、大数据、云计算、人工智能、物联网等行业快速发展，以及产业配套、成本等优势，中国 PCB 行业的市场占比仍将进一步提升。

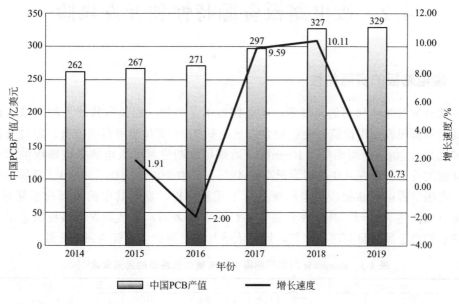

图 4-3　2014～2019 年中国 PCB 产值及增长速度

PCB 产业下游几乎涵盖了所有电气电路产品，但手机是 PCB 最主要的应用领域，在 PCB 下游应用市场中（图 4-4）通信电子占据了 35％的市场份额。其次是汽车电子和消费电子，占比分别为 16％和 15％。

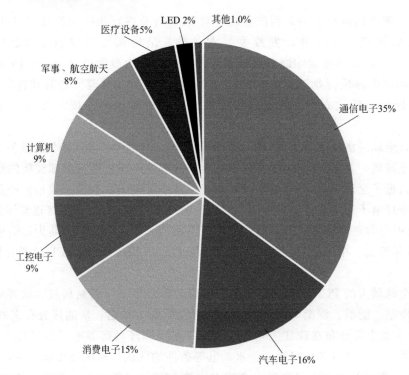

图 4-4　中国 PCB 产业下游应用领域占比

4.2　废电路板资源特性和开发风险

4.2.1　废电路板的资源特性

从资源开发与循环利用的角度看，废电路板不是废物，而是有待开发的"城市矿产"，具有很高的资源回收利用价值。金矿的含金量达到 3g/t 就有开采利用价值，经过选矿得到的金精矿也只有 70g/t。而瑞典的 Rönnskär 冶炼厂早期曾对个人电脑中电路板的元素组成进行了详细的分析，发现其中金属含量高达 49%，其中金含量达到了 80g/t（具体成分见表 4-3）[1]。我国学者也对新报废的电路板进行了元素分析，发现其中的金属含量超过 30%，而金含量竟然高达 500g/t（具体成分见表 4-4）[2]。这表明，虽然随着电路板制造工艺的改进，电路板的总金属含量有降低趋势，但是依然具备很强的金属资源回收价值。

表 4-3　Rönnskär 冶炼厂测得个人电脑中电路板的元素含量[1]

成分	Ag	Al	Mg	As	Au	S	Ba	Be	Bi
含量	3300g/t	4.7%	1.9%	<0.01%	80g/t	0.10%	200g/t	1.1g/t	0.17%
成分	Br	C	Cd	Cl	Cr	Cu	F	Fe	Cu
含量	0.54%	9.6%	0.015%	1.74%	0.05%	26.8%	0.094%	5.3%	35g/t
成分	Mn	Mo	Ni	Zn	Sb	Se	Sr	Sn	Te
含量	0.47%	0.003%	0.47%	1.5%	0.06%	41g/t	10g/t	1.0%	1g/t
成分	Ti	Se	I	Hg	Zr	SiO$_2$			
含量	3.4%	55g/t	200g/t	1g/t	30g/t	15%			

表 4-4　我国学者测得电路板的基本物质组成[2]

组成	质量及质量分数								
金属	铜/%	铁/%	锡/%	镍/%	铅/%	锌/%	金/(g/t)	银/(g/t)	钯/(g/t)
	20	8	4	2	2	0.4	500	1000	50
非金属	树脂、玻璃纤维等质量分数≤70%								

此外，电路板中还含有大量的非金属资源，例如玻璃纤维和环氧树脂等，占到电路板总重量的 70%～80%。这些非金属材料再生利用途径十分广泛，可以用于生产再生复合材料（如酚醛模塑料、聚丙烯、再生板材和木塑等复合材料）和建筑材料（如混凝土、沥青等的填料）[3]。

4.2.2　废电路板资源开发过程环境风险

废电路板中蕴藏着大量可再生资源，同时也含有多种有毒有害物质，其中卤化物和重金属均是对环境和人类健康有害的物质。按照《巴塞尔公约》中的规定，我国已经将废电路板列入《危险废物名录》（HW13），随意丢弃、焚烧或填埋等不合理处置均会给环境和人体健康带来危害。

20 世纪 80 年代到 21 世纪初，我国废电路板大多被小作坊回收处理，大部分采用简陋的烤板加手工拆卸元器件，焚烧去除有机物，酸浸提炼金属的方法。尤其在广东省贵屿、浙江省台州等地形成了收集、运输、仓储、拆解、提炼、销售等一条龙的完整产业链。巨大的产业规模给当地百姓带来了巨大的经济收入，但是露天无序堆放、原始的拆解回收工艺和简陋的设施设备也给当地环境带来了巨大的伤害。

研究人员对贵屿回收电路板车间的表面灰尘进行重金属含量检测发现，铅、铜、锌和镍的浓度分别为 110000mg/kg、8360mg/kg、4420mg/kg 和 1500 mg/kg[4]。同时，马路灰尘中的铅、铜、锌和镍的浓度也分别高达 22600mg/kg、6170mg/kg、2370mg/kg 和 304mg/kg。落后的电子废弃物回收技术导致了贵屿镇儿童血铅浓度的提高，对 165 个年龄小于 6 岁的贵屿儿童的血铅浓度调查发现，血铅浓度范围为 $4.40\sim32.67\mu g/dL$，平均值为 $15.3\mu g/dL$，其中 81.8% 的儿童血铅浓度超标[5]。

研究人员分析了废电路板常用回收手段的环境风险后发现，废电路板加热拆解过程产生大量颗粒物，这些颗粒物大量富集重金属（Sb、Zn、Cr、Pb、Cd、Cu）与多溴联苯醚（PBDEs）等有毒有害物质[6-7]。研究结果表明，加热拆解过程中排放的 PM_{10} 颗粒物总浓度、颗粒态重金属总含量、颗粒态 Σ_{39}PBDEs 含量分别为 $2243\mu g/m^3$、$33.53\mu g/m^3$、$9535ng/m^3$。$PM_{2.5}$ 细颗粒占释放颗粒物的 63%，其中 $0.4\sim0.7\mu m$ 粒径段的颗粒物浓度最高。PM_{10} 中各重金属含量由高到低依次为 Sb>Pb>Zn>Cu>Cr>Cd，其中 Sb 和 Pb 的排放浓度分别为 $21.86\mu g/m^3$ 和 $6.74\mu g/m^3$。Pb、Cd、Cu 的质量中值直径（MMAD）<$2.5\mu m$，主要分布于细颗粒，而 Sb、Zn、Cr 集中于粗颗粒。PBDEs 的排放以四溴联苯醚为主，占 78.68%。Σ_{39}PBDEs 的 MMAD 值<$1\mu m$，低溴代 PBDEs 主要集中于细颗粒，而高溴代 PBDEs 主要吸附于粗颗粒[8]。

除了加热处理外，破碎分选过程也会产生噪声污染和颗粒物排放。不过若采用有力的噪声屏蔽和除尘设备，可以将此类污染降低到国家标准以下。

此外，非金属粉的资源利用也可能带来一定的环境风险[9]，例如有科研人员用能量散射型 X 射线荧光法对非金属粉末中的元素进行测定发现，除 C、H 和 O 元素外，非金属粉中主要还包括 Ca、Br、Si、Cu、Pb 和 Hg 等元素，其中存在潜在危害的有 Cu、Pb、Hg 和 Br。按照欧盟的 RoHS 指令及我国《电子信息产品中有毒有害物质的限量要求》等相关标准，非金属粉末属于低风险材料，但其潜在的环境风险和人体危害不可忽视。

4.3 废电路板综合利用产业流程及节点分析

4.3.1 废电路板综合利用产业流程

随着国内环保政策标准的提高，以往针对电子废物的无序拆解行为已被依法禁止。当前，国内电子废物拆解主要以人工与机械处理相结合的方式进行。废电路板就是电子废物经过人工精细拆解、分类后得到的产物。根据《国家危险废物名录》（2021年版）[10] 的规定，废电路板（包括已拆除或未拆除元器件的废弃电路板），及废电路板拆解过程产生的废弃CPU、显卡、声卡、内存、含电解液的电容器、含金等贵金属的连接件属于危险废物，其废物代码为 900-045-49。然而对于采用破碎分选方式回收废覆铜板、线路板、电路板中金属后的废树脂粉而言，其运输和处置过程应满足：a. 运输工具满足防雨、防渗漏、防遗撒要求；b. 满足《生活垃圾填埋场污染控制标准》（GB 16889）要求进入生活垃圾填埋场填埋，或满足《一般工业固体废物贮存、处置场污染控制标准》（GB 18599）要求进入一般工业固体废物处置场处置，可以不按危险废物进行运输和管理。

废电路板资源化利用产业流程如图4-5所示，包括元器件剥离、主要元器件性能评估与再利用、废线路板破碎分选、金属再生、废树脂粉高附加值再利用等。

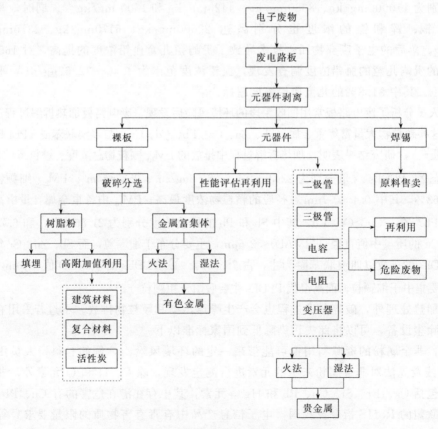

图 4-5 废电路板资源化利用产业流程示意

4.3.2　废电路板综合利用产业流程节点分析

当前，国内外废电路板资源化利用产业效益主要由废电路板上元器件的再利用价值、再生金属的资源价值和非金属材料再生的产品价值决定。受此效益驱使，废电路板资源化工艺主要围绕元器件剥离与回收、元器件性能评估与再利用、废线路板破碎分选、金属再生和废树脂粉高附加值再利用来进行[11]。元器件剥离与回收技术关键在于脱锡，脱锡过程一般由热处理与外力振动两部分组成[12]。从废电路板上拆解下来功能完好的元器件可以降级回用于新电子产品的制造，对于功能丧失的元器件则可参照废线路板破碎分选流程，将其中的金属与非金属分离。破碎分选是当前处理废线路板的主流技术，常见的破碎方法有剪切式破碎和颚式破碎，分选方法则由旋风分选、静电分选、磁力分选、涡流分选和真空冶金分选组成[13]。将破碎分选作为废线路板中金属提取的预处理技术，而后采用湿法冶金技术（酸、碱、离子液体或其他化学试剂）回收预处理后的废线路板粉末，可进一步提升回收金属的纯度。对于非金属粉来说，其去向主要分为 2 种：a. 热处理后用于复合材料的生产，如活性炭、多孔砖、木塑材料和水泥基发泡保温板[14]；b. 满足《生活垃圾填埋场污染控制标准》（GB 16889）要求进入生活垃圾填埋场填埋，或满足《一般工业固体废物贮存、处置场污染控制标准》（GB 18599）要求进入一般工业固体废物处置场处置[10]。

在废电路板资源化利用过程中，拆解和非金属粉的热压成型制备复合材料步骤是污染物产生的主要来源。元器件脱锡后产生的含锡废渣比较多，容易污染环境和影响人体健康；废线路板破碎分选过程中，随着温度的升高，环氧树脂和玻璃纤维被破坏会产生一定的粉尘和废气；非金属粉在热压成型制备复合材料过程中容易产生有机污染物，如多溴联苯醚（PB-DEs）、多环芳烃（PAHs）、二噁英和呋喃等[15]。因此，在关注废电路板资源化工艺优化的同时也应关注其资源化过程中的污染物控制问题。

4.4　废电路板综合利用技术现状及发展趋势分析

上一节已就废电路板资源利用产业流程及主要节点进行论述，分析国内外废电路板新兴及适用技术现状和发展趋势，则需要结合产业流程，尤其要关注流程中各个节点所采用的不同技术。

4.4.1　废电路板元器件剥离技术

电路板上的元器件种类繁多，结构和材料组成差异大。回收电路板板材之前，将元器件剥离是十分重要的一步。电路板上元器件装配方式主要有插针网格阵列封装技术（Pin Grid Array Package，PGA）和球栅阵列封装技术（Ball Grid Array Package，BGA）[16]。所谓 PGA 封装是芯片内外有多个方阵形的插针，每个方阵形插针沿芯片的四周间隔一定距离排列，根据管脚数目的多少，可以围成 2～5 圈。安装时，将芯片插入专门的 PGA 插座。而 BGA 封装是在封装体基板的底部制作阵列焊球作为电路的 I/O 端与电路板端口互接，属于表面贴装型器件。元器件的这两种封装方式都需要对元器件的焊脚脱除焊锡才能将元器件从电路板上剥离。不过两种封装方式的分离难度和分离方式会有很大不同。目前对于电路板元器件的剥离大多采用手工完成，效率很低，且存在环境污染和人员健康风险。可以工业应用的机械化、自动化剥离方法依然欠缺。为了高效环保地脱除元器件，国内外学者都做了大量研究和工艺设备开发。

4.4.1.1 国内外研究及应用现状

为了剥离废电路板上的元器件，国内外研究人员做了大量的研究工作，总结起来可以分为 2 个步骤：

① 通过物理或者化学手段，溶解、熔化或破坏元器件与基板连接点上的焊锡；

② 待焊锡失效后，通过外力使元器件从基板上剥离。

其中，步骤①的手段又可分为机械物理法[17,18]、化学药剂法[19-21]、热处理法。热处理法又可以进一步分为激光加热[22]、红外加热[23]、电热管加热[24]、热液法（柴油[25,26]，硅油[27] 等）、熔锡池法[28]、热空气法[29]。

步骤②是在步骤①的基础上，通过外力剥离元器件，可以分为机械刮扫[30]、气流喷射[31] 和离心力[25]。

例如，清华大学的李金惠等提出离子液体溶解焊锡，再拆除电路板上元器件等方法[32]。具体步骤是：a. 将电路板焊锡面朝上放置在链板机上，利用红外加热焊锡至 100～120℃；b. 将电路板运输至喷淋室，在 200～250℃ 条件向焊锡面均匀喷洒离子液体，2～4min 后焊锡溶解，再拆除元器件；c. 将基板和元器件输送至水冷室清洗离子液体。

此方法可以实现元器件与电路板基板的剥离。但是，拆解后的元器件和基板都需要进一步的清洗，清洗液也需要进一步处理。

TCL 奥博（天津）环保发展有限公司的兰波研制了一套利用机械磨削焊料面的方法对废电路板上元器件进行拆解的装置[18]。设备工作时，支撑台处于前撑架端，并且压杆底端远离磨削片所处水平面，待操作者将待处理电路板以元器件面朝上的方向放置于毛刷板上之后，支撑台通过丝杠的作用移动至电路板正上方，此时压杆由电动推杆的作用以不同的状态下压到电路板有元器件的一面，并经过支撑台的带动作用通过磨削片的磨削作用去除电路板上的焊锡和铜箔，在支撑台的继续带动下失去焊锡的电路板落入物料收集箱，从而实现元器件与基板的分离。

此方法只能对单块电路板进行处理，导致拆解效率难以提高，难以满足大规模工业生产需要。此外，机械磨削会产生大量粉尘，导致工作环境不佳[33]。

西南科技大学的研究者利用工业余热作为热源对废旧电路板进行加热解焊，利用脉动喷吹的方法对废旧电路板进行施力，使电路板产生振动，从而实现元器件与电路板基板的分离[34]。此过程中，当预热温度为 120℃、加热温度为 260℃、拆解时间为 2min 时，小贴片元器件、大贴片元器件和穿孔元器件的拆解率分别达到了 39.73%、100% 和 98.39%，并在此实验的基础上设计了工业应用中试设备。

这种方法实现了废电路板加热温度场均匀性的控制和进料出料的自动连续化操作，具有较高的效率及实际应用价值，但此方法仍然存在一些问题制约着其大规模工业化的应用：a. 对废旧电路板进料的叠放层数要求较为严格；b. 不同尺寸、不同叠放层数及不同重量电路板要求脉动喷吹强度不同，单一喷吹强度难以适应其振动拆解的需求。

上海交通大学团队开发了一套旋转滚笼热风加热脱除元器件的设备[35]，采用热风在旋转的笼体内加热电路板，实现了加热环境的均一。而且转动的圆柱形滚笼使得元器件在不断的下跌冲击下脱落，可以实现元器件的高效脱除。

4.4.1.2　元器件剥离技术对比

目前，现有技术可以实现电路板元器件的剥离。但是，现有元器件剥离技术也存在一定的局限性，制约工业应用。表 4-5 和表 4-6 将现有元器件剥离技术和元器件脱离外力施加方法的优缺点进行了对比，希望能启发后续的工业化技术研究。

表 4-5　废电路板元器件剥离去焊锡技术比较

焊锡溶解方法	优点	工业应用局限
物理打磨	无需加热 没有二次污染	(1)处理过程必须固定每一块板材； (2)板材固定的位置必须精准
化学药剂	无需加热	(1)产生大量二次污染物(废水、废气等)； (2)难以选择合适的药剂(只有少数熔锡剂可以选择)； (3)拆解得到的元器件和裸板需要进一步清理
红外加热	无需使用药剂 加热快	(1)处理费用高； (2)可能会破坏电路板上的元器件
热液(柴油,石蜡油,硅油等)	高热容量 温度场均匀 加热快	(1)废弃热液难以处理； (2)拆解得到的元器件和裸板需要进一步清理； (3)难以实现自动化进料和出料
熔锡池	高热容量 温度场均匀 加热快	(1)难以实现自动化进料和出料； (2)工人需要在高温熔锡池边工作； (3)锡料挥发释放对环境和工人有害的物质
热空气	无药剂	(1)低热容量； (2)温度场不均匀

表 4-6　废电路板元器件剥离施力方式对比分析

外力施加方式	工业应用局限
机械刮扫	(1)电路板需要固定位置(现阶段大部分通过手工完成)； (2)对电路板的摆放方式有严格要求
气流喷射	(1)电路板需要固定位置(现阶段大部分通过手工完成)； (2)对电路板的摆放方式有严格要求
离心力	(1)电路板带有元器件的一面必须朝向辊筒内； (2)辊筒内只能布置一层电路板

4.4.2　废电路板破碎分选技术

在剥离元器件之后废电路板的裸板依然具有很高的资源回收价值。电路板裸板主要由基材、树脂材料和铜箔组成，其中，基材主要成分为玻璃纤维或纸基材料等；树脂材料一般为环氧树脂、聚酯树脂、酚醛树脂等；铜箔则构成电路结构的基础。因此，废电路板中含量最高的金属是铜，其他金属依次是铁、锡、镍、铅、锌、金、银、钯等（见表 4-4）。可见，对废电路板裸板进行破碎分选具有很高的资源化价值。

为了精细化回收电路板中的资源，首先对金属和非金属材料进行充分解离十分必要。因此，20 世纪 90 年代后，欧美发达国家，以及亚洲的日本、新加坡等国家率先采用破碎分选工艺处理废电路板[36]。例如，德国戴姆勒公司开发了一种低温破碎系统，先将电路板切成 2cm × 2cm 的小方块，再经过液氮冷却后破碎成小颗粒，最后通过磁选分离铁磁金属[37]。液氮的运用既有利于破碎，又可以减少破碎过程发热导致的有害气体的产生。瑞典的科研人员报道了基于破碎-磁选-风选的联合工艺，分离电路板中的铁磁金属、非磁性金属和非金

属，取得了很好的效果[38]。加拿大的一个废弃物回收公司开发出了经筛选后与铜精矿混合
再处理的回收模式，使它成为世界上最大的铜与贵金属再循环企业之一[39]。日本对于电路
板的回收开展较早，多家公司都建有电路板回收处理场。例如，日本电气株式会社（NEC）
开发了两段式破碎工艺[40]。

国内学者也做了大量工作，上海交通大学许振明教授研究团队多年来对废电路板的物理
破碎分选技术做了系统的研发和优化工作[41-50]，提出二级破碎-风选和静电分选相结合的电
路板处理工艺（工艺流程见图 4-6）[45]，回收废电路板中的金属和非金属。清华大学和中国
矿业大学研究人员提出将液体浮选和静电分选用于电路板破碎分选物料的分离[51]。

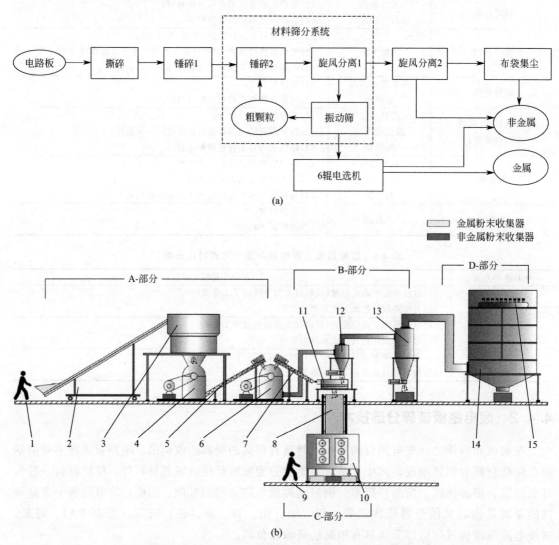

图 4-6　上海交通大学电路板二级破碎分选工艺流程[45]

1—进料工人；2—板式输送带；3—撕碎机；4—锤式破碎机-1；5—粗料输送机-1；6—锤式破碎机-2；
7—粗料输送机-2；8—板式输送机-2；9—收集工人；10—6辊电选机；11—振动筛；12—旋风分离器-1；
13—旋风分离器-2；14—布袋集尘器；15—脉冲泵

4.4.3　废电路板金属资源再生技术

废电路板的金属资源一直是回收人员关注的焦点。在 20 世纪 80 年代，广东省和浙江省

沿海一带就通过土法回收电路板中的金属。随着 21 世纪环保意识逐步提高，目前土法回收电路板已经基本绝迹，取而代之的是一些新的电路板金属再生技术，可以分为火法冶金、湿法冶金和生物冶金。

4.4.3.1　火法冶金

火法冶金技术是指通过焚烧、热解、熔炼等火法处理的手段去除印刷电路板中的塑料及其他有机成分，使金属得到富集并进一步回收利用的方法，包括燃烧/焙解、等离子体炉或鼓风炉熔炼、烧结、熔解、热析以及在高温气相中反应等过程。

火法冶金的基本原理是利用冶金炉高温加热剥离非金属物质，贵金属熔融于其他金属熔炼物料或熔盐中，再加以分离，通常在一个二级装置中进行。首先将破碎后的废旧印刷电路板送入一次焚化炉中焚烧，将有机成分完全分解破坏，使有机气体和固体分离，焚烧后的残渣先经粉碎然后用物理和化学方法分别回收；含有机成分的气体则进入二次焚化炉燃烧处理后排放。图 4-7 显示了一种常用的从废旧印刷电路板中回收贵重金属的火法冶金工艺流程。

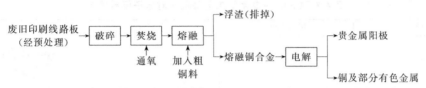

图 4-7　火法冶金从废旧印刷电路板中回收贵重金属的工艺流程

国外大规模回收废弃印刷线路板等电子废弃物往往在一些大型冶炼厂中进行，例如比利时 Umicore、瑞典 Rönnskär 和加拿大 Noranda 等，其工艺流程分别简介如下。

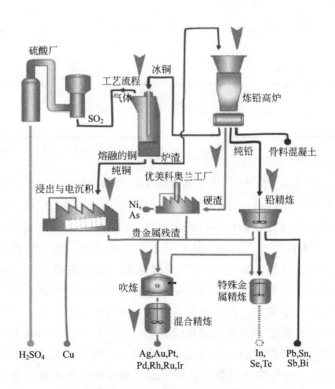

图 4-8　比利时 Umicore 工艺流程

(1) 比利时优美科（Umicore）[52,53]

Umicore 在比利时安特卫普的 Hobeken 投资超过 10 亿美元，建成产能为 1000t/d 的适合回收可再生材料和工业副产品的冶炼工艺，其工艺流程如图 4-8 所示。该工艺将废电路板、废催化剂、有色金属冶炼厂的副产品或尾矿等混合，使用艾萨炉（IsaSmelt）浸入式喷枪燃烧技术，温度在 1000 ℃ 以上，之后再进一步进行精炼，得到 17 种金属（Au、Ag、Pd、Pt、Rh 等）。整个过程都配备有良好的尾气和废水净化措施。虽然流程较为复杂，但是有助于提高产量。最终产物为纯金属、渣（用于建筑材料）、净化过的尾气和废水、硫酸（尾气净化的产物）和小部分废物（包括尾气中不可回收的金属）。该流程不仅回收了铜、贵金属，而且安全地隔离了有害物质，并且将塑料等有机物予以利用。

Umicore 在处理线路板时，通常进料时会考虑去除铁和铝，这也势必要求线路板尽可能先经过简单的预处理工序。对于每种线路板或者电子元件，该火法工艺对需要的原料数量有所要求，具体见表 4-7。

表 4-7 Umicore 艾萨炉工艺每批次对电子原料要求

原料	进料要求	最小需求量	实物图片
PCB	整板	10t	
PCB 破碎料	经过机械预处理	25～100t	
手机及小型通信设备	拆除电池	2t	
CPU、IC	—	1～5t	
笔记本电脑	拆除显示屏和电池	10t	

(2) 瑞典 Rönnskär[52]

New Boliden Rönnskär 铜冶炼厂位于瑞典谢莱夫特奥（Skellefteå），自 20 世纪 60 年代以来一直在回收各种废料。目前，该冶炼厂每年回收电子废料 12 万吨，其中主要包括来自欧洲的电脑电路板和手机。根据物料中各种金属含量的不同，将物料置入不同的回收流程中（见图 4-9）。通常电子废料送进 Kaldo 冶炼炉（卡尔多冶炼炉）前，需将大部分塑料、铁和铝拆除后并破碎成细小的片料。Boliden 专门为熔炼电子废料将熔炉改造成倾斜的圆筒，在熔炼过程中旋转以确保热分布均匀。线路板中的非金属部分也同样被用作燃料和还原剂。冶炼产物（黑铜）随后进一步精炼，提炼铜和贵金属，表 4-8 给出了 2019 年的产能相关数据。

废电路板等电子废料通常含有潜在的危险物质，必须以确保对环境影响最小的方式进行处理。为此，该工艺配备了先进的气体净化和排水系统。湿式净化系统利用水来冲洗烟尘颗粒（Pb、Sb、In、Cd），这些含金属颗粒的烟尘返回到精炼过程中进一步提炼；此外，还配备了汞净化单元。2016～2017 年期间，Rönnskär 进一步升级改善废水净化技术和二噁英分

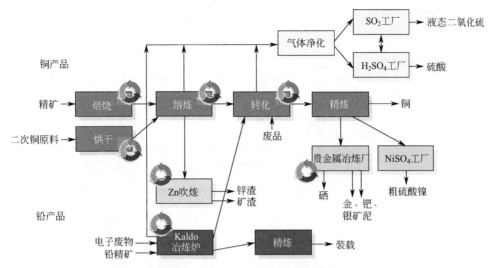

图 4-9　瑞典 New Boliden Rönnskär 的 Kaldo 炉工艺流程

离技术。Boliden 在 Rönnskär 投资 7.5 亿瑞典克朗（约 5.8 亿元人民币）建设浸出厂，旨在从残余材料中提取更多金属。浸出厂包括一座 45m×135m 的新建筑，预计年产量将达到 2.5 万吨硫酸铅和 2.5 万吨硫酸铜/锌，该项目原设计于 2020 年年底投入运营。

表 4-8　2019 年瑞典 New Boliden 铜冶炼厂产能一览表

产物	产量/t	备注
铜	201000	
锌熟料	33000	
铅	26000	
硫酸	463000	
银	384	
黄金	12	

（3）加拿大 Noranda[54]

加拿大诺兰达公司（Noranda Inc）是世界最大的锌、镍生产商之一，也是铜和贵金属来料加工商之一，其熔炼、精炼工厂设在加拿大，每年加工生产的 100 万吨来料中大约有 15％是铜和贵金属的可回收材料。含有金、银的精矿首先由 Noranda's Horne and Gaspe 冶炼厂进行冶炼，得到阳极铜和其他废料，再统一送到 CCR 精炼厂进行精炼，该工艺流程如图 4-10 所示。首先将物料在 1250℃下熔化，通以增压空气（含氧 39％），物料中的 Fe、Pb、Zn 等被氧化进入炉渣，含有贵金属的铜进入转炉及阳极炉进行进一步提纯，铜的纯度可达到 99.1％；再采用阳极电解法回收贵金属（Au、Ag、Pd 等）及其他金属（Se、Te、Ni 等）。

火法冶金的最大优点是可以处理几乎所有形式的电子废弃物，废弃物的物理成分限制要求不高，主要金属铜及金、银、钯等贵金属具有非常高的回收率。但火法冶金也存在着如下严重问题。

① 印刷电路版上黏结剂和其他有机物等经焚烧会产生大量有害气体，形成二次污染，易造成有毒气体逸出，阻燃剂中的溴化结构在燃烧过程中会生成较多的遮蔽性烟雾、腐蚀性

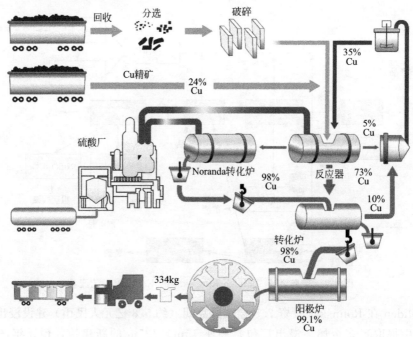

图 4-10 加拿大 Noranda 工艺流程

气体和某些有毒产物。例如，多溴二苯醚（一种阻燃剂）可生成多溴二苯并二噁烷及多溴化二苯并呋喃等有毒气体。

② 废旧印刷电路板中的陶瓷及玻璃成分使熔炼炉的炉渣量增加，大量浮渣的排放又增加了二次固体废物；同时浮渣中残存的一些有用金属也被废弃掉，由此造成金属的流失。

③ 其他金属的回收率相当低（如锡、铅等）或几乎无法回收（如铝和锌），大量非金属成分如塑料等也在焚烧过程中损失。

④ 能耗大，处理设备昂贵，经济上获益不高。

针对以上问题，国内科研团队提出真空冶金工艺提取电路板破碎分选后的混合金属粉，实现了电路板金属的清洁提取[55]。

4.4.3.2 湿法冶金

20 世纪 60 年代末，湿法冶金技术开始被应用于回收电子废弃物中的金属，其基本原理是利用化学或物理化学作用对破碎后的富金属颗粒进行提取、分离的冶金过程[56]。湿法冶金工艺通常由浸出、沉淀、结晶、过滤、萃取、离子交换、电解等步骤组成。规范的湿法冶金过程由废气、废液处理、酸雾收集和残渣收集管理等环保设施构成。湿法与火法相比，具有工艺流程简单、提取贵金属后的残留物易于处理、废气排放少、经济效益显著等优点。湿法主要缺点有：浸出液及残渣具有腐蚀性及毒性，若处理不当，易引起更为严重的二次污染。湿法冶金根据浸出试剂的不同可以分为酸浸和氨浸两种方法。

① 酸浸[57]。采用硝酸、硫酸加过氧化氢或盐酸等作为浸出试剂，主要反应为：

$$M + nH^+ \longrightarrow M^{n+} + \frac{n}{2}H_2$$

② 氨浸[58,59]。采用氨水、铵盐作为浸出试剂，与铜等金属形成络合物进而分离，其主要反应为：

$$Cu^{2+} + 4NH_3 \longrightarrow [Cu(NH_3)_4]^{2+}$$
$$Ni^{2+} + 4NH_3 \longrightarrow [Ni(NH_3)_4]^{2+}$$
$$Zn^{2+} + 4NH_3 \longrightarrow [Zn(NH_3)_4]^{2+}$$

（1）国外研究进展

Oh 等[60] 将机械破碎分选后的非磁性金属浸泡于硫酸和过氧化氢混合溶液中，该溶液对铜、铁、锌、镍和铝的浸出率均高于 95%；最后用硫代硫酸铵、硫酸铜和氨水处理浸出液，银的回收率高达 100%，金的回收率高达 95% 以上；而浸出渣采用氯化钠在室温下浸出 2h 可进一步回收铅。

Oishi 等[61] 采用 NH₃ 和 NH₄⁺ 浸出废电路板中的铜，经过 LIX26 萃取后电解回收溶液中的铜，结果表明用该法回收废电路板中的铜能耗远小于传统的硫酸体系，得到的电解铜纯度较高。他们还研究了使用碱性铵盐溶液浸出废电路板中的铜，浸出过程中形成的两种铜的络合物对浸出速度的影响有所不同，铜离子和铵的络合物可以提高浸出速度，而亚铜离子和铵的络合物会抑制铜浸出。

（2）国内研究进展

王博等[62] 通过降酸处理得到适合萃取的浸出液，将浸出液蒸发结晶成硫酸铜晶体后再重新溶解于水中，使待萃取液酸度降低并达到萃取条件，含铜反萃液经处理后，可得到纯度为 98.5% 的硫酸铜产品。张磊等[63] 以硝酸为氧化剂，从废弃电路板中浸出金属，铜和铅的浸出率分别是 93.24% 和 96.13%。姚洪等[64] 针对目前电路板拆解、破碎、分选后得到的片状混合物中铜纯度低的现状，采用氧化剂将 Pb、Sn 浸出，Cu 从颗粒表面脱落，从而使铜与铅、锡分离。余渣经浮选分离纤维板基体，制得铜含量大于 99.7% 的纯铜产品。

孙秀云等[65] 研究了一种利用酸洗废水（强酸性和高铁性）化学-生物联合浸出电路板中的有价金属的方法。首先利用酸洗废水实现铅、锌、铝、铁、锡等金属的完全浸出，铜的浸出率也达 30%；之后加入嗜热酸性氧化亚铁硫杆菌使铁转化成亚铁离子，同时实现电路板中铜向铜离子的转变。铜的浸出率可达 90% 以上。实现废弃电路板金属的回收和酸洗废水的有效处理。

盛广能[66] 采用氨水-氯化铵溶液与过氧化氢浸出废电路板中的铜，之后用萃取剂 N910 分离浸出液中的铜，铜的回收效率可达 99.25%。郭学益等[67] 采用梯级碱溶处理工艺，实现多金属料中有价金属选择性分离。该工艺由低碱浸出和高碱氧化浸出两级组成。第一级主要实现 Al 的选择性分离，最佳工艺条件：NaOH 溶液浓度 1.25mol/L，碱液与多金属料液固比为 10:1，浸出温度 30℃，浸出时间 30min。第二级主要实现 Zn、Pb、Sn 与 Cu 的选择性分离，最佳工艺条件：初始 NaOH 溶液浓度 5mol/L，体系溶液（80% 的碱溶液+20% 的 H₂O₂ 溶液）与低碱浸出渣液固比 10:1，H₂O₂ 溶液滴加速度 0.4mL/min，浸出温度 50℃，浸出时间 60min。该工艺条件下金属的浸出率依次为：Al 91.25%，Zn 83.65%，Pb 79.26%，Sn 98.24%；此外，98% 以上的 Cu 和 100% 的贵金属在高碱浸出渣中富集。

4.4.3.3　生物冶金

1983 年第五届国际生物湿法冶金大会上首次提出了"生物冶金"这一名词。生物冶金是利用微生物或其代谢产物溶浸样品中金属的一种新技术，具有操作简单、成本低、环境友好等特点[68]。该技术最早应用于浸矿领域，在铜、铀资源的开发中已有大规模的工业化应用。近年来，将生物冶金技术应用于电子废物处理的研究报道层出不穷[69]。然而，不同于矿石中金属的赋存状态，利用生物冶金技术处理电子废物相关研究还停留在实验室阶段，暂未实现工业化应用[70]。废电路板中金属种类多样，是研究电子废物中金属生物浸出很好的模式材料。研究表明废电路板中金属种类超过 60 种，大致可分为贵金属（Au、Ag、Pt、Pd）、重金属（Cu、Zn、Ni、Sn、Mn、Cr、Cd、Hg、Pb 和 As 等）和稀有金属（La、Ce、Th 和 U）[71]。按浸出废电路板中金属类型划分，生物冶金菌种可分为浸出贵金属的产氰微生物，浸出重金属和稀有金属的细菌与真菌。常见的产氰微生物有紫色色杆菌和产氢氰酸假单胞菌；浸出重金属和稀有金属的细菌有嗜酸氧化亚铁硫杆菌、嗜酸氧化硫硫杆菌和嗜酸铁氧化钩端螺旋菌等；真菌则主要是黑曲霉。表 4-9 显示了不同菌种的特性、所需培养基的组成及浸出废电路板中金属的种类。

表 4-9　菌种特性、相应培养基组成及浸出废电路板中金属的种类

序号	菌种类型	菌种特性	培养基组成	主要金属种类
1	紫色色杆菌	革兰氏阴性，兼性厌氧及无芽孢的球杆菌，具有产氰能力	蛋白胨 10g，牛肉膏粉 3g，氯化钠 5g，琼脂 15g，蒸馏水 1000mL，pH7.3±0.2	贵金属(Au)
2	产氢氰酸假单胞菌	革兰氏阴性，杆状，具有产氢氰酸的能力	牛肉膏 5g，蛋白胨 10g，NaCl 5g，琼脂 15~20g，甘氨酸 4.4g，蛋氨酸 2g，蒸馏水 1000mL，pH7.0~7.2	贵金属(Au，Ag)
3	黑曲霉	真菌，呈厚绒状，黑色，反面无色，能分解有机质	蔗糖 30g，NaNO$_3$ 3g，MgSO$_4$·7H$_2$O 0.5g，KCl 0.5g，FeSO$_4$·7H$_2$O 0.01g，K$_2$HPO$_4$ 1g，琼脂 13g，蒸馏水 1000mL，pH7.2	重金属（Cu、Zn、Ni、Cd、Pb 等）；稀有金属(U)
4	嗜酸氧化亚铁硫杆菌	革兰氏阴性，化能自养菌，能加速亚铁离子的氧化	(NH$_4$)$_2$SO$_4$ 3g，K$_2$HPO$_4$ 0.5g，KCl 0.1g，MgSO$_4$·7H$_2$O 0.5g，Ca(NO$_3$)$_2$ 0.01g，FeSO$_4$·7H$_2$O 44.7g，蒸馏水 1000mL，pH2.0	重金属（Cu、Zn、Ni、Sn、Mn、Cr、Cd、Hg、Pb 和 As 等）；稀有金属(La、Ce、Th 和 U)
5	嗜酸氧化硫硫杆菌	革兰氏阴性，化能自养菌，能氧化单质硫或还原态的硫化物	(NH$_4$)$_2$SO$_4$ 3g，K$_2$HPO$_4$ 0.5g，CaCl$_2$ 0.25g，MgSO$_4$·7H$_2$O 0.5g，FeSO$_4$·7H$_2$O 44g，S 10g，蒸馏水 1000mL，pH2.0	重金属（Cu、Zn、Ni、Sn、Mn、Cr、Cd、Hg、Pb 和 As 等）
6	嗜酸铁氧化钩端螺旋菌	革兰氏阴性，化能自养菌，能加速亚铁离子的氧化	(NH$_4$)$_2$SO$_4$ 3g，K$_2$HPO$_4$ 0.5g，KCl 0.1g，MgSO$_4$·7H$_2$O 0.5g，Ca(NO$_3$)$_2$ 0.01g，FeSO$_4$·7H$_2$O 44.2g，蒸馏水 1000mL，pH1.6	重金属（Cu、Zn、Ni、Sn、Mn、Cr、Cd、Hg、Pb 和 As 等）

研究表明紫色色杆菌和产氢氰酸假单胞菌在生长过程中会生成次生代谢产物氢氰酸，而氢氰酸能够与金发生化学反应生成氰金络合物，进而实现金的浸出[72]。涉及的浸金方程式如下：

$$4Au+8CN^-+O_2+2H_2O \longrightarrow 4Au(CN)_2^- +4OH^-$$

关于嗜酸氧化亚铁硫杆菌、嗜酸氧化硫硫杆菌和嗜酸铁氧化钩端螺旋菌浸出金属的机理尚不明确，比较公认的假说包括直接浸出和间接浸出两种机制[73]：直接浸出是细菌与样品直接接触，细菌分泌酶，加速浸出反应的进行；间接浸出是将培养液中的单质硫或 Fe^{2+} 分别通过细菌的作用转变为 H$_2$SO$_4$ 或 Fe^{3+}，随后利用 H$_2$SO$_4$ 的酸性或者 Fe^{3+} 的氧化性实现样品中金属的浸出。

涉及的冶金方程式如下所示：

$$Fe^{2+}+H^++1/4O_2 \longrightarrow Fe^{3+}+1/2H_2O$$

$$2S^0+2H_2O+3O_2 \longrightarrow 2H_2SO_4$$

鉴于生物冶金体系的复杂性，上述两种浸出机制可能同时存在于反应体系中。

黑曲霉在生长过程中会产生多种有机酸，如草酸、酒石酸、琥珀酸、苹果酸、乙酸和柠檬酸等，而这些有机酸可破坏废电路板表面结构，进而实现废电路板中金属的浸出；同时，黑曲霉作为一种真菌，其产生的菌丝又可吸附培养液中浸出的金属离子[74]。因此，黑曲霉也常被用于浸出废电路板中的金属，并且也取得了不错的结果。

考虑到微生物的生长代谢及样品中金属种类的多样性，利用微生物浸出废电路板中金属一直存在效率低的问题。如何提升微生物浸出废电路板中金属的效率成为了研究者关注的焦点。一般来讲，影响生物冶金的因素主要有培养液初始 pH 值、培养基中试剂组成比例、样品粒度、固液比、接种量和摇床转速及温度等[75]。此外，菌种对金属离子的耐受性也是限制生物冶金效率提高的因素之一。因此，大量的研究聚焦于菌种的驯化和生物冶金条件的优化，旨在进一步提升生物冶金的效率。也有研究外源添加物（氮掺杂碳纳米管、石墨烯、酶）和外加电场对生物冶金效率的影响与机理[76-78]。以上这些手段是从宏观层面研究提升生物冶金效率。从微观层面来看，也有研究利用基因工程手段改造菌种，通过改造后的工程菌达到提升生物冶金效率的目的[79]。

当前，尚未有生物冶金在废电路板处理领域规模化的工业应用报道。上海第二工业大学王景伟课题组[80]针对废电路板的深度处理，采用物理破碎分选、辊筒式生物浸出、萃取反萃和电解精炼等工序，彻底解决了废电路板颗粒间叠加、易沉降的问题，确保了废电路板颗粒能充分与浸出液接触，从而提升生物冶金的效率。据报道，该项目实际运营结果良好，实现了各项预定的技术指标，生产过程中无废气排放，生产用水全部闭路循环；提取高纯度金属产品后的电路板浸出渣可进一步提取环氧树脂和玻璃纤维，电解铜产品符合《阴极铜》（GB/T 467—2010）标准要求。

相关工艺流程和生产线如图 4-11 和图 4-12 所示（书后另见彩图）。

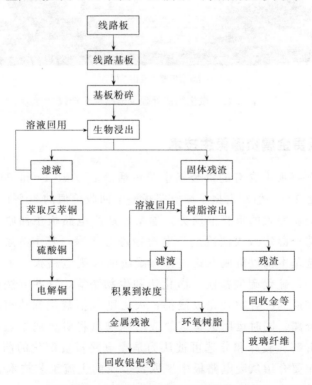

图 4-11　生物法处理废电路板工艺流程

(a) 生产线实物图

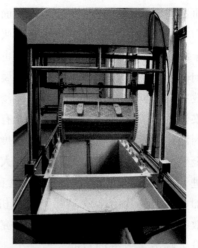
(b) 装卸系统及浸出辊筒

(c) 废电路板浸出过程

图 4-12　微生物法处理废电路板生产线

4.4.4　废电路板贵金属资源再生技术

如前所述,废电路板中含有的贵金属主要包括 Au、Ag、Pt 和 Pd。虽然,废电路板中的贵金属含量不足 1%,但却占据了废电路板整个回收价值的 80% 以上。因此,贵金属再生成了废电路板资源回收的重要推动力。通常,从废电路板中回收贵金属的工艺流程为拆解→破碎→分选→湿法或火法冶金→电解精炼等步骤,其中拆解可由人工或机械方式进行;破碎和分选基本都以机械方式进行;湿法回收废电路板中贵金属主要包括王水法、氰化法、硫脲法、硫代硫酸盐法、卤化法和生物法等,这些方法的共同点是均通过试剂与贵金属形成相应的配合物来完成浸提;火法则包括焚烧和热解两种技术,通过高温使非金属与金属分离,同时运用金属熔盐或熔炼物料将贵金属熔融,最后达到提纯贵金属的目的。由于拆解、破碎和分选可被认为是废电路板资源化的前处理步骤,在这里就不再赘述。本节主要介绍从废电路板中提取贵金属的主流工艺技术。图 4-13 为从废电路板中回收贵金属的典型工艺流程图。

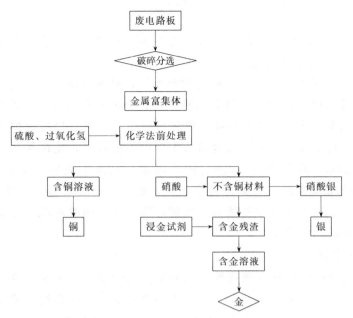

图 4-13　从废电路板中回收贵金属的典型工艺流程

（1）王水法

王水法[81]　即利用 3 份浓盐酸和 1 份浓硝酸配制而成的溶液对含金样品进行溶解浸出，其潜在的反应方程式如下所示：

$$HNO_3 + 3HCl \longrightarrow [Cl_2] + 2H_2O + NOCl$$

$$2NOCl \longrightarrow 2NO + [Cl_2]$$

以金元素为例，王水释放出的氯与金作用，主要的反应方程式为：

$$Au + HNO_3 + 3HCl \longrightarrow 2H_2O + NO\uparrow + AuCl_3$$

$$AuCl_3 + HCl \longrightarrow HAuCl_4$$

采用王水法浸提金的优点是药剂成本低，回收率高，基本可达 99.95% 以上，但浓盐酸和浓硝酸属于管制药品，且具有强腐蚀性和挥发性，对设备和操作工人潜在危害大，不宜大规模采用。

（2）氰化法

氰化法[82]　是利用碱金属氰化物将废电路板表面的金、银溶解到溶液中，再从氰化物溶液中还原回收金和银的一种方法，其具有试剂便宜、用量少、可在碱性溶液中使用等优点。涉及的反应方程式如下：

$$2Au + 4NaCN + 1/2O_2 + H_2O \longrightarrow 2NaAu(CN)_2 + 2NaOH$$

然而，研究表明氰化物只对废电路板表面的金和银具有很高的溶解性，对废电路板内部的金和银的浸出效率并不高，并且处理过程中产生的含氰废液对周边环境和人体危害巨大[83]。鉴于此，氰化浸金方法已被逐渐淘汰，而非氰化浸出方法，如硫脲浸出、硫代硫酸盐浸出、卤化物浸出和生物浸出的研究越来越受到重视。

（3）硫脲法

硫脲是一种具有还原性的有机络合剂，能与多种金属离子形成白色晶体，在酸性和含有 Fe^{3+} 的条件下，硫脲与金会形成可溶性阳离子配合物。与其他浸出剂相比，硫脲的稳定性较差。在碱性溶液中易分解为硫化物和氰胺，氰胺可进一步转化为尿素；在酸性溶液中容易氧化成二硫甲脒和单质硫等多种产物，会阻碍金的溶解。因此，选择合适的氧化剂和氧化剂浓度，使金尽可能多地溶解到溶液中，而硫脲尽可能少分解是非常重要的。李晶莹等[84] 将硫脲用于废手机电路板中金和银的浸出，发现在浸出条件为 100 目废电路板粉末、24g/L 硫脲浓度、0.6% Fe^{3+} 浓度、室温下反应 2h，废手机电路板中 90% 的金和 50% 的银被浸出。与氰化浸出相比，硫脲浸出金具有浸出速度快、毒性低、效率高、环境友好、离子干扰少等优点。然而，硫脲成本相对较高和容易被氧化等问题也限制了其大规模的工业应用。

（4）硫代硫酸盐法

常用于浸金的硫代硫酸盐有硫代硫酸钠和硫代硫酸铵。研究表明金和硫代硫酸盐在氧的存在下会形成稳定的络合物。由于硫代硫酸盐的氧化产物四硫酸盐在碱性条件下约 60% 会再次转化为硫代硫酸盐，因此硫代硫酸盐在碱性介质中是稳定的，但溶液 pH 值也不能过高，否则容易发生歧化反应将硫代硫酸盐转化为二价硫离子。Ha 等[85] 将硫代硫酸盐用于废手机电路板中金的浸出，在混匀后的氨水和硫酸铜溶液中加入硫代硫酸铵与金粉，充分搅拌 2h，金的浸出率可达 98%，机理分析表明溶液中产生的铜氨配离子可以消除因硫代硫酸盐和金配位时产生的惰性硫化物对反应产生的负面影响，从而促进金的浸出。硫代硫酸盐浸出具有选择性高、无毒、无腐蚀性等优点。然而硫代硫酸盐法的主要问题是浸出时试剂消耗量大。据报道，在含铜的氨硫代硫酸盐溶液中硫代硫酸盐的损失率高达 50%[83]。

（5）卤化法

卤化法[83] 浸出包括氯化物浸出、溴化物浸出和碘化物浸出，它们的共同优点是浸出率高。根据溶液化学条件，金与氯离子、溴离子和碘离子形成 Au^+ 和 Au^{3+} 络合物。当前，氯化物浸出的工业应用较多，但氯化物浸出对设备的抗腐蚀要求较高。同理，因溴在 0℃ 和 35℃ 时的蒸气压分别为 10kPa 和 28kPa，溴化物浸出对设备的抗压要求较高。碘化物浸出具有以下优点：a. 浸出速度快；b. 选择性好，普通金属浸出少；c. 碘离子易再生；d. 无腐蚀，适用于弱碱性介质中的碘化物浸出；e. 无毒性，金与碘形成的配合物是金与卤素形成的最稳定的配合物。然而，碘化物浸出需要消耗大量的试剂，且碘的价格相对昂贵，电沉积金的效率也有待提高。这些因素也限制了其大规模的工业化应用。

（6）生物法

生物法浸金的原理主要为微生物代谢过程中产生的氢氰酸会与样品中的金发生化学反应生成氰金络合物，如紫色色杆菌和产氢氰酸假单胞菌。朱杏炯[72] 的研究表明向培养基中适当添加甘氨酸或蛋氨酸可明显促进产氢氰酸假单胞菌的产氢氰酸能力，进而提升该菌浸出废电路板中金和银的效率。生物法浸金的优点为反应条件温和、成本低、对环境无二次污染，但浸出周期较长，尚无法工业化应用。

各种浸金方法及其优缺点如表 4-10 所列。

表 4-10　各种浸金方法及其优缺点

序号	浸金方法	优点	缺点
1	王水法	药剂成本低、回收率高	强腐蚀性和挥发性,对环境有二次污染
2	氰化法	试剂便宜、用量少、效率高	对环境和人体危害大
3	硫脲法	浸出速度快、毒性低、效率高、环境友好、离子干扰少	成本高、容易分解
4	硫代硫酸盐法	选择性高、无毒、无腐蚀性	消耗量大
5	卤化法	浸出率高	腐蚀性、抗压要求高,试剂相对昂贵
6	生物法	条件温和、成本低、对环境无二次污染	浸出周期长

4.4.5　废电路板非金属粉资源化技术

废电路板经过破碎分选之后,得到大量由树脂和玻璃纤维组成的非金属粉,这些粉末中多少含有一定的金属元素和塑化阻燃剂等有害化学物质。因此对其进行利用,必须在充分考虑经济和技术可行性的同时,也要考虑到健康环保因素。目前常用的非金属粉资源化方法主要有物理再生和化学再生两种,下文对其分别进行介绍。

据报道,废电路板中非金属材料占比为 50%~80%,其主要组成包括塑料(高分子有机聚合物)、惰性氧化物(玻璃纤维、碳酸钙等)和添加剂(溴化阻燃剂)[86]。《国家危险废物名录》(2021 年版)规定:对于采用破碎分选方式回收废覆铜板、线路板、电路板中金属后的废树脂粉而言,在其运输和处置过程满足:a. 运输工具满足防雨、防渗漏、防遗撒要求;b. 满足《生活垃圾填埋场污染控制标准》(GB 16889)要求进入生活垃圾填埋场填埋,或满足《一般工业固体废物贮存、处置场污染控制标准》(GB 18599)要求进入一般工业固体废物处置场处置,可以不按危险废物进行运输和管理。然而,随着废电路板中非金属材料产生量的增加及国家环保要求的日益提高,填埋并不是理想的选择。各种针对废电路板中非金属材料的资源化技术逐渐发展起来。当前,主流的非金属材料资源化技术有热处理法、物理法和化学法。

4.4.5.1　热处理法再生

热处理法[87]指的是在无氧或缺氧条件下,将废电路板中非金属材料进行加热或焚烧,实现废电路板中非金属材料的快速分解,从而将其中的树脂塑料部分转化为气体或液体燃料而回收。因采用热处理法处理废电路板中非金属材料的相关技术、方法和设备尚不成熟,且热处理过程中存在有毒有害物质的释放风险,对于热处理法处理废电路板中非金属材料并未大规模采用。

4.4.5.2　物理法再生

当前,对于废电路板中非金属材料的物理法再生技术主要有:a. 生产复合材料,包括热塑性聚合物基复合材料和热固性聚合物基复合材料;b. 制备建筑材料,包括水泥砂浆和沥青改性添加剂;c. 制备活性炭。蒋英[88]将废电路板中非金属材料、固化剂(电玉粉、废旧聚乙料或二者混合物)与基材混合均匀,置于成型磨具中压实,通过成型磨具加热并施压制备复合板材。只艳[89]将废电路板中非金属材料填充于聚丙烯树脂中,通过热压成型制备雨水箅子、木塑材料,并通过工艺优化提高了生成效率和降低了二次污染。Ban 等[90]以非金属材料作为水泥砂浆添加剂，研究结果表明当非金属材料的粒径＞80μm、水浸出膨胀率超过 2％时，改性制得的水泥制品性能优于标准水泥制品；所得水泥砂浆的抗压强度也增加了 10％，但随着非金属材料添加比例的增加，水泥砂浆的抗压强度下降。余佳平等[91]采用非金属材料作为沥青添加剂，并研究了温度对改性沥青针入度和软化点的影响。研究结果表明改性温度为 180℃、剪切时间为 1h 时，此时的针入度和软化点的综合情况最佳。邵先涛[92] 研究了以废电路板中非金属物质为原料制备活性炭，并将其应用于吸附印染废水中的有机物。结果表明以废电路板中非金属物质制备活性炭的最佳工艺参数为：炭化温度 500℃、浸渍比 3∶1、活化时间 90min、活化温度 700℃，所得活性炭碘值可达 630.42mg/g，且制备的活性炭吸附印染废水中有机物的过程符合准一级动力学模型。

4.4.5.3 化学法再生

化学法再生指的是利用化学技术通过一定的工艺将非金属材料降解为单体或低分子量化工原料的方法[93]。热解、气化和超临界流体降解是化学法再生非金属材料过程中较为常见的几种方法。

① 热解法是在无氧或缺氧条件下加热使有机物发生热裂解，进而分解为有机小分子的方法。废电路板热解的主要产物[94]有：a. 以低分子烃类化合物为主的可燃性气体；b. 常温下为液态的包括乙酸、丙酮、甲醇等化合物在内的液体混合物；c. 纯炭和固体残留物（玻璃纤维）。

② 气化法是用气化剂对固体或其他原料进行热加工的方法。废电路板中的有机树脂经过气化后可以生成油烃类和小分子的有机气体[95]。

③ 超临界流体降解是指利用超临界流体优异的溶解能力和传质性能使高分子废弃物分解或降解为相应的气体、液体和固体产物[96]。废电路板中的环氧树脂可被超临界乙醇或丙酮降解，有利于后续玻璃纤维和环氧树脂的分离。

Cunliffe 等[97] 在氮气气氛下对废电路板进行热解试验，发现当热解最终温度高于 500℃时玻璃纤维可从固体残留物上剥离。彭绍洪等[98] 开发了一种利用废电路板热解油制备酚醛树脂的方法，该法将废电路板热解获取热解油，然后将醛、水和催化剂加入热解油中，经过两个升温程序、降温、真空脱水得到酚醛树脂。

吴小芳[99] 在 CO_2 气氛下对废电路板进行了不同升温速率的气化试验，结果表明废电路板气化后气体产物主要成分为 C_3O_7Br、C_6H_6O、C_6H_7N；液体产物主要成分为 $C_9H_{12}O$，轻质油主要成分为 $C_6H_4Br_2O$、$C_{12}H_{14}O$ 等；固体产物则由玻璃纤维、金属和添加剂的残余物组成。

王璟等[100] 利用电路板中的溴系、磷系阻燃剂（脂类有机物）在超临界 CO_2 中溶解度高的特性，从树脂材料中萃取磷酸三苯酯，发现萃取 1h 后磷酸三苯酯的回收率可达 90％以上。

此外，研究发现在废电路板树脂粉末中加入各种增强材料，可显著改善复合材料（脂塑复合材料）的机械性能、物理性能、电性能、尺寸稳定性、耐磨性能等，从而赋予复合材料新的特性，以满足不同的需要[101]。由于废电路板中含有大量有机物，如甲苯、苯酚和三氯联苯等，邵先涛[92] 提出以废电路板中的非金属材料为原料制备活性炭的工艺。首先对非金属粉末进行碳化处理，采用氢氧化钾浸渍活化法制备活性炭，为活性炭的制备寻求了新原材料，降低了生产成本，为废电路板的处理开发了新的利用途径，实现废电路板的资源化利用。

废电路板化学法再生的主要优缺点如表 4-11 所列。

表 4-11　废电路板化学法再生技术优缺点

化学法再生技术	优点	缺点
热解	金属回收率高、工艺温度较低、烟气量小、烟气中二噁英含量低	成本高、能耗大，只能处理废电路板中的有机组分，对于玻璃纤维、陶瓷等无机组分不能很好地处理
气化	无污染、高效	能耗高、成本高，气化后的固体产物仍需后续处理
超临界流体降解	超临界流体具有黏度系数低、热导率大、扩散传质能力高；处理温度低、无二噁英污染产生	反应条件苛刻、成本高

4.4.5.4　非金属粉高值例用技术案例分析

① 技术名称：废电路板环氧树脂粉末高值化利用技术。

② 技术单位：苏州海州物资再生利用环保有限公司。

③ 技术简介：废电路板及边角料破碎后提炼出来的树脂粉作为环氧树脂板材生产线的原料，经过储料、拌胶后通过密闭管道输送至铺装机内铺装，后将铺装好的物料通过输送带输送到预压机内预压，通过导热油加热，将预压好的物料通过输送带输送到热压机内热压成板，热压结束后于晾板机上将半成品板材晾板，使产品结构等得以稳定化，工艺流程见图4-14。

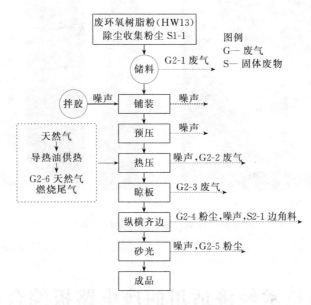

图 4-14　废电路板环氧树脂粉高值化利用工艺流程

使用锯床将半成品板材锯至规格要求的尺寸，纵横齐边锯板过程中有废边角料和粉尘产生，废边角料经过粉碎机粉碎后重新利用。最后使用砂光机对板材表面进行砂光打磨，打包成品。该工序有粉尘产生，使用集气罩收集至布袋除尘器除尘后由 20m 高排气筒排放。

压合出来的环氧树脂板材达到绿色环保、零甲醛、无毒无害、防火、防水、防潮、耐高温等特点，板材质量由苏州市产品质量监督检验院检验合格，此环氧树脂板材可多场景应用，展示效果如图 4-15 所示（书后另见彩图）。

图 4-15　环氧树脂板多场景应用效果

4.5　我国技术经济适用的废电路板综合利用方案

　　废电路板综合利用技术的区别主要体现在：a. 元器件剥离方式的不同；b. 金属与非金属分离方式的不同；c. 混合金属分离提纯方式的不同；d. 非金属利用方式的不同。

　　元器件分离的区别主要体现在焊锡分解和元器件拆解方式的不同。金属与非金属分离主要采用不同的破碎和分选工艺。混合金属的分离提纯方式主要分为湿法冶金、火法冶金和生物冶金。分离所得的金、银、钯等贵金属可进一步用于制备贵金属盐、催化剂前驱体或催化剂；非金属材料可进一步实现环氧树脂与玻璃纤维的分离和资源化。

适合我国技术经济条件的废电路板综合利用方案如表 4-12 所列。

表 4-12 适合我国技术经济条件的废电路板综合利用方案

工艺环节	适用技术	技术特点	备注
元器件剥离	焊锡加热熔融剥离技术	(1)可连续作业; (2)元器件大部分无损分类回收; (3)焊锡可以回收; (4)采用控温热风等无损元器件加热方式; (5)加热分离过程可借助人工智能实现自动化作业	需要废气处理设施
破碎	剪切破碎+锤式破碎	(1)可采用剪切或颚式破碎等方法,也可以多种方法相结合,一般达到 1mm 以下; (2)用球磨机研磨至分选环节对颗粒粒径要求	(1)破碎过程产生的废气、粉尘需要收集、处理; (2)噪声要控制在安全作业要求范围内
分选	静电分选	(1)金属分选率高,可达 90% 以上,分选后金属、非金属粉直接分离; (2)自动化控制,技术较成熟; (3)可连续作业,多级分选	分选车间要控制粉尘、噪声达到国家要求的作业环境标准
分选	风选	(1)技术成熟,设备便宜,方法简单、易操作; (2)作为静电分选的预分选	有一定的粉尘和噪声
金属再生	火法	(1)根据不同金属饱和蒸气压的不同,采用真空冶金技术逐一分离; (2)技术成熟	设备一次性投资大,占地面积大,环保要求严格,必须有严格的废气处理设施
金属再生	湿法	(1)根据不同金属的酸碱反应条件,可同步或选择性地溶解铜、锡、铅等金属,进一步精细分离、再生; (2)湿法冶金技术成熟,适合精炼,常与火法冶金相结合进行	(1)产生大量的废液、废气,需按危废要求处理; (2)生产车间要有严格的酸性气体等腐蚀性气体收集装置,废气需净化处理、达标排放; (3)有待于完善废液排放指标及限值
金属再生	生物法	(1)环境友好,设备投资小,运行能耗低; (2)对铜对选择性浸出效果好	生产效率有待提高
非金属粉利用	资源利用	(1)建筑填料; (2)建材制品	应用场所有一定限制
非金属粉利用	能源利用	利用热解或焚烧获得热能	产生的废气必须经过严格的环保设施、技术处理,废气达标排放

总结表 4-12 所述内容,按工艺环节推荐适宜我国国情的废电路板资源化技术,具体如下所述。

① 元器件剥离:自动化热风熔锡与元器件拆解工艺。

② 破碎:二级干法破碎技术(剪切破碎+锤式破碎)。

③ 分选:风选与静电分选结合技术。

④ 金属再生:真空冶金、微生物冶金、湿法冶金技术相结合。

⑤ 非金属粉:园林木塑制品或建筑填料。

参考文献

[1] THEO L. Integrated recycling of non-ferrous metals at Boliden Ltd. Ronnskar smelter [C]. Proceedings of the IEEE International Symposium on Electronics & the Environment,F,1998.

[2] 祁正栋,连国党,周小鸿,等. 废旧电路板特性分析及金的湿法回收技术研究进展 [J]. 当代化工,2020,49(8):1798-1802.

[3]　郑炯莉，李颖，苑文仪，等．废电路板中非金属材料资源化回收技术研究［J］．环境工程，2018，36（9）：112-118.

[4]　Huo X，Peng L，Xu X，et al. Elevated blood lead levels of children in Guiyu，an electronic waste recycling town in China［J］．Environmental Health Perspectives，2007，115（7）：1113-1117.

[5]　Sepúlveda A，Schluep M，Renaud F G，et al. A review of the environmental fate and effects of hazardous substances released from electrical and electronic equipments during recycling：Examples from China and India［J］．Environmental Impact Assessment Review，2010，30（1）：28-41.

[6]　谭淑妃，郭杰，许振明．废电路板热拆解过程中颗粒污染物的排放特征［J］．环境科学与技术，2019，42（12）：74-80.

[7]　王俊霞．电子废物拆解区溴代阻燃剂和重金属的分布和人体暴露风险评价［D］．上海：华东理工大学，2015.

[8]　方文熊．机械-物理法回收废旧电视机、冰箱车间及厂区的环境影响分析［D］．上海：上海交通大学，2014.

[9]　蒋英．废弃电路板中非金属粉再利用的环境风险评价［D］．上海：上海交通大学，2011.

[10]　中华人民共和国生态环境部．国家危险废物名录（2021年版）［Z］．2020-11-25.

[11]　Hadi P，Xu M，Lin C S，et al. Waste printed circuit board recycling techniques and product utilization［J］．Journal of Hazardous Materials，2015，283：234-243.

[12]　Hu M，Wang J，Xu Z. A pyrolysis-based technology for recovering copper from transistors on waste printed circuit boards［J］．ACS Sustainable Chemistry & Engineering，2017，5（12）：11354-11361.

[13]　Priya A，Hait S. Qualitative and quantitative metals liberation assessment for characterization of various waste printed circuit boards for recycling［J］．Environmental Science & Pollution Research，2017，24（35）：27445-27456.

[14]　Yousef S，Tatariants M，Bendikiene R，et al. Mechanical and thermal characterizations of non-metallic components recycled from waste printed circuit boards［J］．Journal of Cleaner Production，2017，167：271-280.

[15]　Song X，Zhang C，Yuan W，et al. Life-cycle energy use and GHG emissions of waste television treatment system in China［J］．Resources Conservation & Recycling，2018，128：470-478.

[16]　黄春华，王麦成．芯片封装技术知多少［J］．计量与测试技术，2005，32（1）：36-37.

[17]　Lee J，Kim Y，Lee J C. Disassembly and physical separation of electric/electronic components layered in printed circuit boards（PCB）［J］．Journal of Hazardous Materials，2012，241-242：387-394.

[18]　兰波．一种废弃印刷电路板拆解处理装置，CN105619220A［P/OL］．［2016-01-22］．http：//www. wanfangdata. com. cn/details/detail. do? _type=patent&id=CN201610047764. 5.

[19]　Zhou Y，Zhang X，Guan J，et al. Research on reusing technology for disassembling waste printed circuit boards［J］．Procedia Environmental Sciences，2016，31：941-946.

[20]　Zeng X，Li J，Xie H，et al. A novel dismantling process of waste printed circuit boards using water-soluble ionic liquid［J］．Chemosphere，2013，93（7）：1288-1294.

[21]　关杰．一种对废弃印刷电路板焊接元器件进行拆解的方法，CN103934536A［P/OL］．［2014-05-11］．http：//www. wanfangdata. com. cn/details/detail. do? _type=patent&id=CN201410198162. 0.

[22]　Park S，Kim S，Han Y，et al. Apparatus for electronic component disassembly from printed circuit board assembly in e-wastes［J］．International Journal of Mineral Processing，2015，144：11-15.

[23]　Kopacek B. Intelligent Disassembly of components from printed circuit boards to enable re-use and more efficient recovery of critical metals［J］．IFAC-PapersOnLine，2016，49（29）：190-195.

[24]　高鹏，向东，杨继平，等．应用遗传算法的线路板拆解加热参数优化［J］．现代制造工程，2008（8）：92-95，120.

[25]　Zhou Y，Qiu K. A new technology for recycling materials from waste printed circuit boards［J］．Journal of Hazardous Materials，2010，175（1）：823-828.

[26]　丘克强，周益辉．一种高效回收废弃印刷电路板焊锡的工艺及装置，CN101362143［P/OL］．2008-09-18. http：//www. wanfangdata. com. cn/details/detail. do? _type=patent&id=CN200810143250. 5.

[27]　闻诚．电路板元器件拆除加热工艺优化及其热分析研究［D］．合肥：合肥工业大学，2009.

[28]　赵文文，王玉琳，宋守许，等．废弃印刷电路板脱焊设备的研制与应用［J］．组合机床与自动化加工技术，2009（10）：95-98.

[29]　向东，龙旦风，高浪，等．采用热风加热和振动施力的废旧电路板拆解设备，CN102009242A［P/OL］．2010-10-26. http：//www. wanfangdata. com. cn/details/detail. do? _type=patent&id=CN201010527684. 2.

[30] 王玉琳，王庆阳，高梦迪，等．一种从废弃印刷电路板上分离元件和焊料的方法，CN103286405A [P/OL]．2013-05-14. http：//www. wanfangdata. com. cn/details/detail. do？_type＝patent&id＝CN201310180863. 7.

[31] 潘晓勇，李中良，慧郅，等．电路板元器件和焊料分离回收方法及装置，CN101112728 [P/OL]．2007-08-29. http：//www. wanfangdata. com. cn/details/detail. do？_type＝patent&id＝CN200710201532. 1.

[32] 李金惠，曾现来，刘丽丽，等．一种利用离子液体快速拆解废电路板的连续式设备及方法，CN104550195A [P/OL]．2014-12-18. http：//www. wanfangdata. com. cn/details/detail. do？_type＝patent&id＝CN201410806462. 2.

[33] 史志贺，戴国洪，周自强．面向元器件重用的废电路板拆解技术研究综述 [J]．中国资源综合利用，2021，39 (08)：112-114.

[34] 陈海焱，陈梦君，陈俊冬，等．利用工业余热自动拆卸回收废弃印刷电路板的方法，CN102284471A [P/OL]．2011-08-15. http：//www. wanfangdata. com. cn/details/detail. do？_type＝patent&id＝CN201110233656. 4.

[35] Wang J, Guo J, Xu Z. An environmentally friendly technology of disassembling electronic components from waste printed circuit boards [J]. Waste Management, 2016, 53：218-224.

[36] 白庆中，王晖，韩洁，等．世界废弃印刷电路板的机械处理技术现状 [J]．环境污染治理技术与设备，2001，2 (1)：84-89.

[37] Melchiorre M, Jakob R. Electronic scrap recycling [J]. Microelectronics Journal, 1996, 28：8-10.

[38] Zhang S, Forssberg E. Mechanical separation-oriented characterization of electronic scrap [J]. Resources, Conservation and Recycling, 1997, 21 (4)：247-269.

[39] Veld. H. 开采废弃电子产品 [J]．产业与环境，1995，17 (3)：7-11.

[40] Yokoyama S, Iji M. Recycling of printed wiring board waste; proceedings of the Proceedings of 1993 IEEE/Tsukuba International Workshop on Advanced Robotics, 1993.

[41] Li J, Lu H, Guo J, et al. Recycle technology for recovering resources and products from waste printed circuit boards [J]. Environmental Science & Technology, 2007, 41 (6)：1995-2000.

[42] Li J, Lu H, Liu S, et al. Optimizing the operating parameters of corona electrostatic separation for recycling waste scraped printed circuit boards by computer simulation of electric field [J]. Journal of Hazardous Materials, 2008, 153 (1-2)：269-275.

[43] Li J, Lu H, Xu Z, et al. Critical rotational speed model of the rotating roll electrode in corona electrostatic separation for recycling waste printed circuit boards [J]. Journal of Hazardous Materials, 2008, 154 (1-3)：331-336.

[44] Li J, Lu H, Xu Z, et al. A model for computing the trajectories of the conducting particles from waste printed circuit boards in corona electrostatic separators [J]. Journal of Hazardous Materials, 2008, 151 (1)：52-57.

[45] Li J, Xu Z. Environmental friendly automatic line for recovering metal from waste printed circuit boards [J]. Environmental Science & Technology, 2010, 44 (4)：1418-1423.

[46] Li J, Xu Z, Zhou Y. Application of corona discharge and electrostatic force to separate metals and nonmetals from crushed particles of waste printed circuit boards [J]. Journal of Electrostatics, 2007, 65 (4)：233-238.

[47] Li J, Xu Z, Zhou Y. Theoretic model and computer simulation of separating mixture metal particles from waste printed circuit board by electrostatic separator [J]. Journal of Hazardous Materials, 2008, 153 (3)：1308-1313.

[48] Wu J, Li J, Xu Z. Electrostatic separation for recovering metals and nonmetals from waste printed circuit board：Problems and improvements [J]. Environmental Science & Technology, 2008, 42 (14)：5272-5276.

[49] Wu J, Li J, Xu Z. Electrostatic separation for multi-size granule of crushed printed circuit board waste using two-roll separator [J]. Journal of Hazardous Materials, 2008, 159 (2-3)：230-234.

[50] 路洪洲．破碎废弃印刷电路板的高压静电分选 [D]．上海：上海交通大学，2007.

[51] 胡利晓，温雪峰，刘建国，等．废印刷电路板的静电分选实验研究 [J]．环境污染与防治，2005，27 (5)：326-329.

[52] Cui J, Zhang L. Metallurgical recovery of metals from electronic waste：A review [J]. Journal of Hazardous Materials, 2008, 158 (2)：228-256.

[53] Hageluken C. Recycling of electronic scrap at Umicore's integrated metals smelter and refinery [J]. World of Metallurgy - ERZMETALL, 2006, 59 (3)：152-161.

[54] Veldhuizen H, Sippel B. Mining discarded electronics [J]. Ind Environ (Switzerland), 1994, 17 (3)：7-11.

[55] Zhan L, Xu Z. Separating and recycling metals from mixed metallic particles of crushed electronic wastes by vacuum

metallurgy [J]. Environmental Science & Technology, 2009, 43 (18): 7074-7078.

[56] 黄祥浩. 湿法冶金提取废弃电脑线路板中金的研究 [D]. 武汉：武汉科技大学，2019.

[57] Lee M, Ahn J. Recovery of copper, tin and lead from the spent nitric etching solutions of printed circuit board and regeneration of the etching solution [J]. Hydrometallurgy, 2003, 70 (1-3): 23-29.

[58] Fogarasi S, Imre-Lucaci F, Ilea P, et al. The environmental assessment of two new copper recovery processes from waste printed circuit boards [J]. Journal of Cleaner Production, 2013, 54 (9): 264-269.

[59] Seki S, Tsutsumi K, Fukaya T, et al. Recovery of copper from waste liquid generated during copper etch of printed circuit board, involves adding alkali chemical, neutralizing, depositing copper particles, filtering, concentrating, heating, oxidizing and dehydrating, JP2013108117-A; JP5777495-B2 [P]. 2013.

[60] Oh C, Lee S, Yang H, et al. Selective leaching of valuable metals from waste printed circuit boards [J]. Journal of the Air & Waste Management Association, 2003, 53 (7): 897-902.

[61] Oishi T, Koyama K, Alam S, et al. Recovery of high purity copper cathode from printed circuit boards using ammoniacal sulfate or chloride solutions [J]. Hydrometallurgy, 2007, 89 (1): 82-88.

[62] 王博，冯素征，朱萍，等. 印刷线路板浸出液中铜的提取研究 [J]. 中国资源综合利用，2006，24 (9): 11-14.

[63] 张磊，陈亮，陈东辉. 废弃电子印刷线路板中 Cu 和 Pb 的浸出实验 [J]. 环保科技，2007，13 (2): 25-27.

[64] 姚洪，林桂燕. 拆解电路板中铜的回收及其化工产品的制备 [J]. 中国资源综合利用，1998 (12): 17-17.

[65] 孙秀云，王莉莉，王连军，等. 一种废弃印刷电路板的回收利用方法：CN106947866A [P]. 2017.

[66] 盛广能. 废弃电脑印刷线路板中铜回收的实验研究 [D]. 青岛：青岛科技大学，2008.

[67] 郭学益，李栋，秦红，等. 一种废弃电路板全湿法回收工艺：CN105112674A [P]. 2015.

[68] 温建康. 生物冶金的现状与发展 [J]. 中国有色金属，2008 (10): 74-76.

[69] Srivastava R R, Ilyas S, Kim H, et al. Biotechnological recycling of critical metals from waste printed circuit boards [J]. Journal of Chemical Technology & Biotechnology, 2020, 95 (11): 2796-2810.

[70] Gu WH, Bai J F, Dong B, et al. Enhanced bioleaching efficiency of copper from waste printed circuit board driven by nitrogen-doped carbon nanotubes modified electrode [J]. Chemical Engineering Journal, 2017, 324: 122-129.

[71] 王建波. 废旧电路板上元器件的环境友好拆解及铝电容器和晶体管的资源化回收 [D]. 上海：上海交通大学，2017.

[72] 朱杏炯. 产氢氰酸假单胞菌筛选及其对电子垃圾贵重金属溶出能力研究 [D]. 扬州：扬州大学，2013.

[73] 杨崇. 嗜酸菌胞外聚合物促进线路板浸出的作用及机制研究 [D]. 广州：华南理工大学，2015.

[74] Arshadi M, Esmaeili A, Yaghmaei S. Investigating critical parameters for bioremoval of heavy metals from computer printed circuit boards using the fungus *Aspergillus niger* [J]. Hydrometallurgy, 2020, 197, 105464.

[75] 白建峰，顾卫华，张承龙，等. 嗜酸氧化亚铁硫杆菌研究及在电子废弃物中应用进展 [J]. 安全与环境学报，2014，14 (04): 181-185.

[76] Gu W H, Bai J F, Dong B, et al. Catalytic effect of graphene in bioleaching copper from waste printed circuit boards by *Acidithiobacillus ferrooxidans* [J]. Hydrometallurgy, 2017, 171, 172-178.

[77] 曹侃，李登新，杨蕴敏. 电场作用下微生物代谢产物回收线路板中铜的研究 [J]. 北方环境，2012，24 (03): 49-53.

[78] 周楠. 电场作用下 NCNTs 电极对嗜酸菌浸出线路板中有价金属的催化作用研究 [D]. 上海：上海第二工业大学，2019.

[79] 谢成. 嗜酸菌 DNA 与 RNA 同时提取方法的研究 [D]. 长沙：中南大学，2012.

[80] Wang J W, Bai J F, Xu J Q, et al. Bioleaching of metals from printed wire boards by Acidithiobacillus ferrooxidans and Acidithiobacillus thiooxidans and their mixture [J]. Journal of Hazardous Materials, 2009, 172 (2): 1100-1105.

[81] 孙宝玉. 电路板热拆解过程的污染物识别及贵金属浸提工艺研究 [D]. 北京：清华大学，2017.

[82] 刘韵. 废手机电路板中贵金属回收技术试验研究 [D]. 成都：西南交通大学，2013.

[83] Zhang Y H, Liu S L, Xie H H, et al. Current status on leaching precious metals from waste printed circuit boards [J]. Procedia Environmental Sciences, 2012, 16: 560-568.

[84] Li J Y, Xu X L, Liu W Q. Thiourea leaching gold and silver from the printed circuit boards of waste mobile phones

[J]．Waste Management，2012，32（6）：1209-1212.

[85]　Ha V H，Lee J C，Jeong J，et al．Thiosulfate leaching of gold from waste mobile phones［J］．Journal of Hazardous Materials，2010，178（1-3）：1115-1119.

[86]　郑炯莉，李颖，苑文仪，等．废电路板中非金属材料资源化回收技术研究［J］．环境工程，2018，36（09）：112-118.

[87]　贾伟峰，段华波，侯坤，等．废电路板非金属材料再生利用技术现状分析［J］．环境科学与技术，2010，33（02）：196-200，205.

[88]　蒋英．废弃电路板中非金属粉再利用的环境风险评价［D］．上海：上海交通大学，2011.

[89]　只艳．废电路板非金属材料深度资源化利用技术研究［D］．北京：清华大学，2014.

[90]　Ban B C，Song J Y，Lim J Y，et al．Studies on the reuse of waste printed circuit board as an additive for cement mortar［J］．Journal of Environmental Science and Health，Part A，2005，40（3）：645-656.

[91]　余佳平，王远明，刘乐．废旧 PCB 粉末作为沥青改性添加剂的研究［A］．上海市化学化工学会 2007 年度学术年会论文摘要集［C］．2007.

[92]　邵先涛．电路板中非金属物质制备活性炭的可行性研究［D］．上海：东华大学，2014.

[93]　Chiang H L，Lin K H，Lai M H，et al．Potentially toxic elements in solid waste streams fate and management approaches［J］．Journal of Hazardous Materials，2007，149（1）：151-159.

[94]　黎敏，李冲，徐小锋，等．废线路板热解处理技术和装置发展现状［J］．有色金属（冶炼部分），2019（09）：18-27.

[95]　王波，周秋平，洪丽．废弃印刷线路板在二氧化碳气氛下的热失重动力学研究［J］．安全与环境学报，2016，16（04）：264-269.

[96]　邢明飞，张付申．超临界丙酮降解废弃线路板中的溴化环氧树脂［J］．环境工程学报，2014，8（01）：317-323.

[97]　Cunliffe A M，Jones N，Williams P T．Recycling of fibre-reinforced polymeric waste by pyrolysis：thermo-gravimetric and bench-scale investigations［J］．Journal of Analytical and Applied Pyrolysis，2003，70（2）：315-338.

[98]　彭绍洪，陈烈强，蔡明招，等．用废旧电路板热解油制备酚醛树脂的方法：CN200610034965.8［P］．2006.

[99]　吴小芳．废弃印刷线路板的气化及动力特性研究［D］．保定：华北电力大学，2012.

[100]　王璟，王宏涛，李军，等．超临界 CO_2 萃取废电路板中阻燃剂的研究［J］．厦门大学学报（自然版），2008，47（4）：547-551.

[101]　王怀栋，张书豪，刘彬．废线路板树脂粉末的无害化处理与资源化利用［J］．资源再生，2016（12）：48-51.

第5章 半导体照明行业关键金属二次资源综合利用

5.1 概 述

5.1.1 我国 LED 照明产业概况

　　节能环保是全球应对气候变化、推动绿色发展的重要途径。近年来我国高度重视"节能环保"产业，力求将其发展成为国民经济的一大支柱产业。目前，该产业已深入渗透到各个行业，如照明和家电行业、汽车行业、钢铁行业、石化和化工行业等。2016 年 12 月 22 日，国家发展改革委、科技部、工业和信息化部、环境保护部 4 部委联合发布了《"十三五"节能环保产业发展规划》，提出以照明产品等通用设备为重点，大力推动半导体照明节能装备升级改造。

　　半导体照明包括发光二极管（LED）和有机发光二极管（OLED），其中 LED 照明主要应用于疏散指示标志灯、路灯、景观照明、室内功能性照明、体育照明和医疗照明，OLED 照明器件尚处于研究开发阶段，仅在显示行业（移动设备、小尺寸的穿戴设备、电视和显示器）的高端产品中应用。半导体照明具有光效高、能耗低、寿命长，几乎无红外以及紫外光辐射，生产过程中不需要添加汞以及保护气，被誉为"21 世纪的绿色之光"，并在越来越多的国家推广应用[1]。

　　一些发达国家和地区立足国家战略进行系统部署，推动半导体照明产业进入快速发展期。美国能源部于 2000 年启动国家半导体照明研究计划——"下一代照明计划（Next Generation Lighting Initiative，NGLI）"[2]，该计划由国防高级研究计划局和光电产业发展协会执行，联合 13 个国家重点实验室、公司和大学，旨在 10 年内用 LED 灯取代 55％的白炽灯和荧光灯。此外，美国能源部制定了《固态照明研究与发展计划》《固态照明商业化支持五年计划》（草案）《固态照明研发：LED 制造路线图》，上述项目涉及的企业包括通用显示器公司（Universal Display Corporation. UDC）、Moser Baer 公司、美国应用材料公司、

Veeco 公司、桑迪亚国家实验室、KLA-Tencor 公司、GE 照明解决方案、雅达、飞利浦 Lu-mileds 公司以及杜邦显示器公司。截至 2016 年年底，纽约市路灯已有 72% 更换为 LED 灯，2018 年之前基本实现全面替代（不包括国营高速公路上的灯）。日本作为最早实施半导体照明计划的国家，依托政府支撑体系已经完成了"21 世纪照明"发展计划的第一期目标：政府在 1998～2002 年间投入 50 亿日元，由 4 所大学和 13 家企业、日本点灯制造协会合作开发白光半导体照明 LED 以及新型半导体材料、衬底、荧光粉和照明灯具等，2005 年生产出能够替代白炽灯和荧光灯的第一代普通照明 LED 光源。在第二期计划时，日本政府将发展策略由推动技术研发调整为构建和培养需求市场，2003～2010 年期间政府整合 72 家 LED 相关厂商制定标准、减免税收、鼓励采购，在完善的技术研发体系下扩大产品销量[3,4]。韩国以政府为主导，投入 1 亿美元，成立光产业振兴会（Korea Association for Photonice Industry Development，KAPID）负责 GaN 半导体开发计划的组织与实施。此外，韩国政府提出"15/30 计划"，投资 50 亿韩元，在 2015 年前将本国 30% 的照明系统换为 LED 照明[5]。欧盟在 2000 年 7 月启动"彩虹计划（Rainbow project brings color to LEDs）"，联合原料供应商、材料生产商、电子器件和 MOCVD 设备制造商等六大公司和两所大学，通过欧盟的 BRITE/EURAM-3 program 项目发展 GaN 相关制造业基础设施，进而推广白光发光二极管的应用。在"彩虹计划"结束后，欧盟先后开展了"用于信息通信技术与照明设备的高亮度有机发光二极管"项目（OLLA）、低成本高效的 OLED（OLED 100.eu）项目、印制大格式透明光源的组件架构的 CombOLED 项目等，持续支持半导体照明技术发展。

表 5-1 所列为其他部分国家和地区对 LED 产业的支持手段[6]。

表 5-1　其他部分国家和地区对 LED 产业的支持手段

地区	国家	驱动力	附注
拉丁美洲	巴西	政策、标准	禁售白炽灯，政府颁布认证法令
		商业照明	超市、购物中心
	墨西哥	政策	政府颁布节能政策
	牙买加	政策	太阳能和 LED 照明产品免进口关税
中东	迪拜	巨额交易	政府与飞利浦以及建设公司签订协议为 262 栋建筑提供 LED 照明产品
		建设	基础建设带动 LED 照明产品发展
非洲		基本需求	5 亿人生活在无电区
		巨额交易	飞利浦 2015 年投资 120 万欧元建立 LED 照明中心
			史福特参与联合国环境规划署"点亮非洲"项目，提供十万套 LED 路灯
南亚	印度	政策	换装 LED 灯泡，LED 路灯标案
东南亚	马来西亚	政策	禁售白炽灯，税收优惠政策
		巨额交易	1700 余家 7-11 便利店进行 LED 灯改装
	印度尼西亚	政策	对本土 LED 厂商激励政策，税收优惠政策
	新加坡	政策	配备 LED 灯具
	泰国	政策	政府主导更换 LED 路灯，税收优惠政策
		工业	商用设施采用 LED 灯
		标准	TIS 认证
大洋洲	澳大利亚	政策	禁售白炽灯，能源补贴政策

基于联合国商品贸易数据库（United Nations Commodity Trade Database，UN Comtrade）2016 年 LED 相关产品的数据，对贸易额前 50 的国家进行分析。LED 产品的主要出口大国包括中国、美国、马来西亚、日本、韩国、德国，进口大国包括美国、日本、印度、中国、

韩国等，德国和中国香港分别是欧洲和亚洲地区的 LED 灯中转站。美国、中国分别位居全球 LED 灯进、出口额首位。中国大陆的 LED 灯以出口为主，主要销往中国香港、日本、韩国、印度、美国、荷兰、澳大利亚、巴西、智利、德国等地。

我国自 2003 年科技部牵头成立"国家半导体照明工程协调领导小组"以来，出台了一系列政策扶持 LED 照明产业发展[7]，如表 5-2 所列。2009 年，科技部启动"十城万盏"半导体照明应用工程试点项目[8,9]。2011 年，国家发展改革委、商务部、海关总署、工商总局、质检总局联合印发《关于逐步禁止进口和销售普通照明白炽灯的公告》，从 2012 年 10 月 1 日起按功率逐步淘汰普通照明白炽灯，这也意味着中国照明行业的全面转型升级[6]。2012 年，国家发展改革委、财政部、科技部组织开展"2012/2013 年度半导体照明产品财政补贴推广项目"，启动 LED 在照明领域，特别是大宗用户照明领域的应用。此外，2015 年以来各省、市、地区也开始积极推动当地 LED 照明产业发展，纷纷出台本地区关于 LED 照明产业发展的"十三五"规划，以带动当地照明产业向绿色、节能、环保方向发展。如广东省发布《广东省推广使用 LED 照明产品实施方案》，同时发布了高端新型电子信息、电动汽车和 LED 照明三大战略性新兴产业标准体系规划与路线图。批准发布了三大战略性新兴产业急需建立的省地方 LED 照明行业标准 66 项[10]。

表 5-2　中国 LED 照明产业相关政策

发布时间	政策	发布部门	主要内容
2006 年 2 月	《国家中长期科学和技术发展规划纲要(2006—2020 年)》	国务院	将半导体(LED)照明产品明确列为"重点领域和优先主题"，提出"重点研究高效节能、长寿命的半导体(LED)照明产品"
2007 年 7 月	《国务院办公厅关于建立政府强制采购节能产品制度的通知》	国务院办公厅	各级政府机构使用财政性资金进行政府采购活动时，在技术、服务等指标满足采购需求的前提下，要优先采购节能产品，对部分节能效果、性能等达到要求的产品，实行强制采购，以促进节约能源，保护环境，降低政府机构能源费用开支
2008 年 1 月	《高效照明产品推广财政补贴资金管理暂行办法》(财建〔2007〕1027 号)	财政部等	确保实现"十一五"期间通过财政补贴方式推广高效照明产品 1.5 亿只，可节电 290 亿千瓦时，减少二氧化碳排放 2900 万吨
2008 年 12 月	《中国逐步淘汰白炽灯、加快推广节能灯行动计划》	发改委	提出了中国淘汰白炽灯、推广节能灯的路线图和专项规划，加快推进中国白炽灯生产企业转型，推广普及节能灯
2009 年 4 月	关于同意开展"十城万盏"半导体照明应用工程试点工作的复函	科学技术部	确定天津市、河北省石家庄市、辽宁省大连市等 21 个城市开展半导体照明应用工程试点工作
2009 年 5 月	《轻工业调整和振兴规划》	工信部等	加快造纸、家电、塑料、照明电器等行业技术改造步伐，淘汰高耗能、高耗水、污染大、效率低的落后工艺和设备，严格控制新增产能；加快实施节能灯替代，淘汰 6 亿只白炽灯产能
2010 年 5 月	《城市照明管理规定》	住建部	规定明确了城市的照明管理、照明环境及规划设计等
2011 年 11 月	《关于逐步禁止进口和销售普通照明白炽灯的公告》	发改委等	明确中国逐步淘汰白炽灯路线图分为五个阶段
2012 年 5 月	《半导体照明科技发展"十二五"专项规划》	科技部	到 2015 年，LED 照明产业规模达到 5000 亿元，LED 照明产品占通用照明的 30%；重点培育 20～30 家龙头企业，建成 20 个国家级产业基地和 50 个"十城万盏"试点示范城市。推动中国半导体照明产业进入世界前三强。80%芯片国有化，光效提升，成本降至 1/5

发布时间	政策	发布部门	主要内容
2012 年 6 月	《"十二五"节能环保产业发展规划》	国务院	到 2015 年,通用照明产品市场占有率达到 20% 左右,液晶背光源达到 70% 以上,景观装饰产品达到 80% 以上,半导体照明产业产值达到 4500 亿元,年节电 600 亿千瓦时,形成具有国际竞争力的半导体照明产业
2014 年 11 月	《能源发展战略行动计划(2014—2020 年)》	国务院	明确提出推行公共建筑能耗限额和绿色建筑评级与标识制度,大力推广节能电器和绿色照明,积极推进新能源城市建设。大力发展低碳生态城市和绿色生态城区,到 2020 年,城镇绿色建筑占新建建筑的比例达到 50%
2016 年 12 月	《"十三五"节能环保产业发展规划》	发改委	推动半导体照明节能产业发展水平提升,加快大尺寸外延芯片制备、集成封装等关键技术研发,加快硅衬底 LED 技术产业化,推进高纯金属有机化合物、生产型金属有机源化学气相沉积设备等关键材料和设备产业化,支持 LED 智能系统技术发展
2017 年 2 月	《G20 能效引领计划(EELP)》	发改委	明确指出 20 国集团将在交通工具、联网设备、能效融资、建筑、能源管理、发电以及超高能效设备等 11 个重点领域展开合作
2017 年 7 月	《半导体照明产业"十三五"发展规划》	发改委等	到 2020 年,我国半导体照明关键技术不断突破,产品质量不断提高,产品结构持续优化,产业规模稳步扩大,产业集中度逐步提高,形成一家以上销售额突破 100 亿元的 LED 照明企业,培育 1~2 个国际知名品牌,10 个左右国内知名品牌

　　截至 2018 年年底,我国 LED 照明市场渗透率已达 61% 以上,较上年增长 8%,全球 2018 年 LED 照明市场规模达到 629 亿美元,渗透率达到 42.5%。如图 5-1 所示,我国在 LED 照明中的市场规模逐年增加,并且其在全球所占比重逐年增大[9]。我国的 LED 照明生产企业主要分布在环渤海、珠江三角洲、闽江三角洲、长江三角洲和中原地区,85% 以上的 LED 生产企业都分布在这五个区域,其中,广东、浙江、江苏、福建、上海五省市聚集的企业数量最多。地方政府为培育地方产业,采取部分市场保护措施,致使 LED 生产企业难以跨省布局,使得国内 LED 照明企业颇具区域特色,如上游芯片制造主要在环渤海、长江

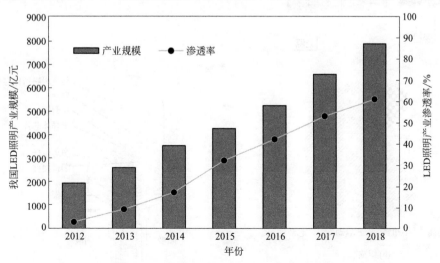

图 5-1　我国 LED 照明产业规模和渗透率

三角洲和闽江三角洲地区，而下游封装主要在珠江三角洲地区。从其产品应用场合看，广东省以室内照明灯具为主，浙江、江苏、上海、福建等地以室外灯具和光源为主。

5.1.2 LED及其制造工艺

5.1.2.1 LED灯简介及组成

LED是英文发光二极管（light emit diode）的英文缩写，是一种直接将电能转化为光能的半导体器件。其核心部分由 P 型和 N 型半导体组成，P 型半导体中主要为空穴，N 型半导体中主要为电子，P 型和 N 型半导体之间存在一个过渡层——PN 结。当电流作用于芯片时，电子由 N 区流向 P 区并与空穴复合释放光子。根据制造 LED 灯使用的半导体材料的差异、电子和空穴的能级差异，可以释放出波长不同的光子，因此产生不同颜色的光[11, 12]。

表 5-3 所列为生产不同颜色的 LED 灯使用的半导体材料[13]。

表 5-3　不同颜色 LED 灯参数

样品	红/低	红/高	黄/低	黄/高	绿/低	绿/高	蓝/低	蓝/高	白
LED 颜色	红光	红光	黄光	黄光	绿光	绿光	蓝光	蓝光	白光
半导体材料	GaAsP	InGaAlP	GaAsP	InGaAlP	GaP	GaN	GaN	GaN	InGaN
波长/nm	625	644	590	591	565	525	430	475	N/A
光强/mcd	150	6000	50	9750	50	5000	400	900	10000

注：N/A 表示无数据。

如图 5-2 所示，LED 灯主要由底座、驱动、灯体、光源和泡壳组成。LED 灯底座大多由铜、铝组成，占 LED 灯总质量的 70% 以上；灯体和泡壳以塑料为主，占总质量的 15% 左右；驱动部分大约占 10%；光源只占 LED 灯质量的 2%。如图 5-3 所示，LED 灯灯珠主要分

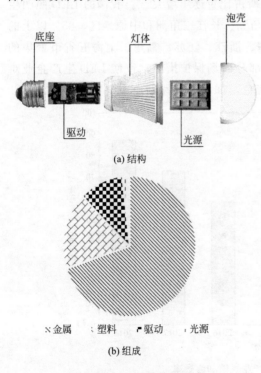

(a) 结构

※金属　　塑料　　驱动　　光源

(b) 组成

图 5-2　LED 灯结构及组成

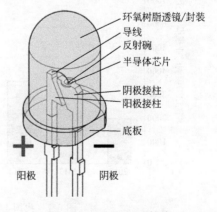

环氧树脂透镜/封装
导线
反射碗
半导体芯片
阴极接柱
阳极接柱
底板

阳极　　阴极

图 5-3　LED 灯灯珠结构

为芯片、金线、支架、银胶、封装五个部分。芯片主要由蓝宝石或碳化硅衬底、氮化镓、金电极组成；金线由 99.9% 以上的金以及 0.1% 的银、铜、钙、镁、硅构成；支架主要由铜以及少量的铁、铝、陶瓷组成；封装由环氧树脂、酸酐、高扩散性填料、热安定性填料组成；银胶主要由 75%～80% 的银以及环氧树脂组成。如表 5-4 所列，不同颜色 LED 灯的元素组成也有差异[13]，除去 2/3 的环氧树脂，在大部分 LED 中剩余元素按含量由高到低依次为铁、铜、镍、银、金、镓等。其中最具回收价值的是镓、铟、金和银。

表 5-4　不同颜色 LED 灯灯珠元素含量　　　　　　单位：mg/kg

元素	红/低	红/高	黄/低	黄/高	绿/低	绿/高	蓝/低	蓝/高	白
铁	285558	363890	300905	398630	310720	395652	339234	256499	311303
铜	87.0	3818.0	956.0	2948.0	1697.0	3702.0	3892.0	2153.0	31.8
镍	4797.0	2054.0	1541.0	2192.0	2442.0	2930.0	1564.0	1741.0	4083.0
银	430.0	409.0	248.0	336.0	270.0	306.0	418.0	721.0	520.0
铝	97.0	158.0	104.0	156.0	79.6	156.0	153.0	73.4	84.5
金	39.8	45.8	30.5	30.1	40.2	176.3	32.5	118.6	115.9
锑	15.4	2.0	2.8	1.9	3.6	2.5	1.3	1.5	25.9
砷	11.8	111.0	8.0	84.6	7.8	15.2	5.7	5.4	—
铬	138.0	28.6	32.7	27.9	84.1	49.3	50.9	30.3	65.9
镓	135.6	95.0	63.8	79.1	75.6	3.1	2.1	1.5	3.8
铟	3.4	1.7	—		2.5				
铅	8103.0	8.9	7.7		5.0				
磷	114.0	—	58.4	—	78.5	91.8	79.1	84.3	110.8
锌	48.2	66.2	36.5	63.6	41.8	62.5	42.6	36.7	49.2

5.1.2.2　LED 灯制造工艺

LED 灯的制造工艺主要分为衬底制备、芯片制造和封装，下面主要对这三部分工艺进行介绍[32]。

（1）衬底制备工艺

衬底制备是为 LED 芯片进入气相沉积室提供抛光、清洁的基底。如图 5-4 所示（书后另见彩图），首先在大量熔融的氧化铝中加入晶种，之后将晶种缓慢取出得到类似圆柱形的蓝宝石晶体，晶体的直径主要取决于熔融温度、搅拌速度以及晶体从熔融的氧化铝取出的速度。蓝宝石晶体经过金刚石打磨后得到合适直径的圆柱晶体，再采用金刚石内径锯切片、研磨去除切片后的锯痕及缺陷，同时减小晶体厚度，蓝宝石晶体经多晶金刚石抛光液抛光 2～3 次得到平整的晶体。通过光学检测剔除有微裂纹的晶片，合格的晶片经过氨水、稀氢氟酸、去离子水洗涤去除晶体表面痕量的金属、残留物以及颗粒，最终制备得到的蓝宝石衬底仅有 0.33mm 厚。在衬底生产过程中会产生大量的氧化铝粉末，后续的化学清洗过程中由于使用了氨水、稀氢氟酸、盐酸以及双氧水，需要加入后续废水处理过程[32]。

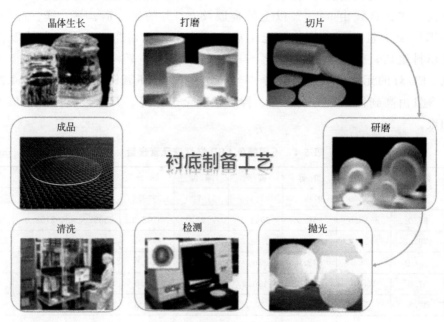

图 5-4　LED 灯衬底制备工艺

（2）外延片制造工艺

LED 外延片制造主要是在 MOCVD 中进行 N 型氮化镓、多量子阱、P 型氮化镓的沉积从而得到 LED 外延片[33]。虽然这一层的厚度只有衬底厚度的 3%，但是这是整个 LED 制造工艺中最为关键的一步。图 5-5 是外延片结构的示意。首先在高温、氢气和氨气的氛围下对衬底进行退火处理，温度降至 550℃后衬底形成成核层，之后升温至 1200℃形成核层固化。由于氮化镓和常用的衬底晶格失配度大，通常会在衬底和 N 型氮化镓中间加入一层氮化镓缓冲层，有利于氮化镓外延层的生长[34]。将温度降至 550℃进行氮化镓缓冲层的生长，在该温度下会形成厚度约为 50～100 原子层的氮化镓层，升温最终形成光滑的氮化镓缓冲层，之后以硅烷作供电子掺杂沉积 N 型氮化镓[35]。温度降至 750～850℃之间，进行氮化镓铟/氮化镓多量子阱的生长，氮化镓铟和氮化镓每层厚度分别为 0.2nm 和 1.0nm。在最后一层氮化镓铟/氮化镓生长完成后，升温进行 P 型氮化镓的沉积。最后对外延片表面进行光学、电学测试。由于外延片制备过程中使用氨气和氢气，在生产工艺中需要加入废气处理工艺[36-38]。

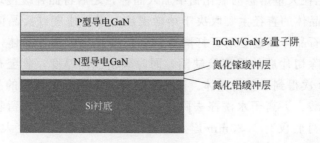

图 5-5　LED 外延片结构

（3）芯片制造工艺

如图 5-6 所示，芯片制造首先需要对外延片进行退火、光刻、刻蚀、金属电极蒸发、合金化得到电极，之后通过扩片、划片等工艺将外延片划分成无数个 1mm×1mm 左右的芯片，在芯片背面镀膜为后续固定、焊接做准备，经过磨片使晶片减薄，通过激光切割得到独立的芯片；最后，所有芯片经过点测检验芯片的电学、光学性能[32,39,40]。在整个芯片制造过程中产生了丙酮、氢氟酸、氨水、六氟化硫和有机废液，以及含金、银、镍、钯、铝、镓、铟等金属的废料，在生产工艺中需要加入废气、废水、废渣处理工艺[36]。

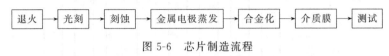

图 5-6　芯片制造流程

（4）封装工艺

封装的主要目的是将外引线连接至芯片电极，保护芯片并提高光取出效率。常规的封装工艺包括引脚式封装、平面式封装、表面贴装式、食人鱼式封装[41]。以引脚式封装工艺为例，如图 5-7 所示，其封装工艺主要包括划片、芯片分选、扩片、背胶、固晶、焊线、封胶、测试等环节[42,43]。首先将芯片黏结或烧结在支架上，再将芯片的正极用金属丝键合至另一个支架上，负极用金线和反射杯引脚相连，顶部用环氧树脂包封。

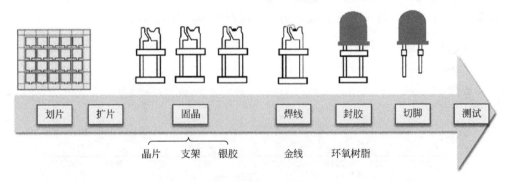

图 5-7　封装工艺流程

5.1.3　LED 照明市场预测

目前我国 LED 照明市场渗透率为 61%，仍然有很大的空间。一方面，我国对节能环保关注度提高，使 LED 灯普及率越来越高；另一方面，通过对我国近几年 LED 灯进出口情况进行分析，我国已由 LED 进口大国逐步转变为出口大国，年出口量占产量的 35% 以上，随着我国 LED 生产成本进一步降低，将会继续替代欧美和日韩在 LED 市场中的份额，并且这种局面未来将会进一步扩大。如图 5-8 所示，我国 LED 灯的产量和销量将会保持 15%～20% 的年增长速度。LED 灯产量和销量的快速增长，导致我国 LED 相关金属的大量消耗。

以通用照明设备每天工作时间 10h、背光每天工作 24h、景观照明每天工作 6h、显示器使用年限 5 年为基准计算到 2025 年报废 LED 灯中所含关键金属量。如图 5-9 所示（书后另见彩图），废弃 LED 灯中镓含量在 15～30t 之间，约占中国镓年消耗量的 1/3。LED 灯消耗的铟较少，因此可以回收的铟量很小，只有 1t 左右。废弃 LED 灯中金含量在 20～40t 范围

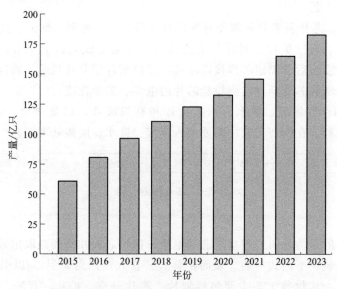

图 5-8　LED 灯国内消耗量预测

内，银含量在 100～250t 范围内。如果按每种金属回收率为 80％计，到 2025 年回收产生的收益可达到 11 亿元。由于黄金的价格较其他几种金属更高，因此回收产生的收益 90％以上来自黄金、9％来自银，即使如此回收镓仍然可以产生 200 万元的收益。

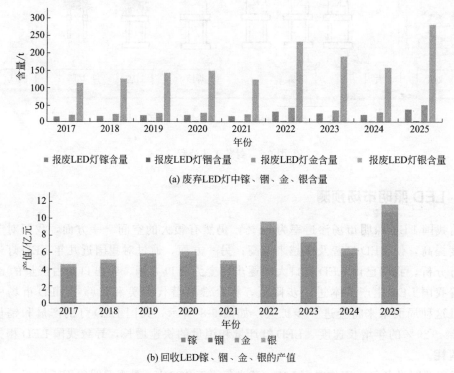

(a) 废弃LED灯中镓、铟、金、银含量

(b) 回收LED镓、铟、金、银的产值

图 5-9　废弃 LED 灯中镓、铟、金、银含量及回收产值

由于 LED 灯的理论使用时间为 5 万小时，随着制造工艺的精进，使用时间还会延长，通用照明设备中 LED 灯的使用年限较长，商用背光设备使用年限较短，因此如图 5-10 所

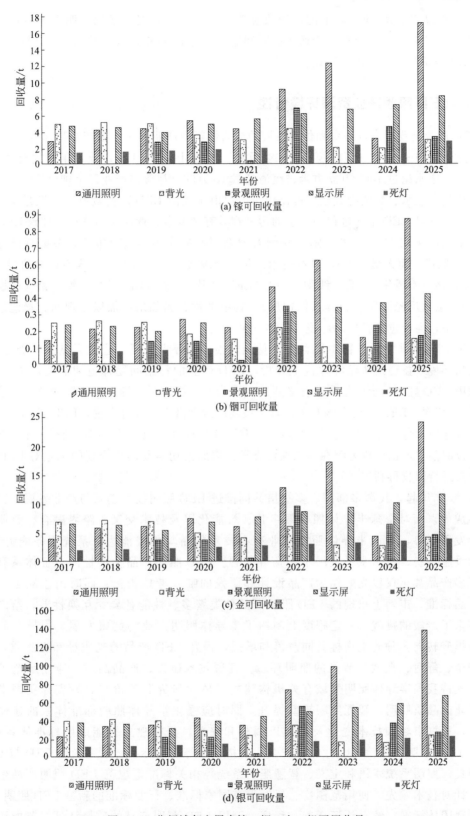

图 5-10　分领域各金属中镓、铟、金、银可回收量

示，2020 年以前废弃 LED 灯中的可回收金属主要存在于背光、通用照明以及显示屏中的 LED 中，2020 年以后主要存在于通用照明和显示屏的 LED 中，其他几部分占比较少，这是由于 LED 消费结构以通用照明设备为主。

5.1.4 LED 照明产业资源环境特性

LED 产业是我国重点培育和优先发展的战略性新型产业之一，在产业高速发展的同时，LED 生产过程中造成的环境问题一直未受重视。据统计全国 LED 产业每年排放废气达 2.5 亿立方米、废水超过 1000 万立方米、废渣超过 10 万吨。尽管该产业每年排放的污染物总量在工业废气、废水、废渣排放量中占比较小，但由于我国 LED 产业具有企业数量多、地域分布性广，并且 LED 生产过程中产生的污染物具有种类多、毒性大的特点，导致 LED 行业环境污染问题突出[13]。此外，随着我国对固态照明的应用示范及推广，节能灯已逐步被 LED 灯具取代，而大量的 LED 灯在使用几年后会淘汰作废。LED 灯中含有很多的铝（散热片）、钡、铬（不锈钢）、铜（线圈）、镓（LED 芯片）、金（LED 线）、铁、铅（印刷线路板）、磷、银（反光涂层）和锌（保护层），其中多种金属如果不加以处理而直接泄漏至水体、土壤中，会严重危害生态环境及人体健康。

LED 产业所排放污染物中还含有大量金、银、铜等贵金属，造成了显著的资源浪费，无论是从环境效益还是从经济效益上分析，LED 产业的污染问题都迫切需要解决。因此，回收利用 LED 灯中的金属是非常有必要的，因为金、银、锑、镓、铟、铜的资源供应是不足的[29]。其次，LED 主要含铜和铝，具有最高的毒性潜力。综合来说，LED 灯的环境潜在影响比普通白炽灯高 2~3 倍。如果这些废旧的 LED 灯具不能合理地回收处理，不仅会产生大量的资源浪费，也会成为潜在的二次污染源。因此迫切需要形成合理的工艺对 LED 废弃照明灯具进行回收再利用[30]。

自 2003 年起，我国多部门、多举措共同推进 LED 照明技术创新与产业发展，已取得了明显成效。面对全球半导体照明数字化、智能化以及技术交叉、跨界融合、商业模式变革等发展趋势，我国半导体照明产业存在技术创新与集成能力、系统服务能力不足，企业的设施装备、技术水平发展不均衡等问题。LED 照明产品标准检测认证体系有待完善，很多产品甚至仅以光效作为产品设计和研发的唯一考核指标；同时由于缺乏规范统一的产品标准，市面上出现的 LED 照明产品种类繁多、性能各异、互换性差，给产业的发展带来了严峻的挑战，一定程度上制约了半导体照明产业的健康发展。引导产品由注重光效提升转向多种光电指标共同改善和增强，提升 LED 产品的光质量和光品质，营造更加安全、舒适、高效、节能的照明环境。开展技术研发、产品品质、应用示范等质量评价，支持我国半导体照明领域有关机构建立一体化研究和评价平台，支撑我国半导体照明产业向品质照明、智能照明转型提升。同时应强化半导体照明标准体系的建设和维护工作，根据市场和技术变化及时加以调整和完善，研究建立智能照明标准体系框架。制修订 LED 照明产品检测、性能、安全、规格接口等国家标准，研究制定 LED 与 OLED 照明器具、照明系统术语和定义、智慧照明系统等相关标准，规范 LED 照明产品生产和应用。针对技术领先、使用范围广、暂时没有国家标准、行业标准的新型 LED 照明产品，积极培育团体标准，统一认证标准和程序，开展 LED 照明产品的质量认证、节能认证工作，适时推动统一的绿色产品认证和标识。

5.2 半导体行业资源流向与污染源解析

据统计，我国仅 LED 芯片生产行业每年就排放废气达 2.5 亿立方米、排放废水 0.14 亿吨，严重制约行业可持续发展。其中 LED 产业中产生的废气主要为氨气、氢气以及少量的有机废气，废水主要为酸性、碱性废水以及有机废水，固废主要为生产废料和废包装盒，生产废料通常在生产过程中直接回用，不计入固废中。下面就 LED 生产工艺产生的废气、废水、固废做详细介绍。

5.2.1 废气

LED 生产过程中产生的废气种类及成分如表 5-5 所列。LED 生产过程中废气来源于衬底制造、芯片生产和封装。

表 5-5 LED 生产过程中产生的废气种类及成分

废气种类	污染物来源	污染物成分
酸碱废气	氧化、光刻、刻蚀、反应炉（氧化炉、扩散炉）后的清洗、MOCVD	酸性气体：HF、HCl、HNO_3、H_2SO_4、CH_3COOH、H_3PO_4、$H_2Cr_2O_7$ 碱性气体：NH_3、NaOH
挥发性有机化合物（VOCs）	光阻液清洗、显影液清除、刻蚀液清除、晶圆清洗	二氯甲烷、氯仿、三氯乙烷、丙酮、丁酮、苯、甲苯、乙苯、二甲苯、乙酸乙酯、异丙醇、四甲基胺、氯醛、四氯乙烯、亚甲基二氨、丁基苯-4-甲基-2-戊酮
毒性气体	氧化、光刻、刻蚀、扩散、MOCVD、离子注入	AsH_3、PH_3、SiH_4、B_2H_6、B_4H_{10}、P_2O_5、SiF_4、HBr、CCl_4、BF_3、$AlCl_3$、B_2O_5、As_2O_3、BCl_3、$POCl_3$、Cl_2、HCN、SiH_2Cl_2
可燃气体	离子注入、MOCVD、扩散	SiH_4、AsH_3、PH_3、BF_3、H_2、SiH_2Cl_2

5.2.1.1 衬底制造中产生的废气

衬底制造过程中产生的工程废气主要包括酸洗、蚀刻过程产生的酸性废气、氨洗过程产生的碱性废气、光刻过程产生的有机废气[30]。

（1）酸碱性废气

酸性废气主要为抛光、长晶、清洗工序中酸洗后产生的硫酸废气；碱性废气来自抛光、清洗工序中氨水碱洗，其主要污染物为氨气[36]。酸性废气（硫酸）、碱性废气（氨气）可以在收集后经过 2 套废气湿法洗涤塔处理后排放，其中硫酸处理效率可达 80%、氨气处理率可达 95%。若由 1 套干法吸附塔处理后排放，硫酸处理率可达 90.2%、NH_3 处理率可达 42.3%。

（2）有机废气

进入废气处理系统的有机废气主要来源为 ICP 刻蚀、光刻、不合格品清洗工序以及机台擦拭产生的有机废气。其中 ICP 刻蚀会产生 CHF_3 和未反应的 BCl_3（蚀刻废气先经过蚀刻设备自带的水洗装置处理，BCl_3 遇水分解为 HCl）；光刻工序中涂胶、光刻、显影过程中使用光刻胶、边胶清洗剂、显影液等含有机溶剂，挥发产生丙二醇甲醚；不合格产品在使用去胶液清洗过程中会产生少量有机溶剂，其成分为乙醇胺；此外，采用丙酮擦拭机台时，溶剂挥发产生丙酮废气[46]。有机废气收集后通过活性炭纤维废气净化器处理后排放，废气处理效率可达 90%。

5.2.1.2　芯片生产过程中产生的废气

芯片生产过程中产生的工业废气主要包括外延炉排放的含氨、氢气尾气，芯片酸洗、刻蚀过程产生的酸性废气、有机废气，黄金回收过程中熔炼焚烧产生的烟气，洁净车间通风产生的含尘及碱性废气（氢氧化钠）等。

芯片制造过程中产生的废气种类如图 5-11 所示。

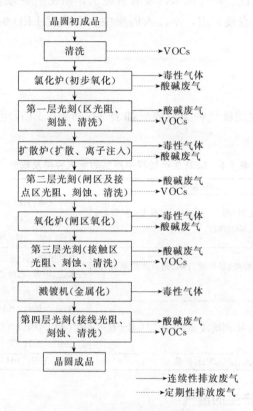

图 5-11　芯片制造过程中产生的废气种类

（1）酸性废气

酸性废气主要来源于化学站和薄膜工序，以及更换气瓶过程中泄漏的小部分废气。其中，化学站酸性废气主要为酸洗工序产生的硫酸雾以及 BOE 刻蚀工序产生的氟化物和 ITO 刻蚀工序和返工清洗时产生的氯化氢。薄膜工序酸性废气主要为干法刻蚀产生的氯气、氟化物和氯化氢以及二氧化硅生产工序产生的硅烷、氮氧化物、氟化物，其中硅烷经硅烷燃烧箱处理，只有很少一部分进入废气中。更换气瓶过程中泄漏的废气量非常小，忽略不计。回收黄金过程中使用盐酸溶解贵金属腔体会挥发少量盐酸雾，另外贵金属刻蚀在还原过程中使用的亚硫酸钠会产生少量的二氧化硫[49,50]。上述酸性气体可以采用"收集系统-湿法尾气处理器-气液分离-酸气吸附塔"净化工艺处理[29]。

（2）含氨、氢气尾气

含氨、氢气尾气主要为外延炉排放的未参加反应的氢气、氮气、氨，以及反应完成后产生的甲烷，甲烷产生量较小，并且没有排放标准，氮气可以直接排放，因此这部分处理的主要是氢气、氨。目前，这部分尾气可以采用"氢气回收-风机增压-过滤-热风冷却-5 级氨吸收膜组-氨水回收"净化工艺处理，氨去除率约为 99%，回收得到的氨水浓度约为 20%，可以作为副产品出售[48]。

（3）有机废气

有机废气主要来源为丙酮清洗、去胶、光刻、去蜡等工艺，包括丙酮清洗过程挥发的少量丙酮废气，去胶、光刻工序挥发的非甲烷总烃，研磨去蜡时使用的有机溶剂如去蜡液、丙酮、异丙醇在去蜡、清洗过程会部分挥发。芯片生产过程中产生的有机废气可以采用"收集系统-气液分离-有机废气吸附塔"净化工艺处理。

（4）黄金回收工序中产生的焚烧烟气

焚烧烟气主要包括焚烧过程中产生的氮氧化物和二氧化硫。其中酸性废气采用碱液吸收喷淋塔净化处理，焚烧产生的烟气采用布袋除尘处理。

5.2.1.3　封装过程中产生的废气

封装过程中的废气来源是焊接工序，焊接废气的主要成分为锡及其化合物，经集气罩收集后通过活性炭处理设施处理后排放。

5.2.2　废水

LED 生产过程中废水主要来源于衬底生产过程和芯片生产过程中产生的工程废水，封装过程中基本不产生废水。

5.2.2.1　衬底生产过程中产生的废水

衬底生产过程中产生的工程废水主要分为酸碱废水、有机废水、抛光废水、研磨废水、制纯水尾水及冷却系统排水。

① 酸碱废水来自酸洗产生的废酸（硫酸）、碱洗产生的废碱（废氨水）、酸性清洗废水、碱性清洗废水。

② 有机废水来自平片衬底有机清洗（包括清洗剂）、DPSS 工艺去胶清洗。

③ 抛光废水包括抛光过程中产生的废抛光液（包括钻石液、粗抛光液、细抛光液）、抛光清洗废水。

④ 研磨废水包括切片、晶棒掏取、滚切、研磨过程产生的研磨废液（包括切削液、研磨液）、研磨清洗废水[44]。

上述废水浓度较低，通常重复循环使用并不断补充新鲜水和药剂，当水中杂质达到一定量后排放，排放的废水采用"混凝沉降-厌氧-缺氧-好氧生化处理"。纯水装置产生的废水可以直接排放或部分回用，冷却系统废水为长晶厂房冷却塔和动力中心冷却塔循环水，经多次重复使用后定期排放[45]。

5.2.2.2　芯片生产过程中产生的废水

如图 5-12 和图 5-13 所示，芯片生产过程中产生的工程废水主要分为酸碱废水、研磨废水、有机废水、制纯水尾水及冷却系统排水。LED 芯片生产过程产生的废水按成分组成可分为有机废液和无机废液，如表 5-6 所列。

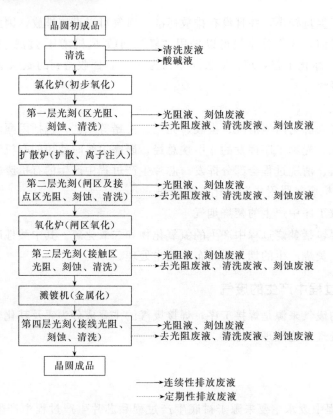

图 5-12 芯片制造过程中产生的废水种类

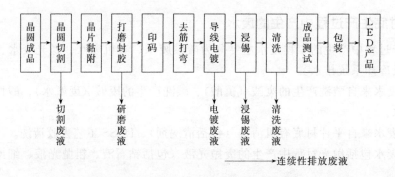

图 5-13 芯片制造过程中产生的废水种类

表 5-6 LED 芯片生产过程废水组成及特征污染物含量

序号	污染物	污染物排放源	特征污染物含量
1	废丙酮	化学清洗过程	废液中丙酮浓度>95%
2	废乙醇	化学清洗过程	废液中乙醇浓度>95%
3	浓硫酸、双氧水酸性废液	化学清洗过程	废液中 H_2SO_4：H_2O_2：H_2O 为 5：1：1
4	王水废液	化学清洗过程	
5	酸性废水	化学清洗过程	冲洗浓硫酸、王水浸洗液的废水
6	缓冲氢氟酸废液	腐蚀 SiO_2 过程	废液中 HF：NH_4F 为 1：4
7	缓冲氢氟酸废液	腐蚀 SiO_2 过程	
8	磨抛废液	磨抛过程	废液中含蓝宝石废渣和金刚砂
9	混合废水	全工艺各类污水混合	含有一定浓度的盐和有机物

（1）酸碱废水

酸碱废水包括生产中产生的酸碱废水，以及采用湿法尾气处理酸性废气后产生的废水。工艺酸碱废水主要来源于芯片加工过程中酸洗工序、BOE 刻蚀工序、ITO 刻蚀工序后的清洗芯片过程以及湿法处理酸碱废气过程，这些废水中主要含酸、碱以及芯片衬底表面黏附的杂质等[47]。

（2）研磨废水和有机废水

研磨废水主要来自研磨工序后的清洗过程，研磨废水经压滤后，滤液及沉淀池上清液排入低浓度有机废水收集池一并处理。

（3）制纯水废水及冷却系统排水

这部分水可以达到排放标准，可直接排放或部分回用。

（4）混合废水

该废水通常是 LED 车间多股排污废水混合形成的，是 LED 芯片生产过程中产生量最大的废水，据统计全国 LED 企业每年排放的混合废水约 1022 万吨[47]。废水中主要污染物为盐以及少量的有机物（来自化学洗涤），虽然产生废水水量大，但水质远好于其他行业的污水。根据调查，目前多数 LED 芯片生产企业并不设有废水处理系统，通常将芯片生产中产生的各种废水混合后排放[47]。LED 芯片生产中产生废水成分如表 5-7 所列。

表 5-7　LED 芯片生产过程废水成分指标

有机废水			无机酸洗废水		
序号	指标	数值	序号	指标	数值
1	pH 值	4.7	1	pH 值	3.51
2	电导率/(μS/cm)	38	2	电导率/(μS/cm)	1080
3	TOC/(mg/L)	37.77	3	SO_4^{2-}/(mg/L)	23.4
4	COD/(mg/L)	120.51	4	F^-/(mg/L)	110.4
			5	NO_3^-/(mg/L)	8.8
			6	Cl^-/(mg/L)	25.4

注：1. 表中两股废水水量比例为：有机废水∶无机废水＝2.6∶1。

2. 表中所列无机废水做 ICP 全扫描分析中，废水中未检出 Na^+、K^+、Ca^{2+}、Mg^{2+} 等金属元素，推测无机废水中的阳离子主要是 H^+。

表 5-7 中所列的两股废水在一般 LED 生产线中是混合后排放的。根据以上分析结果，两股废水混合后废水水质见表 5-8，可看出混合废水成分相对简单，COD 值为 87mg/L 左右。

表 5-8　混合废水指标

序号	指标	数值	序号	指标	数值
1	pH 值	3.998	5	SO_4^{2-}/(mg/L)	6.5
2	电导率/(μS/cm)	327	6	F^-/(mg/L)	30.6
3	TOC/(mg/L)	27.27	7	NO_3^-/(mg/L)	2.44
4	COD/(mg/L)	87	8	Cl^-/(mg/L)	7.0

5.2.3　固体废物

LED 照明设备生产过程中固体废物的产生主要源于衬底生产过程、芯片生产过程和封装过程，产生的固体废物主要分为危险废弃物和一般工业废弃物。

（1）衬底生产过程中产生的固体废物

衬底生产过程中产生的固体废物主要包括废化学品包装盒、吸附有机废气和酸性废气的吸附剂以及一般工业固废。

（2）芯片生产过程中产生的固体废物

芯片生产过程中产生的固体废物主要包括光刻工序产生的废光刻胶、处理有机废气装置中的废碳纤维，处理酸性废气装置中的废吸附剂，贵金属回收产生的焚烧及熔炼渣以及危化品的包装物。生产过程中的一般废物主要包括废包装材料和生产废水产生的污泥以及压滤产生的研磨渣（氧化硅、氧化铝）。

（3）封装过程中产生的固体废物

封装过程中的固体废弃物包含以不良品、包装废物以及废锡渣为主的一般固废，以及废硅酮胶和处理废气产生的废活性炭等危险废物。

上述废弃物按照危险废物和一般废物分开储藏，再交由相关单位回收处理。

5.3 废LED产品综合利用技术

LED照明绿色回收包括两部分：一部分是LED芯片生产过程中产生的废气、废水；另一部分是封装过程中产生的LED死灯以及达到报废需要处理的LED成品灯具。

5.3.1 废气绿色回收

目前处理MOCVD废气中的NH_3应用比较广泛的方法是淋洗吸收，根据其吸收原理可分为水淋洗和酸性淋洗。相比水淋洗吸收NH_3，以稀酸为淋洗液的吸收效果较好，用水量较小。另外，由于稀酸和NH_3反应形成的盐比较稳定，经过一次吸收的液体还可以继续循环使用，极大地降低了成本，虽然经该法处理后废气可以达标排放，但回收的硫酸铵浓度较低，浓缩结晶能耗较大，且该产品市场销售情况欠佳；另外，淋洗塔长期工作在酸和碱的腐蚀环境下，塔体材质要求苛刻，设备投资成本较高[45]。本工艺以水作为淋洗液处理低浓度的MOCVD含氨废气，可以以低浓度氨水的形式回收MOCVD废气中的NH_3，低浓度氨水也可通过提浓得到高浓度氨水。该法氨回收价值高，设备投资成本低，但用水量稍大。工艺主要流程见图5-14，具体流程为：预先将废气中的氢气脱除分离（氢气进入催化燃耗工艺作为燃料），NH_3吸收后形成氨水进一步提浓、纯化、净化、压缩获得浓氨水或液氨产品，实现高效回收。

5.3.2 废水绿色回收

LED芯片生产过程的废水一般和生活废水混合经过废水处理系统达标排放。目前也有研究提出采用水质较好的生产废水制作电子级超纯水，供生产回用。主要工艺流程为：废水先经过臭氧光催化降解有机物；然后经过超滤、反渗透、填充床电渗析除盐；最终得到电子级超纯水回用[47]。

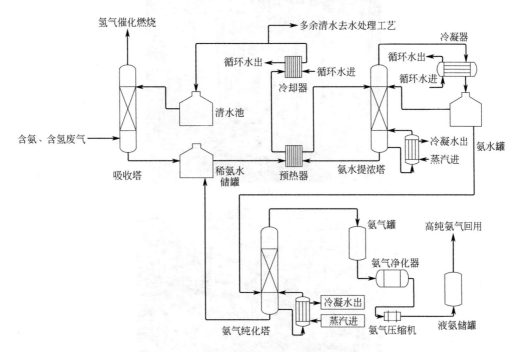

图 5-14　LED MOCVD 废气处理工艺流程

废水绿色回收工艺流程见图 5-15。

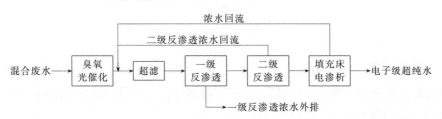

图 5-15　废水绿色回收工艺流程

图 5-16 为 LED 生产废水制电子级超纯水中试现场照片，设备产水量＞0.5m³/h。该中试由自动化集成设备组成，在保证原水箱液位的情况下系统可设置自动操作，通过液位连锁泵及加药装置的启停，采取高启低停设置，并设计时间控制超滤设备的自动返清洗和加药清洗，反渗透系统阻垢剂添加及 pH 值调节均与反渗透系统的启停连锁，EDI 膜堆设置无液体通过时断电保护，全程可无人看守，只需几小时巡检一次，充分实现了设备的自动化操作。

5.3.3　LED 固废综合利用工艺

目前，LED 回收技术尚不成熟，回收经济性差，工业化应用还很少，回收方法以拆解填埋为主，未来很长一段时间仍将以填埋处理为主[52]。西班牙将 LED 灯拆解分为金属部分和非金属部分，其中金属部分无害化处理后直接填埋，非金属部分焚化处理。根据美国能源局的研究，回收 LED 灯中 50% 的材料可以将其对环境的影响减小至原来的 80%，回收 LED 灯中 100% 的材料将使其环境影响减少至原来的 33%，LED 灯回收势在必行[13,48,53-55]。

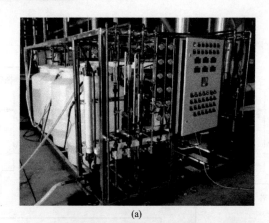

(a)

(b)

图 5-16　LED 生产废水制电子级超纯水中试

5.3.3.1　拆解分选

　　LED 灯的种类很多，如 LED 路灯、筒灯、球泡灯、台灯等，其组成结构基本相同，如图 5-17 所示（球泡灯）。

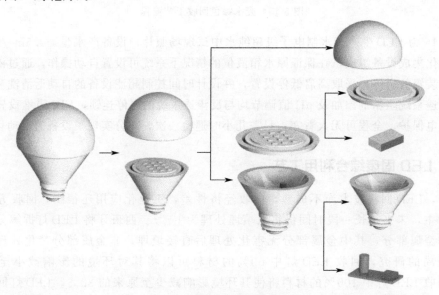

图 5-17　球泡灯的结构组成

LED 灯具主要由铝制散热器、面罩、灯珠和电源四大部分组成；其中面罩是全塑料，灯珠焊接在铝基板上，铝制散热器和塑料（铝塑板）连接在一起，电源主要是 PCB 板及上面的元器件。

由 LED 路灯结构图可知，LED 灯大部分材料如散热片、面罩、铝基板可以拆解。废旧 LED 灯具中每个组成部分的结构组成相对简单，可先进行初步拆解，再通过空气分选、磁力分选设备分离对灯珠进一步分类处理[32]。

LED 路灯拆解流程如图 5-18 所示。

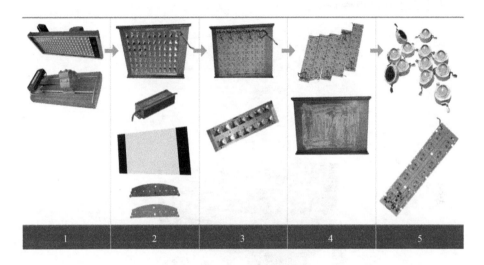

图 5-18　LED 路灯拆解流程

1—LED 路灯整体；2—灯体、驱动单元、背板、支架；3—发光组件、基板；4—发光模板、基板；5—发光体、电板

剪切式破碎机和轧辊式破碎机可实现 LED 球泡灯的粉碎，不造成相互包裹。粉碎料中，铝片与塑料多为大粒径颗粒，稀有金属多存在于小粒径颗粒中，部分铜丝呈长条形。通过试验不同的破碎设备，包括球磨机（LED 灯珠作为试验源）、颚式破碎机、对辊式破碎机、冲压式破碎机和剪切式破碎机（图 5-19）。考虑到 LED 灯具的形状是直径不同的圆状，形状会

(a) 颚式破碎机破碎效果

(b) 冲压式破碎机破碎效果

图 5-19　破碎效果图

影响颚式破碎机和对辊式破碎机对物料的选择，LED 很难填料；由于 LED 灯具中含有大量的铝，延展性好，冲压式破碎机会将其压扁，将驱动、铝基板等包裹在 LED 外罩上铝基散热片上，无法达到解离效果；剪切式破碎机（图 5-20）通过回转的刀片的剪切、挤压和撕裂，能够有效地将 LED 灯具中铝片和塑料解离。大量研究表明当破碎粒径＜8mm 时破碎阶段的成本将会成倍上升，因此针对废旧 LED 灯具的破碎，使用 8mm 的筛网降低破碎成本。实验采用剪切式破碎机对 LED 灯具进行剪切式整体破碎。破碎所得破碎料如图 5-19(a) 所示，铝由片状形式存在，铜为丝状，塑料为块状。块状塑料与片状铝片多集中在大粒级破碎料中，铜丝集中在小粒级破碎料中。

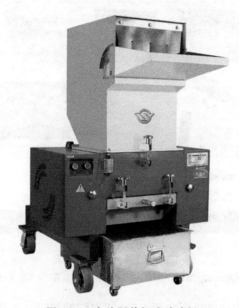

图 5-20　实验用剪切式破碎机

5.3.3.2　灯珠回收

LED 废弃灯珠的来源有两部分：一部分为 LED 灯废弃灯珠；另一部分是灯珠封装厂由于 LED 灯电流过大造成 PN 结失效或 LED 灯内部连接引线断开，造成 LED 无电流通过而产生的死灯[56]。

LED 废弃灯珠按成分来分包括无机组分（金属）和有机组分，相对于金属部分，有机组分的可利用价值很小，因此重点回收金属，特别是贵金属（金、银）。回收 LED 死灯需根据支架、焊线材料、镀银的厚度及其存在形式（含料、镀料）选择不同的工艺。根据组成材料的不同，灯珠可分为金线铜支架、金线铁支架、合金线铁支架。废弃 LED 灯珠绿色回收工艺如图 5-21 所示。

下面重点介绍金线铜支架和合金线铁或铜支架回收工艺。

目前，国际上回收镓主要是从制造过程中产生的废料中回收，特别是从制造砷化镓基底中回收的镓可以占到镓回收量的 50%。而从使用过的 LED 灯中回收金属仍然非常少，每年只有 1t 左右的镓从使用后的废料中回收[57]，造成这种现状的原因有两个：一是从消费者手中收集废旧 LED 灯很困难，市场上并没有专门的 LED 灯回收网络；二是 LED 灯等产品中只有发光组件中含镓量高[48]，物料在回收过程中镓的富集和除杂是需要解决的课题。若能

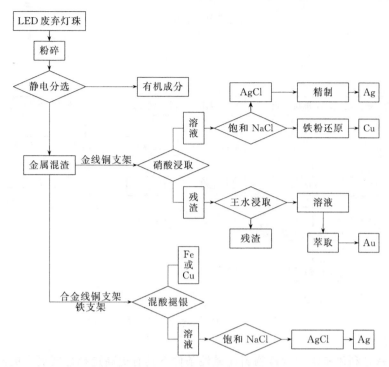

图 5-21　废弃 LED 灯珠绿色回收工艺

有效解决以上问题，从废旧半导体照明产品中回收镓将可以实现，并有望实现产业化。有研究提出在 LED 拆解技术中加入造粒工艺可以提高金属的回收率，该工艺对电路板从封装树脂中脱嵌以及金属回收率提高效果显著，在加入该工艺后银、金、锡的回收率均从 50% 提高至 70% 以上，镍和铜的回收率也有小幅提升，但其对铝和铁的回收率几乎没有影响。加入造粒工艺后对富金属组分进行成分分析，玻璃和封装树脂的含量明显下降，而电路板和金属组分含量提高。玻璃和封装树脂的存在会导致产生熔渣增多，黏度增大，能耗增大，金属损失量增加[58,59]。采用形态调控技术，通过破碎物料颗粒的形貌，使块状的物料颗粒更加趋近球形，同时还可以使片状和丝状的物料接近类球形，利用不同物料的密度差异，可采用分选产量高、低成本的重选手段实现分选[60]。

5.3.3.3　镓元素回收

镓的提取技术具体有湿法冶金、火法冶金及生物法冶金等，各工艺的流程如图 5-22 所示[61]。基于不同物理化学属性的含镓物料，需选择更具针对性的回收技术，以及分离、净化方式。

（1）湿法冶金

湿法冶金提镓主要是利用镓离子不溶于水，但可选择性地溶解于特定酸碱溶液中的特点[62]，通过化学反应将镓元素转移到液相中，并经过固液分离、净化、电解等过程分离富集（RMRPS）稀有金属，将其以含镓化合物的形式回收。由于在湿法冶金中浸出剂的 pH 值对镓浸出率有影响，可通过绘制 E（电位）-pH 图对反应产物的物相进行预估，以指导实验及浸出剂的选择。根据浸出剂 pH 值的不同可将湿法冶金分为碱浸提镓法和酸浸提镓法。

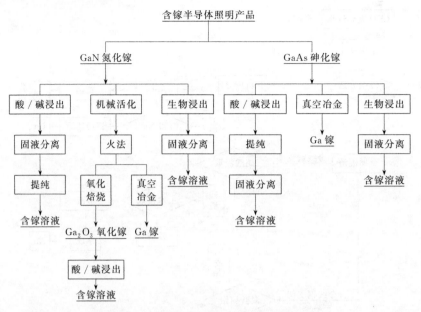

图 5-22　含镓半导体废弃物的处理方式流程

1）碱浸提镓法

碱浸法提镓是利用特定的含镓物料在碱性条件下具有更高选择性或更高的浸出率，从而采用碱液对废料中的镓进行浸出、富集和分离。Fang 等[63] 根据图 5-23 所示的 E-pH 图发现，GaN 制备时产生的 MOCVD 废粉在碱性条件下具有更高的选择性和浸出率，利用 NaOH 碱浸后在水解过程中调节 pH 至酸性，可实现 98.98% 的镓选择性提取。Sturgill 等[64] 也曾使用 NaOH 作为浸出液，创新地使用废酸对 pH 值进行调节得到 $Ga(OH)_3$ 沉淀，实现对 GaAs 芯片的抛光废料中的砷、镓进行回收。

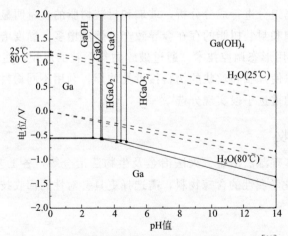

图 5-23　Ga-H_2O 体系的 E-pH 图（25℃，80℃）[63]

2）酸浸提镓法

酸浸是湿法冶金提镓的一种最常用的方式，酸浸液的不同对镓的浸出率有显著影响。对比无机酸和有机酸发现，利用草酸（有机酸）从 LED 表面封装的 SMD 中提镓时可实现 83.42% 的回收率，远高于盐酸、柠檬酸和 DL-苹果酸[65]。针对 GaAs 芯片在生产过程中产生 85% 以上的浪费，Lee 等[66] 和 Chen 等[67] 利用 HNO_3 对 GaAs 废料中的镓进行浸出实验时发现，NO_2 的存在会促进镓的提取，所以使用 HNO_3 作为浸出剂提取 GaAs 废料中的镓，有最高的浸出率，浸出率高于 H_2SO_4，利用 HNO_3 浸出 GaAs 的反应如下：

$$2GaAs + 8HNO_3 + H_2O = 2Ga(NO_3)_3 + 2NO_2 + As_2O_3 + 5H_2$$

酸浸后，可采用有机萃取法、离子沉淀法等净化方式对浸出液进行处理。首先是有机萃取法，与从铝矿的拜耳液提镓使用的 Kelex100 萃取剂[68]、LIX26[69] 或从粉煤灰提镓使用的 P507 和 Cyanex 272[70] 不同，从 GaN、GaAs 等废料酸浸提镓普遍使用 T-iso-BP、D2EHPA、CyphosIL104 等作为萃取剂。由于 T-iso-BP 和 D2EHPA 的存在对利用 pH 值分离镓和铟具有极好的效果，Gu 等[71] 采用 HCl 浸出后，使用 T-iso-BP 和 D2EHPA 作为萃取剂提取铟、镓，可实现 98% 的铟浸出和 99.136% 的镓浸出，由于不需要稀释浸出液，可有效缓解酸浸大量用水的问题。Nayak 等[72] 发现使用甲苯稀释过的离子液体 CyphosIL104 作为萃取剂，可有效提取废弃印刷电路板上的发光二极管中的镓，并以 $R_3R'PGaCl_4$ 物相形式实现 99.8% 的镓浸出率。

除有机萃取法外，离子沉淀法也可用于 GaAs 等半导体废弃物提镓净化处理。Hu 等[73] 对 GaAs 芯片废料进行镓回收研究，根据金属硫化物的低溶解度特性，在 HNO_3 浸出后，使用 Na_2S 作为沉淀剂对 Ga 和 As 进行分离，可获得含 98.5%Ga+1.5%As 的沉淀物余液，证实 Na_2S 作为 NaOH 的替代沉淀剂的可能性，并对 Na_2S 选择性分离的沉淀特性进行研究，当浸出剂中 S^{2-} 浓度不同时 As^-、Ga^+ 与 S^{2-} 的反应优先度不同。根据选择性的不同进行分离，为净化方式提供了一个新的思路。

为获得精制镓，采用多重净化手段对酸浸后溶液进行处理，如离子沉淀法与有机萃取共同处理、有机萃取与置换法共同处理等。Chen 等[67] 采用湿法精炼的方式从 GaAs 芯片废料中分离 Ga 和 As，工艺如下：利用 HNO_3 浸出后，调节溶液的 pH=1 时，使用 D2EHPA 作为萃取剂吸附镓离子；再将镓离子浸出到 H_2SO_4 中，最后使用电解法获得。

Swain 等[74] 利用盐酸酸浸 LED 行业 GaN 合成产生的 MOCVD 废料时对反应的动力学进行研究，得出最适合的动力方程为 $C_t = C_{max}(1 - e^{-kt})$，同时发现浸出剂的选择、盐酸浓度、浆体密度等实验参数对反应也有一定影响。除此之外，机械化学活化的工艺可显著提高镓的回收率，对废弃 LED 中的 GaN 芯片进行机械预处理后再使用 HCl 浸出可实现 99.52% 的镓浸出率[75]。刘文兵等发明了一种从氮化镓废料中回收金属镓的方法，其将氢氧化钠以及氧化剂（过氧化氢和过氧化钠）滴加至装有氮化镓的反应容器中，待氮化镓全部溶解后电积回收反应液中的金属镓，该方法镓的回收率在 95% 以上。

湿法冶金工艺成本低、废气排放量少、镓回收率高、选择性强，是目前提镓的主流方式。可单独使用酸液、碱液或酸碱液共同使用作为浸出剂获得镓，对浸出液进行净化处理可获取高纯精炼镓，一般的净化方式有离子沉淀法、有机萃取法、离子交换法[76] 等，也可共同使用多种净化手段以提高镓的浸出率（一般可达 99.5% 以上）。但是，由于湿法冶金提镓需要使用大量酸碱液，残余废液的后续处理较烦琐，极大地限制了湿法冶金提镓的应用。

（2）火法冶金

火法冶金提镓[77-80] 是在特定气氛下对含镓半导体废弃物进行高温处理，通过烧去挥发分、造渣等步骤将金属镓熔融于其他金属熔体或在熔盐中富集，分离提取、纯制获得。火法冶金提镓是根据废弃物中不同元素高温性能不同，从而对镓进行分离。因此，用于说明物质稳定性对温度依赖程度的 Ellingham 图[80] 对指导高温法冶金法提镓至关重要，一般研究者会选择在试验初期进行热力学的可行性分析以指导后续实验。目前，火法冶金提镓包括焙烧法、真空冶金法等。

1）焙烧法

根据焙烧气氛不同，可将焙烧法分为氧化焙烧和氯化焙烧，两种焙烧法均需通过将化学性质不稳定的含镓物料转变为易处理的镓化合物的形式实现分离。其中，氧化焙烧应用最广泛，通过对含镓废料氧化处理使其变成化学性质比 GaN 更活泼的 Ga_2O_3 后再进行分离。

Maarefvand 等[77] 对 LED 行业产生的 GaN 芯片废料进行提镓研究，经过高温氧化后浸出的工艺得到镓，并建立了镓浸出率与实验参数的关系模型，模型如下：

$$lg(镓回收率)=1.09+0.11c(HCl)+0.45T+0.21t+0.09c(HCl)T+0.18Tt \quad (5-1)$$

式中　c——浓度；

　　　T——温度；

　　　t——时间。

镓回收率的影响因素有温度、时间、浸出剂浓度，经 1100℃氧化，在 4mol/L 的盐酸、93℃和 120min 的条件下可实现 91.4%的镓浸出率。

氯化焙烧法的原理是通过添加氯化剂（Cl_2、NH_4Cl 等）使含镓废料中的镓化合物转变成具有低熔点、高挥发性、易被还原的氯化镓从而实现分离。Nishinaka 等[78] 以 NH_4Cl 为氯化剂，采用氯化焙烧法从 GaN 半导体废料中回收镓。

2）真空冶金法

真空冶金法主要是利用相同温度下金属蒸气压不同，通过蒸馏或升华等物理变化对混合物中的高蒸气压和低沸点的金属进行分离[78]，真空冶金设备有立式和卧式两种。Zhan 等[59] 对从 InGaN/GaN 基 LED 废料中回收镓、铟的条件进行热力学理论计算。在 773K 下热解、物理分解后，在温度 1373K、0.01~0.1 Pa 下的真空蒸发可实现 95.67%的镓回收率和 93.48%铟回收率。由于相同温度下 Ga 和 As 的蒸气压差较大，真空冶金法可用于 GaAs 废料的 Ga 和 As 分离，As 会优先挥发至冷凝管中，Ga 被保留回收。Liu 等[79] 采用真空冶金法对半导体行业产生的 GaAs 废料进行提镓研究，当在压强 3~8Pa、温度 1273K、恒定时间 3h 的实验条件下，可回收到纯度大于 99.99%的镓。Zhan 等研究了一种从 LED 灯废料中回收镓、铟的方法[59]。先将 LED 灯废料进行热处理除去废料中的环氧树脂以及塑料等物质；之后通过破碎分解、筛分去除碳渣，剩余的部分主要成分是 LED 灯的金属框架和稀土金属的混合料，通过研磨粉碎，延展性较好的金属铝、铜框架尺寸较大通过筛分即可除去，而余下的粉末主要是金、镓、铟和稀土元素；最后将这部分粉末进行真空热处理，在 0.01~0.1Pa 压强下，铟的沸点为 1100K，镓的沸点为 1200K，金的沸点更高，通过收集不同温度下的产物可以将这几种金属分开，最终得到的镓的纯度可达 92.80%，镓和铟的回收效率分别为 93.48%和 95.67%，金的回收效率仅为 31.59%。这是由于筛分后粉末中含有部分残留的碳渣、铜和铝粉末，对后续金的回收造成影响。如果先将芯片从 LED 灯上拆解后进行金属回收，镓、铟、金的回收效率可高达 98.70%、99.54%、98.86%。Nagy 等[29] 通过机械研磨、筛分、静电分选将 LED 芯片从灯珠中分选出来，由于氮化镓键能较高，不易与酸发生反应，将相同质量的芯片和碳酸钠混合后研磨、烘干、1200℃下热处理得到镓酸钠，之后用盐酸浸出得到含镓的浸出液，镓的回收率高达 99%。

火法冶金具有工艺简单、回收率高（90%）、适应面广、无需大量使用酸碱液等优势，但高温处理设备的要求限制了火法冶金的应用，且所需能耗较大，无法得到离子形态的镓，使关于高温冶金提镓的实验室研究较少。

（3）生物法冶金

生物法冶金是利用特定微生物通过与镓离子进行配体交换、氧化、电解等化学反应并在一定的 pH 值下沉淀，通过进一步的纯化、富集、浓缩，对溶液中的金属镓进行回收，工艺步骤包括预处理、生物浸出、固液相分离、金属后处理及回收、浸出液再生回流等工序[80]。根据待回收金属的不同，将其分为生物浸出和生物氧，图 5-24 是细菌与矿物直接作用与间接作用的机理图[81]。

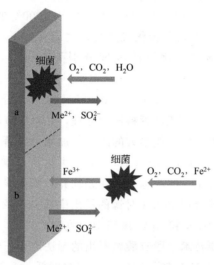

图 5-24　细菌与矿物作用的机理示意

Maneesuwannarat 等[82] 利用从含重金属的土壤中筛选分离得到的芬氏纤维微菌（*Cellulosimicrobium funkei*）从薄膜 GaAs 太阳能电池废料中浸出镓，实现 70% 的镓浸出率（15d），远高于原位法。Pourhossein 等[83] 利用不同 LED 适应性的嗜酸氧化亚铁硫杆菌对废旧 LED 进行镓浸出，发现采用适应性细菌处理 LED 镓浸出率高于非适应性，因此，培养菌种的适应性是提高生物浸出法的镓浸出率的可行思路。Pourhossein 等[84] 开发了一种新的梯级间接生物浸出镓的工艺，利用适应性的嗜酸氧化亚铁硫杆菌（*Acidithiobacillus ferrooxidans*）回收废旧 LED 中的镓，通过控制铁离子浓度分步间接地回收镓，达到 84% 的镓浸出率。

生物冶金法可以在相对较低的浓度下浸出镓，具有环保绿色的优势，但由于细菌的培养与筛选过程较烦琐，且耗时较长，工艺复杂，浸出率也相对较低（<90%）。所以，生物冶金法回收镓的研究不占主流，但绿色提镓的优势使其在实验室条件下仍具有研究意义，是当前热点研究的浸出方式。

（4）其他方法

为解决单一的回收手段存在各种弊端问题，研究者们采用综合回收技术对半导体废弃物中的镓进行处理。Swain 等[58] 以 LED 行业的 GaN 废料为原料，根据 Ellingham 图及式(5-2)~式(5-6)，分别采用先酸浸后碱焙烧和先碱焙烧后酸浸两种方式提取镓和铟。与未经过机械化学处理的 4.91% 镓浸出率相比，湿法冶金与火法冶金共同处理可获得更高的镓浸出率，达 73.68%。

$$4GaN(s) + 3O_2(g) \xrightarrow{\triangle} 2Ga_2O_3(s) + 2N_2(g)\uparrow \qquad (5\text{-}2)$$

$$2Na_2CO_3(s) \xrightarrow{\triangle} 2Na_2O(s) + 2CO_2(g) \uparrow \qquad (5-3)$$

$$4GaN(s) + 2Na_2O(s) + 3O_2(g) \xrightarrow{\triangle} 4NaGaO_2(s) + 2N_2(g) \uparrow \qquad (5-4)$$

$$4GaN(s) + 2Na_2CO_3(s) + 3O_2(g) \xrightarrow{\triangle} 4NaGaO_2(s) + 2CO_2(g) + 2N_2(g) \uparrow \qquad (5-5)$$

$$NaGaO_2(s) + 4HCl(l) \longrightarrow GaCl_3 + NaCl + 2H_2O \qquad (5-6)$$

Chen 等比较湿法和火法冶金方法回收砷化镓废料[67]。湿法冶金的步骤包括将砷化镓废料溶于硝酸中，之后在浸出液中加入硫化钠和羟基氧化铁使砷沉淀，但其分离效率不高，无法完全将砷和镓分开。火法是将砷化镓废料研磨后置于 1000℃ 的炉子中加热，由于砷和镓的沸点不同，砷在 1000℃ 时可以完全转化成蒸气，之后冷凝得到氧化砷，剩余的镓转变为氧化镓。回收得到的氧化砷和氧化镓的纯度分别为 99.2% 和 99.9%，镓的回收率可达 95.9%。

Chen 等[85] 在非常压（23atm，1atm＝1.01325×10⁵ Pa，下同）下采用 NaOH 碱混合焙烧后再 HCl 酸浸的方法对 GaN LED 废料进行处理，并对反应压力、酸浸液、碱种类等实验参数进行了研究。研究发现，较其他参数的改变，加压可显著提高镓浸出率，并在 200℃（15atm，1atm＝101325Pa）下用盐酸浸出 180min 后可达到 98.46% 的镓浸出率。

还有一些较少用的方法可用于回收镓，如在超临界二氧化碳条件下，利用不同螯合剂从酸性废液中提镓，发现利用螯合剂 PySH 时镓的浸出率最高（82.8%）[86]。也可采用三溴离子液体作为浸出液从 GaAs、GaN 和 InAs 废料中回收镓[87]。

综上所述，镓回收的主要技术手段有酸碱浸出的湿法冶金、包括真空蒸发和高温焙烧的火法冶金及生物冶金。由于 GaN 废料硬度较高且溶解度低，一般采用火法冶金将其高温焙烧成 Ga_2O_3、$GaCl_3$ 等易处理的镓化合物或直接进行真空蒸发得到镓金属，也可采用 NaOH、HCl 对废料中的镓离子进行浸出、萃取、沉淀、置换等工艺回收，少部分采用碱焙烧和酸浸共同作用。由于 GaAs 中的 As^{3-} 从溶液中分离的程度对镓浸出率有显著影响，所以一般在酸碱浸出后加入 $Fe_2(SO_4)_3 \cdot xH_2O$ 或沉淀剂 Na_2S 以选择性分离浸出液中 Ga 和 As，从而获得较纯的镓。

5.3.3.4 铟元素回收

半导体照明产品中的铟以高纯/超纯铟的状态存在。据亚洲金属网 2016 年发布的报告称，中国已探明的铟储量占世界铟总储量的 72.7%，稳居世界首位[88]，其余的铟资源大部分存在于加拿大和美国，小部分分布于日本和秘鲁等国[89]。中国的铟资源集中分布在云南和广西两省区，分别占 40% 和 31.4%；另外内蒙古、青海和广东分别储有 8.2%、7.8% 和 7% 的铟[90]。铟在地壳中的丰度仅约为 $0.1\mu g/g$，属于稀散金属，没有独立的矿藏，一次铟由铅、锌、锡冶炼的副产物中提炼得到，铟在其中的浓度为 $1\sim100\mu g/g$，当铟浓度达到几十克/吨即具有开采价值[91]。铟有限的储量，加上其在各领域广泛的应用，已被欧盟和美国列为关键原材料之一[92,93]。美国为保存本土的铟储量，停止了对本国一次铟资源的开采，铟消耗完全依赖于进口[94]。以日本为代表的其他各国也加大了从含铟废弃物中回收二次铟的力度，我国对二次铟回收的研究起步较晚，从含铟废弃物中回收的二次铟占铟总消耗量的比例较低[95,96]。Wang 等[97] 认为在 2013～2035 年间中国铟消耗量将持续增加，为确保铟市场的供需平衡，需加大从含铟废弃物中回收二次铟的力度。LED 是目前世界上发展最快的节能光源，在过去十年中需求量急剧增加，随着 LED 半导体照明产品的不断发展，其性能得到进一步优化，未来有望成为铟新的重点应用方向之一[98]。每吨 LED 废料中约含有 41g 的镓和 21g 的铟[99]。

一次铟由其他材料冶炼过程中的副产物中提炼获得，当铟的浓度达到几十克/吨即具有开采价值，所以含铟废弃物具有很高的资源性；且废弃物中的有毒有害物质若进入自然环境会对大气、水体和土壤造成污染，危害人类与生物的健康[100]。

含铟电子产品在制造过程中经历芯片的制备、封装及后期组装成产品等多个步骤，形成了电子产品含铟部件复杂的组成与结构。目前，对含铟半导体照明灯的预处理包括热解法、亚/超临界乙醇溶解法及机械研磨法等[101]。对含铟废弃产品进行预处理可以达到除杂和物料优化两个目的。除杂方面，可采用人工拆解、冷/热冲击、破碎分选等物理方法，或溶剂溶解、热解等化学方法除去其框架和外部结构件。物料优化方面，通常是在除杂过程中或除杂后对物料进行破碎、研磨等操作，使物料的粒度降低以增加其比表面积。预处理过程使铟得以有效富集，并极大地增加了它的比表面积，有利于提高后续步骤铟的分离提纯效率以及总的回收率。

铟的分离提纯是铟回收过程中较关键的步骤，直接影响到铟的回收率及后续精炼的难度。二次铟回收最常用的方法有酸浸法、还原法和氯化冶金法。

(1) 酸浸法

酸浸法是利用铟及其氧化物在酸中良好的溶解性，将含铟废弃物中的铟离子转移到酸浸液中，通过溶剂萃取、置换沉淀、树脂分离等方法除杂及还原后得到粗铟。Fang 等[63] 通过调控浸出液的物化性质和浸出条件，用酸溶解 LED 废靶材的碱浸渣，有效回收了 92.42% 的铟。

当浸出物料为 LCD 废料时，LCD 中的 SnO_2 在酸性体系中是相对稳定的，有利于铟锡分离，但也会有少量锡的其余价态氧化物会被浸出，如 SnO[102]。影响铟浸出率的因素包括预处理效果、温度、酸组成、酸浓度、时间以及固液比等。

不同酸浸液对 In 以及杂质的浸出效果不完全一样，具体浸出效果与浸出体系的组成及反应条件相关。常用的酸浸液有浓 HCl 溶液、浓 H_2SO_4 溶液、浓 HNO_3 溶液及混合酸。另外，还可以在酸浸过程中加上超声等辅助手段或在酸浸液中加入 H_2O_2、MnO_2 等氧化剂以增加铟的浸出率。不同酸浸体系的浸出效果见表 5-9。

表 5-9　不同酸浸体系的浸出效果

酸浸体系	最佳浸出条件	浸出率/%	特点	文献
HNO_3	酸浓度为 4mol/L，60℃下酸浸 4h	87	其强氧化性能防止 Sn^{4+} 被还原成 Sn^{2+}，浸出率较低、挥发性强	[103,104]
HCl	酸浓度为 6mol/L，60℃下酸浸 4h	99.3	浸出率最高，常温下挥发有毒气体，设备腐蚀严重	
H_2SO_4	酸浓度为 0.5mol/L，70℃下酸浸 1h	99.25	浸出率高、低价、稳定、浸出时间短、只有微量的 Sn 被浸出	[105]
HNO_3+超声辅助	浓度 6mol/L，固液比 1:6，在超声辅助下酸浸 25min	96	超声辅助可以很大程度上缩短酸浸时间并提高铟的浸出率，但杂质元素的浸出率也会相应提高	[106]

由表 5-9 可知，在单一的酸浸液体系中，HNO_3 对铟的浸出效果最差，且会浸出更多的 Sn；HCl 对铟的浸出效果最好，但 HCl 本身易挥发，挥发气体有毒且会加剧设备的腐蚀；H_2SO_4 对铟的浸出效果比 HCl 稍低，但其浸出过程稳定好控制、酸介质价格更低、在浸出过程中浸出更少的 Sn 和 LCD 废料中有剧毒的 As_2O_3，且对设备的腐蚀程度较低，超声辅

助可以很大程度上缩短浸出时间，增加浸出率。

酸浸后，可采用溶剂萃取、置换沉淀、树脂分离等方法实现除杂、将铟离子分离出来，还原后得到粗铟。其中，溶剂萃取法可以在"萃取-反萃-置换"的每一步骤实现分类除杂并最终得到粗铟；置换沉淀法常会结合调节pH值除锡和铝/锌置换进一步除锡并置换得到粗铟；树脂分离法直接使用对铟具有选择性的树脂将铟从酸浸液中提取出来，经过"树脂分离-酸洗脱-置换"等步骤去除杂质得到粗铟。

表5-10为不同铟锡分离方法的铟提取效果。

表5-10 不同铟锡分离方法的铟提取效果

方法	分离体系	最佳分离提取条件	分离效果	文献
溶剂萃取	甲苯稀释过的Cyphos-IL104[十四烷基(三己基)鏻双(2,4,4-三甲戊基)磷酸酯]	在3mol/L的HCl酸浸液中用0.1mol/L的Cyphos-IL104提取铟、A/O=3/2，用0.001 mol/L的HNO_3剥离	得到了纯度100%的98.9%的In^{3+}	[107]
置换沉淀	锌板	在pH=1.5、50℃的条件下置换36h	置换率达99.9%，海绵铟质量较好	[108]
树脂分离	大孔苯乙烯-二乙烯基苯树脂(Lewatit TP 208)	25mL，pH=2的HCl：HNO_3=3：0.5(物质的量浓度比)的浸出液中，树脂用量为0.5g、25℃下分离30min	分离效率99%	[109]

酸浸法是从含铟废料中回收铟最常用的方法，具有反应条件较温和、反应过程好控制、不涉及高温高压且所得粗铟杂质含量较低等优点，同时也有反应步骤烦琐、耗时长、用酸量大等缺点。用后酸溶液有多种杂质元素，成分较复杂，一般经过除杂处理合格后回用至浸出环节，或者达标后直接排放。

(2)还原法

还原法是利用C、CO等还原剂在高温下将铟及一些杂质的氧化物还原成含铟合金，然后在更高温度下使铟与杂质分离，得到粗铟的方法。如Zhan等[101]采用热解与真空冶金相结合的方法，直接利用热解得到的热解炭作还原剂，成功回收了LED废料中95.67%的铟。

当以LCD废料为原料，C为还原剂，还原过程中发生的反应为：

$$2In_2O_3+3C=\!=\!=4In+3CO_2 \tag{5-7}$$
$$SnO_2+C=\!=\!=Sn+CO_2 \tag{5-8}$$
$$In_2O_3+3C=\!=\!=2In+3CO \tag{5-9}$$
$$SnO_2+2C=\!=\!=Sn+2CO \tag{5-10}$$
$$In_2O_3+3CO=\!=\!=2In+3CO_2 \tag{5-11}$$
$$SnO_2+2CO=\!=\!=Sn+2CO_2 \tag{5-12}$$

不同的还原剂对含铟废料的还原效果不一样，与反应温度、气压、还原剂的量、时间、原料粒度等因素相关。

表5-11为在各还原剂最佳的反应条件下所得的铟转化率。由表5-11可知，选用不同的还原剂，铟的转化率相差不大，皆在93%以上。以热解炭为还原剂时，铟的转化率最高，这与还原炭相较焦炭具有更大的孔面积相关。以CO作为还原剂时铟的转化率居中，所需的反应温度最低，但其所需的反应时间最长。

表 5-11　不同还原剂的最佳反应条件与结果

还原剂	最佳还原条件	还原结果	文献
CO	70% CO(体积分数)、750℃下还原90min	铟的转化率约为95%	[110]
焦炭	950℃、1Pa、热解炭量为30%(质量分数)、30min	铟的转化率为93%	[111]
热解炭	935℃、5Pa、热解炭量为38%(质量分数)、30min	铟的转化率为97.89%	[112]

利用还原法回收金属铟具有回收周期短、回收率高、不需要大量用酸等优点，但反应温度高，且反应过程中有气体参与，对仪器要求高。

（3）氯化冶金法

氯化冶金法是利用金属氯化物具有低沸点、高挥发性等特点，从多相组分中回收目标金属的方法，常用的氯化剂有 Cl_2、HCl、NH_4Cl 等[113]。采用氯化法可将含铟废料中高沸点的 In_2O_3 转化为低沸点的 $InCl_3$，再在真空条件下经过加热、蒸发、冷凝，可实现氯化铟的低温回收。在铟的氯化反应中，最常用的方法是利用 NH_4Cl、PVC 分解产生 HCl 参与反应。当以 LCD 废料为原料、HCl 作为氯化剂时，氯化过程中发生的反应主要为：

$$In_2O_3 + 6HCl = 2InCl_3 + 3H_2O \tag{5-13}$$
$$SnO_2 + 4HCl = SnCl_4 + 2H_2O \tag{5-14}$$

铟的回收结果与反应温度、氯铟比、时间等因素有关，图 5-25 展示了一条用氯化冶金法从 LCD 废料中回收铟的技术路线。

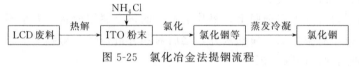

图 5-25　氯化冶金法提铟流程

表 5-12 为在各氯化剂最佳的反应条件下所得的铟回收率。由表 5-12 可知，以 NH_4Cl 作为氯化剂时铟的回收率达到 99.97%，且反应仅需 10min。以废弃 PVC 作为氯化剂时铟的回收率较低，但反应所需温度更低，且使废弃 PVC 得到了有效再利用。使用氯化法所需的反应温度比还原法低很多。

表 5-12　不同氯化剂的最佳反应条件与结果

氯化剂	最佳还原条件	回收结果	文献
NH_4Cl	粒径<0.16mm、与ITO玻璃粉质量比为1:1的氯化铵、在450℃下氯化10min	铟回收率为99.97%	[114]
废弃 PVC	Cl/In 比为11、350℃、N_2气氛下、1h	铟回收率为66.7%	[115]

氯化冶金法回收铟的优点是步骤简单、耗时短、成本低、不需要大量用酸，也不需要特别高的反应温度，但是氯化剂及其产生的气体具有强腐蚀性且有毒，实验仪器易被腐蚀，多余的气体排出会造成环境污染，且对实验操作人员的人身安全造成一定的威胁。由于 LED 废料中含有 As、Se 等杂质离子，且 $AsCl_3$、Se_2Cl_2 等氯化物有剧毒，因此氯化冶金法不适用于从 LED 废料中回收铟。

（4）其他方法

除了上述常用的酸浸法、还原法及氯化冶金法外，还有另外一些可用于从含铟废料中回收铟的方法，如离子液体浸出法、硫化法、真空分离法等。

综上所述，从 LCD 废料中回收二次铟的技术相较于 LED 废料更成熟，已实现工业化，而从 LED 废料中回收二次铟的工业化技术还有待研究。不同的回收方法具有各自不同的优缺点，应根据现有实验条件、原料的种类及性质等因素综合考虑，选择出最合适的回收方法。

5.3.4 LED 绿色生产的建议

目前，我国 LED 生产过程还存在一些问题。例如，生产中镓、铟对原生矿依赖较强，只有很少几家企业开展制造过程中生产废料的回收，大多企业均将其当作生产废料处理；部分企业生产过程中产生的酸性、碱性、有机废气使用吸附剂进行净化处理，由于吸附剂需要经常更换，废弃的吸附剂需要按照危险废物处理。

就以上两点提出绿色生产的建议如下。

（1）金属回收

在外延片、芯片生产过程中会产生部分贵金属废料，其形态主要包括含贵金属的腔体料（金含量 60%～70%）、含贵金属胶带（金含量 5%～10%）、含贵金属刻蚀液（金含量 0.1%～1%），可以对这部分废料进行回收[51]。

1）含贵金属腔体料回收工艺

含贵金属腔体料主要来自蒸发装置上玻璃的含贵金属废料。由于废料为层状合金，其中含有大量的贱金属元素，特别是铝、铁、钛的存在会降低熔炼铸锭的质量。因此，先采用盐酸预处理除去废料中的铝、铁、钛等杂质，之后再置于电加热陶瓷反应釜中熔炼，得到贵金属合金锭。

2）含贵金属胶带回收工艺

贵金属蒸镀层附着在塑料薄膜上，每片上蒸镀的贵金属层形状、大小不一，采用高温焚烧的方法去除塑料，获得含贵金属的灰分，之后对灰分进行熔炼得到贵金属合金锭。

3）含贵金属刻蚀液回收工艺

刻蚀液中含有少量的金离子，采用亚硫酸钠还原沉降后过滤得到粗金粉。此外，外延片生产和芯片生产过程中产生的废料和不合格产品也可以进行回收，由于其含金属种类较少，回收难度较小。

（2）废气处理

① 酸性废气采用碱液喷淋法处理，喷淋废水可直接进入厂区污水处理站处理达标后经市政污水管网纳入污水处理厂处理。吸收液可以循环利用，可以采用系统自动加药操作，这是目前国内常用的酸性废气净化处理工艺，一般酸雾净化效率可达到 85% 以上。

② 有机废气采用"沸石转轮＋蓄热式焚化炉"处理，该系统利用吸附-脱附-浓缩分化三项连续工序。有机废气被吸附在沸石中，洁净气体直接排放，同时将吸附的挥发性有机化合物传送至脱附区进行脱附。脱附后的浓缩有机废气送至焚化炉进行燃烧转化成二氧化碳及水蒸气排放至大气中。"沸石转轮＋蓄热式焚化炉"有机废气去除效率高，可达到 95%～99%，工艺成熟，系统运行稳定，管理方便。

5.4　典型产品的绿色制造

5.4.1　LED 照明绿色设计

一般的电子产品绿色设计方案包括减量化设计、小型化设计、可拆卸性设计、可回收性设计、环境友好型设计等。LED 照明产品本身是节能环保的，下面从模块化设计、可拆卸性设计、可维修设计三方面进行阐述[48,116]。

模块化、可拆卸性、可维修性三方面是相辅相成、相互关联的[117]，其对绿色度的影响主要有以下 5 点[118]：

① 采用模块化的方式，LED 灯具的维护将极大地降低产品的成本、能耗和环境影响负荷，从而提高产品的绿色度；

② 模块化设计，尽量将易损坏的部件集成在一个模块中，减少因部件损坏而更换部件所涉及的模块数，降低单次更换的成本，可以提高绿色度，即模块化程度越高，绿色度也将相应提高；

③ 各独立模块尽量设计成可拆卸的；

④ 采用更好的材料和工艺将提高模块的寿命，减少更换次数，但是单个模块的成本、能耗和环境影响也会相应提高，因此需要综合考虑，一味地追求高质量可能会降低产品绿色度；

⑤ 各独立模块尽可能设计成可维修的。

5.4.2　LED 照明绿色生产

LED 照明绿色生产包括原材料的绿色性、工艺绿色性等。下面从生产标准化来阐述其绿色生产。

随着 LED 照明产品的高速发展，生产规模越来越大，分工越来越细，生产协作范围越来越广泛。产品生产必须以标准化来保证其互换性与通用性；对检测方法必须以标准化来保证数据准确和认识上的一致；对产品质量优劣，合格与否的评价必须以标准作为统一判断的依据。只有通过技术标准提供的统一平台才能使科学技术迅速快捷地过渡到生产领域，向现实的生产力转化，从而产生应有的经济效益和社会效益。

LED 照明组件标准化是降低产品成本、增加市场需求量、促进国家节能环保事业发展的有效保障。通过标准化、系列化、统一、协调的原则，可以把生产、科技领域中纷繁复杂的产品品种、规格尺寸、结构性能，在满足市场需要的前提下有目的地简化[31]。方便了专业化大生产，减少了生产成本，提高了经济效益；保证最大限度的互换性和通用性，减少浪费，降低成本，方便选购和修理。通过产品组件标准化应用和推广可以有效降低产品的最终出售价格，扩大市场需求，同时促进国家节能环保事业的良性发展[119]。

当前，工业 4.0 浪潮席卷全球，我国编制的《中国制造 2025》也将工业智能化作为未来产业发展的重要方向。LED 照明组件标准化可以加速 LED 照明产品自动化生产、检测设备的开发和应用。自动化设备的开发前提也要讲究通用性和使用范围，产品规格型号等标准的参差不齐将会给自动化设备的研发带来极大的障碍，加大设备研发和应用难度。随着 LED 照明标准组件的应用和推广，必定可以促使 LED 照明产品自动化生产、检测设备的开发和应用在短期内实现，提高 LED 照明产品在国际市场上的竞争力和话语权。

LED 照明产品的标准化可以概括为"六性"，即设计先进性、成本最低性、应用广泛性、需求明确性、系列扩展性、制造通用性，其相应描述如图 5-26 所示。

1) 设计先进性

标准光组件应当是具备较好的光、色、热、可靠性等性能水平和设计的产品。在使用相同的上一层级组件情况下，采用标准光组件设计方案的光组件产品相对其他设计方案必须具有更优秀的性能表现。

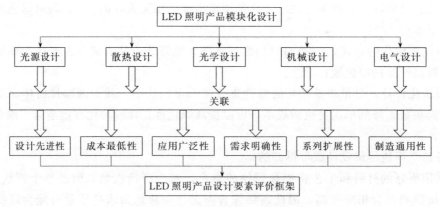

图 5-26　LED 照明产品标准化生产

2）成本最低性

标准光组件应当是性价比最优的经济适用产品。成本最低性体现在大规模生产的情况下单位流明的成本具有优势。

3）应用广泛性

标准光组件应当是能大规模制造并已经具有一定应用规模的成熟组件。应用广泛性体现在具备大规模制造能力，并已经在市场上得到广泛应用。

4）需求明确性

某一型号的标准化光组件，应该具有良好的互换性和明确的应用场合。

5）系列扩展性

标准光组件应该兼容尽可能多的具体设计细节和通量规格，从而具备更加广泛的应用范围。系列扩展体现在一款型号的光组件规范在限定物理结构下，通量扩展空间大、设计细节自由度高，从而可以产生多种具体产品系列。

6）制造通用性

标准光组件应该是容易进行生产普及的通用化产品，而不是技术独占、制造垄断、生产普及难度大的产品。制造通用性体现在不是专有技术、采用通用设备、已在多个不同厂家得到生产的产品上。

5.5　半导体照明行业发展趋势与建议

发展 LED 产业，既是推动全民开展节能减排的有效行动，也是推动产业结构调整、转变经济增长方式、构建现代产业体系的重要内容。相对其他产业，LED 未来能见度高，作为节能光源的优势非常明显，如果省电节能的 LED 照明得到普及，照明电力消耗将有望降低 50% 以上。因此，LED 照明作为环保低碳的战略新兴产业，将搭乘政策东风持续发挥重要作用。在发展 LED 照明的同时也需要将其绿色生产、绿色制造、绿色回收考虑进去，才能实现可持续发展，使 LED 产业对社会的良性影响最大化。

基于此，为更好地支撑行业的健康发展，提出以下几点建议。

① 针对目前 LED 灯回收率较低的现状，应当依靠生产者责任延伸制度，号召收集废弃 LED 灯。一方面，生产者可以与专业回收公司合作；另一方面，生产者可以建立逆物流收集废弃 LED 灯。

② 提高国内废弃 LED 灯回收率的同时，拒绝欧美、日本、韩国等地区和国家向我国非法出口废弃物。这些地区和国家通常以向我国出口二手货品为名大量出口电子废弃物，造成我国每年产生大量的电子垃圾，相关部门应对进出口口岸加强监管，减少这类事件发生。

③ 优化回收 LED 灯产业链。依照过往的回收经验，回收过程中铜、铝等含量较高的金属以及金、铂等贵金属的回收率往往较高，而其他含量较低的金属基本不回收。LED 灯中的镓、铟、金、银等金属基本都存在于灯珠中，如果不回收会造成资源的浪费。应当对回收企业建立相应的激励机制，鼓励其回收废弃 LED 灯含量少的金属。

④ 目前在整个回收过程中最亟待解决的是 LED 灯回收工艺。LED 灯外壳可以通过机械拆解、分选等流程分类回收，而灯珠部件较小且金属种类较多，目前尚无合适的工艺回收其中金属，不管用湿法还是用火法回收都会造成部分金属无法回收。应鼓励高校、科研院所和回收企业展开合作研究。

⑤ 虽然 LED 灯中不含汞但其含有少量的铅，如果随意堆放有可能对环境产生不利的影响。因此，在没有条件进行回收时应建立废弃 LED 灯临时存放地点。我国目前尚无相关法律规定废弃 LED 灯是否属于危险废弃物，相关部门应尽快制定规定。

⑥ 回收拆解企业应和生产制造企业加强沟通，在设计新产品时，将产品拆卸考虑进去，从而降低拆解、回收难度。例如：a. 可以在设计时减少使用无法回收或难以回收的材料，用其他容易回收的材料代替，例如在 LED 灯使用材料中 SMC 复合材料比聚碳酸酯（PC）更容易回收，因此在设计 LED 灯时可以减少聚碳酸酯材料的使用，用 SMC 复合材料取代；b. 可以采用质量较轻的材料或者包装，从而减少原材料的消耗以及运输过程中对环境的影响；c. 由于 LED 灯的寿命主要取决于灯的散热情况，散热较差会显著缩短 LED 灯的寿命，可以采用散热效果好的散热罩增加其使用时间。

⑦ 采用 LED 照明标准组件。标准化组件需要具备大规模应用，良好的互换性，对产品兼容性强，制造通用性。标准化组件是产品大规模生产时降低成本、增加市场需求量、促进国家环保事业发展的有效保障。

⑧ 采用模块化设计，将易损换部件集中至 1～2 个模块中，当 LED 灯出现问题时对 LED 等进行修理、维护可以极大地降低产品成本、能耗以及环境负荷。

参考文献

[1] 陈海明. 国外白光 LED 技术与产业现状及发展趋势 [J]. 半导体技术，2010，35（7）：621-625.

[2] 温其东，于然. 美国照明市场分析 [J]. 中国照明电器，2017（8）：1-8.

[3] 温其东. 日本照明市场分析 [J]. 中国照明电器，2017（4）：1-6.

[4] 张亚舒. 探讨分析日本照明市场 [J]. 中国照明，2010（12）：26-26.

[5] 周松兰. 韩国 LED 产业自主创新模式研究 [J]. 科技管理研究，2015，35（24）：19-23.

[6] 朱正强，刘琦，李茵. LED 照明市场浅析 [J]. 现代商业，2015（12）：88-89.

[7] 吕海军. 我国 LED 产业发展现状及未来发展展望 [J]. 照明工程学报，2013，24（3）：6-10.

[8] 李浩. "十城万盏"是半导体照明产业发展的助推剂 [J]. 中国照明，2009（7）：89-90.

[9] 窦林平.照明行业进入 LED 照明时代 [J].照明工程学报，2017，28（5）：88-93.

[10] 谢文浩，李文玉."一带一路"背景下我国 LED 产业"走出去"的前景与对策 [J].中国照明电器，2016（9）：6-10.

[11] 刘毅.GaN 基 LED 电极结构设计与模拟 [D].西安：西安电子科技大学，2010.

[12] 周志萍.白光 LED 灯用红色荧光粉的制备和性能研究 [D].广州：华南农业大学，2016.

[13] Lim S，Kang D，Ogunseitan O，et al. Potential environmental impacts of light-emitting diodes（LEDs）：Metallic resources，toxicity，and hazardous waste classification [J].Environmental Science & Technology，2011，45（1）：320-327.

[14] Løvik A，Restrepo E，Muller D. The global anthropogenic gallium system：Determinants of demand，supply and efficiency improvements [J].Environmental Science & Technology，2015，49（9）：5704-5712.

[15] Katrak F，Agarwal J. Gallium-long-run supply [J].Journal of Metals，1981，33（9）：33-36.

[16] Løvik A. Gallium：Quantification of the global system of production，manufacturing，use and recycling [C].ISIE Conference，2015.

[17] 赵汀，秦鹏珍，王安建，等.镓矿资源需求趋势分析与中国镓产业发展思考 [J].地球学报，2017，38（1）：77-84.

[18] 杨志民，李晓萍.镓生产现状及其化合物的应用前景 [J].轻金属，2002（2）：21-23.

[19] 张云峰，郭昭华，池君洲，等.金属镓的资源分布情况及应用现状 [J].中国煤炭，2014（S1）：36-38.

[20] 胡素丽.金属镓的生产、利用现状及存在的问题 [J].山西冶金，2017，40（4）：63-65.

[21] 王建平，戚开静，刘俊，等.我国黄金产业发展的思考 [J].中国矿业，2009，18（7）：5-8.

[22] 周小玲，黄爱华，司静.我国黄金资源现状及关键找矿技术发展研究 [J].甘肃科学学报，2014，26（3）：106-109.

[23] 张亮，杨卉芃，冯安生，等.全球银矿资源概况及供需分析 [J].矿产保护与利用，2016（5）：44-48.

[24] 张大权，江彪，王登红，等.中国银矿的资源特征及成矿规律概要 [J].地质学报，2015，89（6）：1008-1025.

[25] Yoshimura A，Daigo I，Matsuno Y. Global substance flow analysis of indium [J].Materials Transactions，2013，54（1）：102-109.

[26] 张小陌.中国铟资源产业发展分析及储备研究 [J].中国矿业，2018，27（7）：7-10.

[27] 刘世友.铟工业资源、应用现状与展望 [J].有色金属（冶炼部分），1999（2）：30-32.

[28] 依健桃.我国铟产业现状及发展 [J].中国有色冶金，2002，31（4）：12-14.

[29] Nagy S，Bokanyi L，Gombkoto I，et al. Recyclingof gallium from end-of-life light emitting diodes [J].Archives of Metallurgy and Materials，2017，62（2）：1161-1166.

[30] 曹悦，刘展鹏，贺文智，等.废 LED 的环境风险和资源回收潜力探析 [J].照明工程学报，2016，27（4）：157-161.

[31] 朱琳.浅谈 LED 在城市绿色照明领域中的应用 [J].电子测试，2016（19）：146-147.

[32] Ledbetter M. Life-cycle assessment of energy and environmental impacts of LED lighting products [J].Office of Scientific & Technical Information Technical Reports，2013，35（1）：523-527.

[33] Nakamura S，Krames M. History of gallium-nitride-based light-emitting diodes for illumination [J].Proceedings of the IEEE，2013，101（10）：2211-2220.

[34] Chen W，Tang H，Luo P，et al. Research progress of substrate materials used for GaN-based light emitting diodes [J].Acta Physica Sinica，2014，63（6）：068103.

[35] Li G，Wang W，Yang W，et al. GaN-based light-emitting diodes on various substrates：A critical review [J].Reports on Progress in Physics，2016，79（5）：056501.

[36] 孙猛，李荷庆，金向华.LED 行业用废氨气处理技术 [J].低温与特气，2016，34（1）：43-46.

[37] 吴彦敏，吴纳新.MOCVD 生长氮化镓晶片的尾气处理、回收和循环使用 [J].气体分离，2014（3）：32-34.

[38] 吴纳新，吴彦敏.LED 外延含氨尾气去污染资源化和循环利用 [J].低温与特气，2015（4）：41-44.

[39] Okamura T. Method for manufacturing LED chip，involves forming integration wafer，segmenting wafer with transparent substrates along expected cutting line，and segmenting integration wafer into light-emitting diode chips [P].日本：JP2018113384A，2018.

［40］ Okamura T. Manufacturing method of light-emitting diode chip，involves cutting wafer with first and second transparent substrates along expected cutting line to divide second iontegration wafer into light-emitting diode chip using division process ［P］. 日本：JP2018129343A，2018.

［41］ Hayakawa S，Yoshino T. Plastic packaged high intensity light emitting diodes-comprising light emitting element sealed with transparent resin ［P］. 日本：JP2018129343A，1997.

［42］ Hu T，Lin Y，Tan L. Light-emitting diode module includes a LED package and a heat dissipating device and has positive and negative terminals extending from a bottom portion ［P］. 中国台湾：TW200725928A，2008.

［43］ Chen Y，Hsu H，Lin Y. Heat Dissipation module of light-emitting diode package ［P］. 中国台湾：TW2009P62657A，2009.

［44］ 卓志国，周海，徐晓明，等. LED 用蓝宝石衬底抛光技术进展 ［J］. 机械设计与制造，2013（4）：249-251.

［45］ 郑洪，王福清，车薛东，等. 处理 LED MOCVD 设备的工艺废气的尾气处理装置 ［P］. 中国：CN201420308048.4，2014.

［46］ 欧阳欣. MOCVD 法制备 GaN 基 LED 外延尾气处理技术进展 ［J］. 轻工机械，2013，31（3）：96-98.

［47］ 杨立峰，李海兵，陈亮. LED 外延片芯片制造业工业废水的治理分析 ［J］. 环境与发展，2013（5）：70-71.

［48］ 徐晨，李云，刘玉，等. LED 照明产品的生命周期评价 ［J］. 标准科学，2015，（1）：27-29.

［49］ Hu S，Xie M，Hsieh Y，et al. Resource recycling of gallium arsenide scrap using leaching-selective precipitation ［J］. Environmental Progress & Sustainable Energy，2015，34（2）：471-475.

［50］ Ruiz-Mercado G，Gonzalez M，Smith R，et al. A conceptual chemical process for the recycling of Ce，Eu，and Y from LED flat panel displays ［J］. Resources Conservation and Recycling，2017（126）：42-49.

［51］ 刘庄，黄旭江，关豪元. 一种提取废旧 LED 灯中稀贵金属的方法 ［P］. 中国：CN103374661A. 2012.

［52］ Swain B，Mishira C，Park K，et al. Recycling of GaN，a refractory E-waste material：Understanding the chemical thermodynamics ［J］. International Journal of Applied Ceramic Technology，2016，13（2）：280-288.

［53］ Englhard M，Reuters B，Michaelis F，et al. A novel vacuum epitaxial lift-off（VELO）process for separation of hard GaAs substrate/carrier systems for a more green semiconductor LED production ［J］. Materials Science in Semiconductor Processing，2017（71）：389-395.

［54］ Nishinaka K，Terakado O，Tani H，et al. Pyrometallurgical recovery of gallium from GaN semiconductor through chlorination process utilizing ammonium chloride ［J］. Materials Transactions，2017，58（4）：688-691.

［55］ Maneesuwannarat S，Teamkao P，Vangnai A，et al. Possible mechanism of gallium bioleaching from gallium nitride（GaN）by arthrobacter creatinolyticus：Role of amino acids/peptides/proteins bindings with gallium ［J］. Process Safety and Environmental Protection，2016（103）：36-45.

［56］ Camanes V，Elduque D，Javierre C，et al. The influence of different recycling scenarios on the mechanical design of an LED weatherproof light fitting ［J］. Materials，2014，7（8）：5769-5788.

［57］ Principi P，Fioretti R. A comparative life cycle assessment of luminaires for general lighting for the office-compact fluorescent（CFL）vs light emitting diode（LED）—A case study ［J］. Journal of Cleaner Production，2014（83）：96-107.

［58］ Swain B，Mishra C，Kang L，et al. Recycling of metal-organic chemical vapor deposition waste of GaN based power device and LED industry by acidic leaching：Process optimization and kinetics study ［J］. Journal of Power Sources，2015（281）：265-271.

［59］ Zhan L，Xia F，Ye Q，et al. Novel recycle technology for recovering rare metals（Ga，In）from waste light-emitting diodes ［J］. Journal of Hazardous Materials，2015（299）：388-394.

［60］ 杨文涛，陶天一，白皓，等. 电子废弃物机械-物理协同强化资源化利用的研究进展 ［J］. 过程工程学报，2020，20（12）：1363-1376.

［61］ 杨依帆，冷国琴，陈博利，等. 电子废弃物回收镓技术的研究进展 ［J］. 过程工程学报，2021，21（06）：639-648.

［62］ Lu F H，Xiao T F，Lin J，et al. Resources and extraction of gallium：A review ［J］. Hydrometallurgy，2017，174：105-115.

［63］ Fang S，Tao T Y，Cao H B，et al. Selective recovery of gallium（indium）from metal organic chemical vapor deposition dust—a sustainable process [J]. ACS Sustainable Chemistry & Engineering, 2019, 7 (10): 9646-9654.

[64] Sturgill J A, Swartzbaugh J T, Randall P M. Pollution prevention in the semiconductor industry through recovery and recycling of gallium and arsenic from GaAs polishing wastes [J]. Clean Products and Process, 2000, 2: 18-27.

[65] Zhou J Z, Zhu N W, Liu H R, et al. Recovery of gallium from waste light emitting diodes by oxalic acidic leaching [J]. Resources, Conservation and Recycling, 2019, 146: 366-372.

[66] Lee H S, Woo N C. A study on the extraction of gallium from gallium arsenide scrap [J]. Hydrometallurgy, 1998, 49: 125-133.

[67] Chen W T, Chu Y C, Wei J M, et al. Gallium and arsenic recovery from waste gallium arsenide by wet refined methods [J]. Advanced Materials Research, 2011, 194-196: 2115-2118.

[68] Puvvada G V K. Liquid-liquid extraction of gallium from Bayer process liquor using Kelex 100 in the presence of surfactants [J]. Hydrometallurgy, 1999, 52: 9-19.

[69] Bhattacharya B, Mandal D K, Mukherjee S. Liquid-liquid extraction of gallium (Ⅲ) with LIX 26 [J]. Separation Science and Technology, 2003, 38 (6): 1417-1427.

[70] Zhao Z S, Cui L, Guo Y X, et al. Recovery of gallium from sulfuric acid leach liquor of coal fly ash by stepwise separation using P507 and Cyanex 272 [J]. Chemical Engineering Journal, 2020, 381: 122699.

[71] Gu S, Tominaka T, Dodbiba G, et al. Recovery of indium and gallium from spent IGZO targets by leaching and solvent extraction [J]. Journal of Chemical Engineering of Japan, 2018, 51 (8): 675-682.

[72] Nayak S, Devi N. Studies on extraction of gallium (Ⅲ) from chloride solution using Cyphos IL 104 and its removal from photodiodes and red mud [J]. Hydrometallurgy, 2017, 171: 191-197.

[73] Hu S H, Xie M Y, Hsieh Y M, et al. Resource recycling of gallium arsenide scrap using leaching-selective precipitation [J]. Environmental Progress & Sustainable Energy, 2015, 34 (2): 471-475.

[74] Swain B, Mishra C, Kang L, et al. Recycling of metal-organic chemical vapor deposition waste of GaN based power device and LED industry by acidic leaching: process optimization and kinetics study [J]. Journal of Power Sources, 2015, 281: 265-271.

[75] Nagy S, Bokányi L, Gombkötö I, et al. Recycling of gallium from end-of-life light emitting diodes [J]. Archives of Metallurgy and Materials, 2017, 62 (2): 1161-1166.

[76] 杨马云, 蔡军. 离子交换法回收镓工艺中螯合树脂的研究 [J]. 轻金属, 2007, (3): 15-17.

[77] Maarefvand M, Sheibani S, Rashchi F. Recovery of gallium from waste LEDs by oxidation and subsequent leaching [J]. Hydrometallurgy, 2020, 191: 105230.

[78] Nishinaka K, Terakado O, Tani H, et al. Pyrometallurgical recovery of gallium from GaN semiconductor through chlorination process utilizing ammonium chloride [J]. Materials Transactions, 2017, 58 (4): 688-691.

[79] Liu D C, Zha G Z, Hu L, et al. Recovery of gallium and arsenic from gallium arsenide semiconductor scraps [J]. Energy Technology, 2018: 319-330.

[80] 李敏. 生物冶金技术研究综述 [J]. 山西冶金, 2014, 37 (1): 9, 10, 41.

[81] 郝福来. 生物冶金技术的发展及其在黄金行业中的应用现状 [J]. 黄金, 2019, 40 (5): 51-56.

[82] Maneesuwannarat S, Vangnai A S, Yamashita M, et al. Bioleaching of gallium from gallium arsenide by cellulosimicrobium funkei and its application to semiconductor/electronic wastes [J]. Process Safety and Environmental Protection, 2016, 99: 80-87.

[83] Pourhossein F, Mousavi S M. Enhancement of copper, nickel, and gallium recovery from LED waste by adaptation of Acidithiobacillus ferrooxidans [J]. Waste Management, 2018, 79: 98-108.

[84] Pourhossein F, Mousavi S M. A novel step-wise indirect bioleaching using biogenic ferric agent for enhancement recovery of valuable metals from waste light emitting diode (WLED) [J]. Journal of Hazardous Materials, 2019, 378: 120648.

[85] Chen W S, Hsu L L, Wang L P. Recycling the GaN waste from LED industry by pressurized leaching method [J]. Metals, 2018, 8 (10): 861.

[86] 周伟龙, 黄衍翔. 不同螯合劑及 pH 值對於超臨界二氧化碳萃取酸性廢液中镓离子影响的研究 [J]. 弘光学报, 2008, (55): 221-234.

[87]　Van den Bossche Arne, Vereycken Willem, Vander Hoogerstraete Tom, et al. Recovery of gallium, indium, and arsenic from semiconductors using tribromide ionic liquids [J]. ACS Sustainable Chemistry & Engineering, 2019, 7 (17): 14451-14459.

[88]　AM. The distribution and production of indium resources [R]. Available at. Asian Metal, 2016a. http://baike. asianmet-al. cn/metal/in/resources&production. shtml.

[89]　俞小花, 谢刚. 有色冶金过程中铟的回收 [J]. 有色金属 (冶炼部分), 2006 (1): 37-39.

[90]　伍赠玲. 铟的资源、应用与分离回收技术研究进展 [J]. 铜业工程, 2011, 000 (001): 25-30.

[91]　周智华, 莫红兵, 徐国荣, 等. 稀散金属铟富集与回收技术的研究进展 [J]. 有色金属, 2005 (01): 73-78, 82.

[92]　Zhang Kaihua, Li Bin, Wu Yufeng, et al. Recycling of indium from waste LCD: A promising non-crushing leaching with the aid of ultrasonic wave [J]. Waste Management, 2017, (64): 236-243.

[93]　Ferella F, Belardi G, Marsilii A, et al. Separation and recovery of glass, plastic and indium from spent LCD panels [J]. Waste Management, 2017, 60: 569-581.

[94]　冯同春, 杨斌, 刘大春, 等. 铟的生产技术进展及产业现状 [J]. 冶金丛刊, 2007, 000 (002): 42-46.

[95]　Gupta B, Mudhar N, Singh I. Separations and recovery of indium and gallium using bis (2, 4, 4-trimethylpentyl) phosphinic acid (Cyanex 272) [J]. Separation & Purification Technology, 2007, 57 (2): 294-303.

[96]　Lin Shaohua, Mao Jiansu, Chen Weiqiang, et al. Indium in mainland China: Insights into use, trade, and efficien-cy from the substance flow analysis [J]. Resources, Conservation & Recycling, 2019, 149: 312-321.

[97]　Wang Hengguang, Gu Yifan, Wu Yufeng, et al. An evaluation of the potential yield of indium recycled from end-of-life LCDs: A case study in China [J]. Waste Management, 2015, 46: 480-487.

[98]　Denbaars S P, Feezell D, Kelchner K, et al. Development of gallium-nitride-based light-emitting diodes (LEDs) and laser diodes for energy-efficient lighting and displays [J]. Acta Materialia, 2013, 61 (3): 945-951.

[99]　Zhan Lu, Wang Zhengyu, Zhang Yongliang, et al. Recycling of metals (Ga, In, As and Ag from waste light-e-mitting diodes in sub/supercritical ethanol [J]. Resources, Conservation and Recycling, 2020, 155: 104695.

[100]　Wong C S C, Duzgoren-Aydin N S, Aydin A, et al. Sources and trends of environmental mercury emissions in A-sia [J]. Science of the Total Environment, 2006, 368 (2-3): 649-662.

[101]　Zhan Lu, Xia Fafa, Ye Qiuyu, et al. Novel recycle technology for recovering rare metals (Ga, In) from waste light-emitting diodes [J]. Journal of Hazardous Materials, 2015, 299 (15): 388-394.

[102]　Li Yuhu, Liu Zhihong, Li Qihou, et al. Recovery of indium from used indium-tin oxide (ITO) targets [J]. Hy-drometallurgy, 2011, 105 (3-4): 207-212.

[103]　Gabriel A P, Kasper A C, Veit H M, et al. Acid leaching of indium from the screens of obsolete LCD monitors [J]. Journal of Environmental Chemical Engineering, 2020, 8 (3): 103758.

[104]　Cao Yue, Li Feng, Li Guangming, et al. Leaching and purification of indium from waste liquid crystal display pan-el after hydrothermal pretreatment: Optimum conditions determination and kinetic analysis [J]. Waste Manage-ment, 2020, 102: 635-644.

[105]　Song Qingming, Zhang Lingen, Xu Zhenming. Indium recovery from In-Sn-Cu-Al mixed system of waste liquid crystal display panels via acid leaching and two-step electrodeposition. [J]. Journal of Hazardous Materials, 2020, 381: 120973.

[106]　陆静蓉. 废液晶显示器中铟的回收及深加工 [D]. 常州: 江苏理工学院, 2019.

[107]　Dhiman S, Gupta B. Cyphos IL 104 assisted extraction of indium and recycling of indium, tin and zinc from discar-ded LCD screen [J]. Separation and Purification Technology, 2020, 237.

[108]　李严辉, 张欣, 杨永峰, 等. ITO 废靶中铟的回收 [J]. 中国稀土学报, 2002, 20 (1): 256-258.

[109]　Assefi M, Maroufi S, Nekouei R K, et al. Selective recovery of indium from scrap LCD panels using macroporous resins [J]. Journal of Cleaner Production, 2018, 180 (10): 814-822.

[110]　Itoh S, Maruyama K. Recoveries of Metallic Indium and Tin from ITO by Means of Pyrometallurgy [J]. High Temperature Materials and Processes, 2011, 30 (4-5): 317-322.

[111]　He Yunxia, Ma E, Xu Zhenming. Recycling indium from waste liquid crystal display panel by vacuum carbon-re-duction [J]. Journal of Hazardous Materials, 2014, 268 (15): 185-190.

[112] Wang Ruixue，Hou Yiqing，Xu Zhenming. In-situ reaction for recycling indium from waste liquid crystal display panels by vaccum reduction with pyrolytic carbon as reductant ［J］. Waste Management，2019，85：538-547.

[113] 刘欢，华中胜，何几文，等. 废弃氧化铟锡中铟的回收技术综述 ［J］. 材料导报，2018，32 (11)：1916-1923.

[114] Ma En，Xu Zhenming. Technological process and optimum design of organic materials vacuum pyrolysis and indium chlorinated separation from waste liquid crystal display panels ［J］. Journal of Hazardous Materials，2013，263：610-617.

[115] Park K S，Sato W，Grause G，et al. Recovery of indium from In$_2$O$_3$ and liquid crystal display powder via a chloride volatilization process using polyvinyl chloride ［J］. Thermochimica Acta，2009，493 (1)：105-108.

[116] 颜嘉德，周鼎金. LED 照明于绿色创新产品之设计研究 ［C］// 海峡两岸照明科技与营销研讨会. 2010.

[117] 杨光. 通用型 LED 照明模块化的应用 ［J］. 中国照明电器，2014 (9)：6-9.

[118] 刘沁. 绿色照明及其照度计算的定量研究 ［J］. 激光杂志，2011，32 (5)：15-16.

[119] 胡振荣. 绿色 LED 照明技术及其应用研究 ［J］. 电子测试，2017 (12)：115-117.

第6章 其他制造业中关键金属二次资源综合利用

6.1 各类制造业中关键金属二次资源概述

金属材料是我国使用最多的材料之一，是国民经济发展的基础材料，广泛应用于航空航天、汽车、建筑、通信、电力、机械制造、家电等行业。随着现代技术的快速发展，金属材料在人类发展中的地位越来越重要。

改革开放以来，我国大力兴建金属冶炼、加工企业，投入大量的人力、物力、财力组建相关设计、施工、科研、环保、教育单位，形成布局合理、体系完整的高竞争力产业。为使金属材料应用于更多的行业中，相关单位正在优化对金属行业的投资结构，加大投资力度，使有色金属材料具有更广泛的应用。

下面针对各行业中金属应用现状进行分析。

（1）机械制造

机械工程中的电机、电路、油压系统、气压系统和控制系统中大量使用铜，各种传动件和固定件，如缸套、连接件、紧固件、齿轮、扭拧件等，都需要以铜或铜合金减磨和润滑；此外，机械制造中的轴承合金、焊料合金、磨具合金中会使用含铅的合金材料。由于合金强度高，锑与锡、铝、铜的合金广泛应用于制造轴承、轴衬及齿轮材料。

（2）交通运输

铌和钽的热强合金具有良好热强性能、抗热性能和加工性能，广泛应用于航空航天工业中，例如：火箭、飞船的发动机和耐热部件，航空发动机的零部件、燃气轮机的叶片通常会使用高纯铌或铌合金。由于镁合金可以大大改善飞行器的气体动力学性能并能明显减轻其结构重量，许多部件用其制作，目前镁合金在航空的应用领域包括各种民用、军用飞机的民动机零部件、螺旋桨、齿轮箱、支架结构及火箭、导弹和卫星的一些零部件等。钼基合金因为具有良好的强度、机械稳定性、高延展性而被用于高发热元件、挤压磨具、玻璃熔化炉电极、喷射涂层、金属加工工具、航天器的零部件等。飞机中的配线、液压、冷却和气动系统需使用铜材，轴承保持器和起落架轴承采用铝青铜管材，导航仪表应用抗磁铜合金。飞机发动机、宇航船舱骨架、导弹、蒸汽轮机叶片、火箭发动机壳主要采用钛-铝-钒合金。

A350 飞机用钛主要部位和部件如图 6-1 所示。

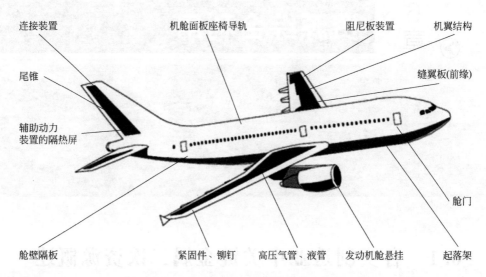

图 6-1　A350 飞机用钛主要部位和部件

在船舶行业中铜合金使用非常广泛，在军舰和商船中铜和铜合金一般用作铝青铜螺旋桨、螺栓、冷凝管、铆钉、含铜包覆涂料等。钛及钛合金被广泛应用于核潜艇、深潜器、原子能破冰船、水翼船、气垫船、扫雷艇以及螺旋桨推进器、海水管路、冷凝器、热交换器等。易被腐蚀的海洋设备中通常使用含钼量为 $4\%\sim5\%$ 的不锈钢。

汽车行业中铜和铜合金主要用于散热器、制动系统管路、液压装置、齿轮、轴承、配电和电力系统、刹车摩擦片、垫圈以及各种接头、配件和饰件等。研究表明，汽车自重每减少 10% 燃油效率则可提高 5.5%，废气排放量相应减少。镁合金因其质轻，可显著减轻车重，降低油耗，减少尾气排放量，提高零部件的集成度和设计的灵活性，被广泛用于汽车仪表板、座椅支架、变速箱壳体、方向操纵系统部件、发动机罩盖、车门、发动机缸体、框架等零部件上。

铁路列车上的电机、整流器以及控制、制动、电气和信号系统等也都要依靠铜和铜合金来工作。此外，铁路的电气化对铜和铜合金的需求量很大。含钒的高强度合金钢广泛应用于输油/气管道、建筑、桥梁、钢轨等生产建设中。含钒高强度合金钢主要有高强度低合金（HSLA）钢、HSLA 钢板、HSLA 型钢、HSLA 带钢、先进高强度带钢、建筑用螺纹钢筋、高碳钢线材、钢轨、工具和模具钢等。

（3）轻工业

铜及铜合金经常用于制造空调器的热交换器、辊轮、印刷铜版、发酵罐内衬、蒸馏锅、建筑装饰构件等。

（4）包装行业

镀锡板具有良好的密封性、保藏性、避光性、坚固性和抗腐蚀性，无毒且具有良好的金属光泽，被广泛应用于如罐头、饮料等食品的包装行业。

（5）电力行业

电力输送如线电缆、变压器、开关、接插元件和连接器等；电机制造如定子、转子、轴头和中空导线等；通信电缆及住宅电气线路均需使用大量的铜导线。高速光纤网、链路、光纤传感器、光纤制导及光纤系留装置中也会采用锗。

（6）电子行业

镁合金具有防震、抗电磁波干扰等优点，主要应用于笔记本电脑、手机的外壳以及中高端及专业数码单反相机的骨架。金属铟和镓可以形成直接带隙宽、原子键强、热导率高、化学稳定性好和抗辐照能力强的半导体材料（如 GaAs、InP 和 GaN 材料等），在光电子、高温大功率器件和高频微波器件应用方面有着广阔的前景。例如：镓应用于太阳能电池的制造中，该电池具有良好的耐热、耐辐射等特性和高光电转换率；铟和锡形成铟锡氧化物 ITO广泛应用于薄膜晶体、液晶显示器、等离子显示器等的生产制造过程中。铜具有良好的导电性，印刷电路会使用大量的铜箔和铜基钎焊材料，集成电路中采用铜作互连线和引线框架，电真空器件如高频和超高频发射管、渡导管、磁控管等采用高纯度无氧铜和弥散强化无氧铜。含铋半导体材料常用于高速集成电路、参量放大器、离子雪崩光控二极管、光导摄像显像管等。该材料也可作为温差电器元件用于太阳能电池、低温温差电源和导电涂层，应用最多的是 Bi-Te-Se 温差致冷元件。

（7）冶金工业

冶金设备连续铸造技术中的关键部件结晶器通常采用铬铜、银铜等高强度和高热导率的铜合金制造，电冶金中的真空电弧炉和电渣炉水冷坩埚使用铜管材制造，其中感应加热的感应线圈都是用铜管或异型铜管绕制而成的。含镍的不锈钢既能抵抗大气、蒸汽和水的腐蚀，又能耐酸、碱、盐的腐蚀，被广泛地应用于化工、冶金、建筑等行业，如制作石油化工、纺织、轻工、核能等工业中要求焊接的容器、塔、槽、管道等，制作尿素生产中的合成塔、洗涤塔、冷凝塔、汽提塔等耐蚀高压设备。含镍合金钢主要应用于制造化工生产中使用的耐酸塔及用于改造桥梁。钨能够提高钢的强度、硬度和耐磨性，被广泛应用于各种钢材的生产中，常见的含钨钢材有高速钢、钨钢以及具有高磁化强度和矫顽磁力的钨钴磁钢等，这些钢材主要用于制造各种工具，如钻头、铣刀、拉丝模、阴模和阳模等。铬质硬，常用来炼制不锈钢、耐热钢及各种电热元件材料。铬钢是制造机械、坦克和装甲车的优质原料。锡常用于制造电碳制品、摩擦材料、含油轴承及粉末冶金结构材料。

（8）能源及石化工业

铜大量应用于能源及石化行业。能源工业火力发电厂的主冷凝器管板和冷凝管均使用黄铜、青铜或白铜制造，太阳能加热器也常使用铜管制造。石化工业使用铜制造接触腐蚀性介质的各种容器、管道系统、过滤器、泵和阀门、蒸发器、热交换器和冷凝器等。由于铜不但耐海水腐蚀，溶入水中的铜离子有杀菌作用，可以防止海洋生物污损，铜及其合金也已在海水淡化工厂、海洋采油采气平台以及其他海岸和海底设施中广泛应用，如海水淡化过程中使用的管路系统、泵和阀门以及采油采气平台上使用的设备，包括飞溅区和水下用的螺栓、抗生物污损包套、泵阀和管路系统等。锡、铂、镍、钨等的化合物常用于制备催化剂。

6.2　退役飞机综合利用

现代航空业是经济发展的发动机和助推剂，航空业发展与经济发展高度相关。根据 2018 年《全球航空运输业现状及展望》，近几年航空运输业的需求量出现迅猛增长，全球每年机队规模大约净增 1000 架。随着飞机新增交付量的提速增长，退役飞机的数量和退役率也在增长，特别是 10 年后民用客机也将迎来退役高峰。根据波音公司的预测，到 2029 年，全球约有 1.2 万架大型民用客机结束飞行。目前，废弃飞机的处理一直都没有得到应有的重视，有些飞机被放置在沙漠里，有些被废弃在飞机场，还有一些则被随意地销毁；另外，燃油价格的高涨也使得一些效率较低的老龄飞机大量停飞。在英国的科茨沃尔德丘陵地区机场的停机坪上以及南欧和美国的中西部大沙漠里停放着数以千计的不再使用的退役飞机，人们把这些地方称为"飞机公墓"[1]。此外，航空业对于退役飞机的拆解和零部件的回收利用尚无公认的执行标准，随意地拆解或弃置那些处于非安全存放状态的飞机将带来一系列的风险，未经恰当分类就将拆卸下来的零部件一起处理，金属回收率不到 50%，而且各种废金属混杂在一起价值不高。因此，为退役飞机找到一个在环境、经济方面合理有效的出路迫在眉睫。

飞机退役后，其一部分被卖到发展中国家继续服役或者改装成货运机，而被宣布最终退役的飞机则被拆解、破碎、回收废材料。拆下可被再利用的零部件，将它们修复后再用于制造飞机，飞机上 50% 的零部件可循环利用，其余材料则以铝合金回收。

6.2.1　退役飞机回收市场分析

根据飞机回收协会（Aircraft Fleet Recycling Association，AFRA）中拆解与回收公司提供的数据，2012～2013 年一架退役飞机的平均买入价是 160 万美元（未限定飞机类型），但该平均值未来将会有所提升，可能介于 100 万～3000 万美元之间[2]。假设窄体客机与支线飞机的发动机数为 2 个，宽体客机为 4 个，窄体机和支线喷气机及其发动机的平均拆解费用分别是 12.2 万美元和 9.5 万美元，宽体客机则为 23.4 万美元。拆解回收飞机的利润如表 6-1 所列。飞机拆解业务的投入与产出对比明显，利润空间很大，同时还可拉动周边产业的产值，如物流、维修、冶金等行业。

表 6-1　飞机拆解利润　　　　　　　　　　　　　　　　单位：万美元

项目	窄体机	宽体机	支线飞机
所有机型平均购入价	160	160	160
总拆解费用	12.2	23.4	9.5
总销售收入	690	1730	500
利润	517.8	1546.6	330.5

6.2.1.1　退役飞机废料的特征

世界上的飞机材料以铝、钛、钢为主，其中各种铝合金零部件的质量占比达到了飞机总质量的 75%～80%[3]，铝合金的牌号多达二十多种，成分非常复杂，其中主要以铝合金牌号 2024 和 7075 为主[4]，这两种牌号的铝合金有着高强度、良好的耐热性、抗疲劳性和加工性能等优点，飞机材料对铝的质量要求非常严格，因此价格也要比普通的熔铸铝合金高出十几倍，有些甚至高出几十倍，如果能够合理高效地把报废飞机的铝合金重熔再生[5]，再生成能用于飞机制造的材料，而不是降级成普通的铸造铝锭，产生的经济效益将是无法估量的[6]。

6.2.1.2　国外相关项目进展

世界各国都开始积极开展退役飞机再利用业务。作为企业社会责任的一环，欧美飞机企业目前正在构建环保型拆解系统，波音、空客等主要飞机制造商虽然没有在内部设立专门的机构从事飞机的拆解与回收业务，但都积极部署项目开展拆解与回收方面的技术研究。波音公司在 2006 年设立了由 12 个国家的 56 家公司组成的飞机回收企业联盟 AFRA，一方面与拆解回收公司合作探讨最佳拆解与回收方案，共同制定行业规则；另一方面带头研究新型材料的回收技术，开发拆解后零部件的市场。例如：空客公司在 2009 年设立了飞机回收专业公司 TARMAC，在拆解与回收实务中走在制造商的前端；庞巴迪选定拆解飞机的合作伙伴，致力加强回收技术的研究；巴航工业则开展较小的飞机回收研究项目。

（1）空客 PAMELA 项目

2005 年之前，全球范围内针对飞机材料回收没有非常标准的管理流程。空客从 2005 年开始布局飞机使用寿命终结的高级管理流程（PAMELA）项目，空客与合作伙伴 SITA、EADS CCR、Sogerma Services 和 the Préfecture des Hautes-Pyrénées 一起，在塔布机场（法国西南）建立了专门的实验中心，历时两年，空客以一架 A300 客机做拆解试验机，完成从飞机退役、停放到处理整个过程中的飞机修复、设备零部件拆除以及危险废弃物管理回收等工作。PAMELA 项目完成了世界上首例整机拆解回收处理工作，建立了适用于一般民用机的分类回收方案，规范了飞机零部件及材料的回收途径和方法，制定了飞机拆解回收处理流程，把飞机零件的修复利用率提高到 80%；再使用和回收率提高至 70% 以上，大幅减少了制造过程中的能源消耗和二氧化碳排放，有效保护环境。PAMELA 的后续计划还包括进一步建立产业标准，争取实现材料的 100% 回用[7]。

目前，PAMELA 项目已进入第二阶段——TARMAC-AEROSAVE 阶段，空客与 SITA、Snecma Services、Equip' Aéro、TASC Aviation 和 Aéroconseil 合作共同推进退役飞机回收产业化，旨在寻找安全、环保的方式进行飞机退役及循环利用。该公司于 2009 年 2 月正式运营，截至 2020 年该公司已存储 200 多架飞机，计划今后飞机拆解能力达到每年 20～30 架。已完成一个 A380 飞机静压测试结构段的拆解，并对新合金的回收能力进行了测试和评估，约 98% 的金属零部件可以被回收。除空客自己生产的机型外，塔布飞机回收与维护中心还拆解过福克 100、DC-9、波音 737-400 等机型，其拆解流程与 PAMELA 项目流程相似。由于一些复杂的多功能复合材料中包含嵌入式铜网、传感器、加强层和涂层等，给回收造成了难度。所以该公司发起了一个材料回收项目进行溶剂分解作用的测试，以获得将碳纤维从树脂中分解出来的最佳方法。

（2）飞机机队再利用协会（AFRA）

飞机机队再利用协会（Aircraft Fleet Recycling Association，AFRA）于 2005 年 11 月成立，其宗旨是建立一个全球的飞机拆解和再利用联合体，采用最精确、最环保的方式拆解回收退役飞机。目前 AFRA 已有 55 家成员企业，已经完成了 6000 架民用飞机和 1000 架军用飞机的回收工作，每年回收和分解 150 架飞机，占全球每年报废飞机总量的 1/3，每年有高达 25000t 铝、1000t 特种合金以及 600t 的零部件可供再使用。

AFRA 汇集了到目前为止从退役飞机上拆解发动机的最佳管理典范经验，制定了回收行业"最佳管理典范（BMP）指南"，通过审核认证程序来推动建立行业环保标准并鼓励最佳管理典范的实施。此外，AFRA 还有两个研发项目：一个是从飞机零部件中回收提取稀贵金属的工艺；另一个是回收铝合金的检测技术，目的都是为了增加回收金属的附加值。这些创新技术的开发还促进了 AFRA 成员之间的技术合作。AFRA 努力使飞机制造业形成一个对环境友好的"闭环"系统，回收再利用的材料仍用于自身供应链中。

GE 航空集团与数十家发动机维修企业签署了发动机报废回收计划，每年从中回收大量的高压涡轮合金，使得 GE 公司生产中所需要的铼用量减少了近 10%。GE 公司希望每年回收约 45.36t 各种金属合金。在航空发动机上应用的特殊元素在地壳中的含量较少，回收再利用不但可以减少资源的消耗、改善废弃物堆积造成的环境污染，同时还可以节省资金，并将这些贵重材料保留在航空领域使用。除此之外，其他公司（见表 6-2）均有涉及退役飞机拆解和回收利用。

表 6-2　全球主要飞机拆解和回收公司[2]

序号	公司名称	简介	国家
1	ADI-Aircraft Demolition&Recycling	专门从事飞机拆解和再利用业务的企业	美国
2	Aero Liquidation	专门从事飞机拆解和再利用业务的企业	美国
3	AerSale	飞机售后服务和航材提供商,兼营飞机拆解和再利用业务	美国
4	Aircraft Demolition	专门从事飞机拆解和再利用业务的企业	美国
5	ARC Aerospace Industries	专门从事飞机拆解和再利用业务的企业	美国
6	Ascent Aviation Services	飞机维修商,兼营飞机拆解和再利用业务	美国
7	Av-Air,Inc.	飞机售后产品和服务供应商,主营飞机拆解、租赁及托管业务	美国
8	BonusTech	发动机维修商,兼营飞机拆解和再利用业务	美国
9	CAVU Aerospace	专门从事飞机拆解的企业	美国
10	GA Telesis	航材供应商,兼营飞机拆解和再利用业务	美国
11	GECAS Asset Management Services	融资租赁企业,兼营飞机拆解和再利用业务	美国
12	Hondo Aerospace	航材供应商,兼营飞机拆解和再利用业务	美国
13	Honeywell Aerospace Trading	航材供应商,兼营飞机拆解和再利用业务	美国
14	Magellan Aviation Services	售后服务供应商,兼营飞机拆解和再利用业务	美国
15	Marana Aerospace Solutions	飞机维修商,兼营飞机拆解和再利用业务	美国
16	MD Turbines	专门从事发动机拆解的企业	美国
17	Southern California Aviation	飞机和发动机储存、维护和拆解服务提供商	美国
18	Stewart Industries	飞机维修商,兼营飞机拆解和再利用业务	美国
19	Universal Asset Management	航空资产管理公司,业务包括飞机拆解	美国
20	VAS Aero Services	航空零件和服务提供商,兼营飞机拆解业务	美国
21	Avocet Capital,LLC	从事商用飞机融资和拆解	美国
22	Air Salvage International	专业飞机拆解公司	英国
23	Apple Aviation	飞机维护服务供应商,主营业务包括飞机拆解	英国

序号	公司名称	简介	国家
24	ECube Solutions	主营业务为飞机拆解和提供飞机储存场地	英国
25	GJD Services	从事飞机退役、飞机维修、飞机资产管理、飞机拆解和再利用业务的企业	英国
26	KLM UK Engineering	飞机维修商，业务包括飞机拆解和再利用	英国
27	Orange Aero	涡轮喷气发动机部件拆解和供应商	英国
28	Rotable Solutions	从事飞机融资租赁、飞机拆解业务的企业	英国
29	Sycamore Aviation	专门从事飞机再利用业务的企业	英国
30	United Recovery&Recycling	专门从事飞机拆解和再利用业务的企业	英国
31	Valliere Aviation Group	主营飞机维修、飞机拆解、飞机零件销售业务	法国
32	Tarmac Aerosave	主营飞机存储、维修、拆解和再利用业务	法国
33	Rheinland Air Service GmbH	飞机维修商，兼营飞机拆解	德国
34	JALFRA	专门从事飞机拆解和再利用业务的企业	意大利
35	JMV Aviation	飞机融资租赁企业，兼营飞机拆解业务	卢森堡
36	AELS-Aircraft End-of-Life Solutions	专门从事飞机拆解和再利用业务的企业	荷兰
37	Pastoor Aero	专门从事飞机拆解和再利用业务的企业	荷兰
38	Falcon Aircraft Recycling	专门从事飞机拆解和再利用业务的企业	阿联酋

6.2.2　退役飞机综合利用研究现状

不同类型的飞机在材料结构、种类、成分等方面有明显区别，因此其拆解作业流程也各不相同。随着拆解经验的积累，以及国家对再生资源回收行业转型升级的推动，拆解工艺流程将不断优化。退役飞机拆解过程一般遵循先由整机拆成总成，由总成拆成部件，再由部件拆成零部件的原则。一般来说，退役飞机的拆解流程如图 6-2 所示。

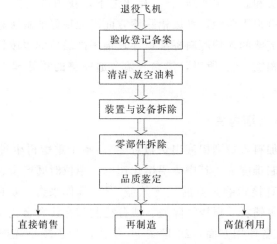

图 6-2　退役飞机拆解流程

① 退役飞机进入拆解场地存放后，首先根据安全存放规程对目标进行清洁处理，消除污染，然后排空航空油料等易燃物品，同时进行验收、登记，建立相应档案资料。该工序产出航空油料及整机。

② 拆除重要设备与零部件，包括发动机、辅助动力装置、吊架、起落架、航电设备盒、飞行控制设备、电池和液压泵等部件。对设备与零部件进行检测评定并标注其等级。该工序中通过检测评定的部件可直接销售或用于再制造中产品，未通过评定的部件回收利用。

③ 智慧拆解与升级利用。对机体进行最终排液作业，现场对拆解材料进行快速材质判定，先拆除有害材料，然后将机体完全拆解，分解后的机身件会被送到专门的厂房，进行深度分解和材料分离。金属部分根据其软硬程度区分，并切成易于分类的碎片，分类后铝合金、钢、铜、钛等置于专门的容器进行再加工，塑料部分也进行类似的分类处理。对于复杂的部件，如航电设备箱，应按照欧盟的处置条例进行处理。本工序产出各类铝合金、钛、高温合金、不锈钢等合金材料及各种非金属材料等，产品产出价值主要取决于拆解和分类过程的精细程度。一些复原后的备件经检测合格后可放到备件共享库中，以供再次使用。

6.2.2.1 废铝合金的预处理

未来几年会有大量的废弃铝合金进入报废回收市场，如废铝饮料罐（UBCs）[9]、建筑行业废铝、汽车航空业废铝和日常生活中的各种铝箔等，且其来源广泛[8]、型号成分复杂。如果将其直接混合入炉熔炼，无疑会加大再生的难度[10]。所以不论是什么类型的合金，入炉前的预处理都是必要环节。拥有体系成熟完整的预处理工艺流水线可以使再生铝企业保持很高的竞争优势[11]。

据统计，全球大约有1200家记录在册的再生铝回收利用企业[12]。再生铝企业通常会将回收的废铝合金进行破碎解体[13]、水洗、除漆除水、分选归类、成分分析、最后进行称量入炉[14]。其中分类、分析和称量是最关键的步骤，直接影响入炉料的配比[15]，进而直接决定了最终产品的质量。预处理阶段使用的主要设备有破碎机、锤磨机、挤压设备、烘干设备、机械浮选/磁选设备、称量设备、成分检测仪[16]。目前国际上应用的主要分选技术是重介质分离和抛物分选法[17]，部分企业也会开发先进的选料技术，例如空气分离、涡流分离[18]，日本的神经网络分析分选器、感应激光衰变光谱仪分选器以及海德鲁铝业应用X射线仪建立起来的废料分类和破碎生产线[19]。相比之下，我国再生铝企业的废铝预处理技术水平与国外企业相比还有很大差距，在废铝除漆方面尚无很好的解决办法，大多数企业还依靠人工选料分类，尚无成熟的入炉配料标准，导致很多高品质的报废铝、锻造铝合金只能被重熔轧制成低端的铸造铝锭[20]。所以，建立一条合适完整的预处理工艺生产线是我国再生铝企业面临的首要难题。

6.2.2.2 废铝合金的重熔再生

重熔再生阶段是从加料入炉到铝液出炉过程[21]。整个重熔再生过程都是在高温环境进行，该过程能耗大、控制难度大，其中废铝熔化速率、单位时间产量、吨铝能耗、烧损程度以及污染物排放量都会直接影响企业的经济效益[22]。具体来讲，炉内熔炼过程分为加料、加热熔化、加入覆盖剂等辅料、搅拌、除渣、成分检测和在线合金化调整成分，最后得到预期的金属熔体[23]。在设备使用方面，20世纪90年代，为了减小烧损提高产量，主要采用高功率感应坩埚炉[24]和对流式L形熔铝炉[25]。随着技术的发展，现在的熔炼设备主要有倾斜式回转炉、侧井炉（铝屑炉）、单炉膛火焰熔化炉、感应熔铝炉、竖炉、水平式回转炉、双室熔炼炉、反射炉[26-28]。其中反射炉在国内大多数再生铝厂中广泛使用，企业又根据自身特点及实际生产情况，在反射炉的基础上改造出诸多衍生炉型，如双室反射炉、对流式反射炉、加料井式熔铝炉、旋转式反射炉、落差式反射炉、辐射式反射炉、携带电磁搅拌系统的反射炉等[25,29]。

废铝合金冶炼过程中，金属液的反应和流动行为，如金属液与炉衬之间的反应，溶液上表面与产生的烟气之间的反应，金属液与冶炼渣之间的反应等，均会改变最终金属熔体的质量[30]。所以，为了有效控制熔炼过程中的夹杂物含量、增铁行为、合金烧损率以及氧化再污染等[31]，部分国外企业在原有设备上增加了热交换系统或蓄热系统[32]，并且针对铝箔型料增设了沉淀系统、炉外循环系统和模拟系统[33]。

6.2.2.3　熔体的精炼

炉内的冶炼过程受高温、物料杂质等多种因素影响[35]，金属熔体中的元素含量和机械性能指标很难均控制在客户要求范围内，因此后期熔体精炼过程尤为重要。熔体中的杂质主要分为一次夹杂和二次夹杂，一次夹杂是从原料和冶金渣中带入，二次夹杂是冶炼过程中炉内物理或化学反应产生的。熔体中的杂质主要包括各种固体氧化物、耐火材料中的尖晶石颗粒和一些聚集夹杂物等[36]，气体夹杂主要是油和水产生的氢气，其中金属铁及其化合物夹杂和氢气对金属熔体的危害最大。

精炼方式按净化的原理可以分为吸附和非吸附两种类型[37]，具体的方法有熔剂法、吹气法（气泡浮游法）、电熔剂法、电磁净化法、过滤法、真空法和超声波法[38,39]。目前国内外再生铝企业通常选用熔剂法精炼净化，但是要达到最终的净化效果需要使用多种不同功能的熔剂进行净化，延长了冶炼周期，降低了产量，限制了经济效益。氟盐和氯盐[40]是最常用的精炼剂，其产物 HCl 等腐蚀性气体对人体和生产设备危害较大。过滤法和吹气法也由于其自身的局限性，正在被更先进的精炼方式取代[41,42]，如旋转喷粉法、泡沫陶瓷法、稀土净化法，具体有 FI 法、Heproject（移动式旋转喷射熔剂）法、MINT 法、SNIF 法、ALPUR 法等（铝熔体主要净化方法比较见表 6-3）[29,43-45]。20 世纪 90 年代中期由美国开发的 LARS 变质处理技术是国际上最为先进的金属熔体精炼系统之一。自 20 世纪末以来，我国的一些大型再生铝企业相继引进了 MINT、ALPUR 等先进的在线净化熔体系统，同时也在开发一些适合我国国情、拥有自主知识产权的处理工艺，逐步缩小与发达国家的差距。

表 6-3　铝熔体主要的净化方法

净化方法	基本原理	备注	参考文献
吸附净化	精炼剂具有的吸附作用来实现除杂与除气的目的	主要方法有吹气净化、氯盐精炼剂净化等	[37,46]
非吸附净化	真空下，铝液中的溶解氢易析出，产生的氢气泡能够实现除杂	主要方法有真空静态净化、真空动态净化	[46,47]
泡沫陶瓷过滤	海绵状的氧化铝和氧化锆为过滤片去除杂质	净化效果显著，操作方便，适用于连铸连轧	[47]
FI 熔体净化	用氧化铝球进行过滤，同时通入氮气并加覆盖剂	除气除渣效果较好	[29,48]
SNIF 熔体净化	氯气和氮气由旋转喷嘴吹入，实现铝熔体的净化	净化效果好，缺点是喷嘴容易烧损	[29,48,49]
ALPUR 熔体净化	由旋转喷嘴向熔体喷入氩气，形成气泡除去杂质	箱体可转动，提高效率，净化效果较好	[29,42,49]

6.2.2.4　废铝合金不同杂质元素的处理

再生铝行业的原料来源广，包括各种生活和生产中的铝合金废料。此外，原料在入炉重熔之前未经完善的预处理过程，再加上炉内耐火材料侵蚀等因素的影响，使得再生铝产品中的元素种类、含量难以有效控制[50]。据检测，在熔炼过程中，金属液中除 Al 之外还有 Cu、

Mn、Si、Zn、Cr、Fe、Co、Ni 等近 20 种元素，严重影响了再生铝产品的质量。所以采用经济环保的方法将杂质元素去除[51]，以及将杂质元素含量控制在国家规定的标准范围内是再生铝过程中的关键环节。

不同的杂质元素都有其特有的物理化学性质，它们的氧化性、挥发性、溶解度、电磁性、吸附性等方面存在一定的差异，可以依据其差异采用不用的方法去除[52]。目前再生铝企业在生产过程中采用的去除杂质方法主要有选择性氧化法、氮化法、氯化法、冰晶石熔剂精炼、蒸馏法，通过控制温度、真空度、时间等条件，从而将各种元素都控制在标准范围内。金属杂质主要去除方法及原理见表 6-4。

表 6-4　金属杂质的去除方法和基本原理

除杂方法	适合元素	基本原理	参考文献
氮化法	钠、锂、钛	金属杂质与氮能够生成稳定氮化物进而被除去	[53,54]
氧化法	锌、钙、镁、锆	利用选择性氧化的原理,金属杂质与氧生成氧化物进入熔渣被去除	[45,55]
氯化法	镁	镁对氯亲和力比钙强,因为密度小,生成的氯化镁会上升到金属液表面	[56]
沉淀法	铁、锌	利用密度的差异将金属杂质去除	[37]
稀释法	所有金属杂质	加入适量纯铝锭进行稀释,降低金属杂质的百分比含量	
熔剂法	镁、铁、	加入合适的熔剂,与金属杂质生成稳定的物相,从金属液中去除	[50,54,55]
熔析结晶法	铁、钠、钙	利用溶解度的差异,在铝合金中加入特定金属进行共熔、过滤、真空蒸馏达到去除金属杂质的目的	[54,57,58]

受整个回收流程的影响，不论是易拉罐铝再生还是交通行业铝合金再生，Fe、Mg、Zn都是要重点去除的杂质元素（不同铝合金的合金元素含量见表 6-5）。

表 6-5　不同合金种类的合金元素和含量

合金种类与牌号		合金元素和含量/%							
		Si	Fe	Cu	Mn	Mg	Zn	Ti	Al
易拉罐用铝	3004	0.3	0.7	0.25	1.0~1.5	0.8~1.3	0.25	<0.1	余量
	3104	0.6	0.8	0.05~0.25	0.8~1.4	0.8~1.3	0.25	<0.1	余量
汽车板用铝	6016	1.0~1.5	<0.5	<0.2	<0.2	0.25~0.6	<0.2	<0.15	余量
	5022	<0.25	<0.4	0.2~0.5	<0.1	3.5~4.9	<0.15	<0.15	余量
航空飞机用铝	2024	<0.5	<0.5	3.9~4.9	0.3~0.9	1.2~1.8	<0.25	<0.15	余量
	7075	<0.4	<0.5	1.2~2.0	<0.3	2.1~2.9	5.1~6.1	<0.2	余量

① 铁元素通常可以采用稀释法、重力沉降法将其控制在标准范围内，由于温降太大，只有部分小型企业还在使用这种方法。除此之外，还可以采用熔剂法向熔体中加入氯化锰或硼砂等去除铁，利用密度差异离心去除铁，利用富铁相与金属液的电磁差异电磁分离去除铁，加入合金元素形成特定相再利用泡沫陶瓷过滤器复合除铁。

② 适当含量的镁能很好地提升合金的强度，而过量的镁会加速合金的腐蚀和开裂，缩短产品使用周期。工业上去除镁元素的方法有很多，例如：利用镁铝与氧的亲和力差异氧化除镁，利用生成的氮化物稳定性差异除镁，利用挥发性差异蒸馏除镁，利用吸附性差异吸附除镁，外加二氧化硅等添加剂除镁[55]。

③ 锌元素对合金的焊接性能有很大的影响。除锌的方法有搅拌法、沉淀静置法和真空蒸馏法[59]，其中搅拌法不仅会造成合金烧损，还会引入气体夹杂，所以企业一般不会采用搅拌法除锌。

不同的企业根据自身的生产条件选用不同的方法去除各种杂质元素，每种方法都存在或大或小的缺点，所以探索更加经济高效去除杂质元素的方法还是很有必要的。

针对飞机不同部位对材料性能需求的差异，冶炼过程中对不同牌号和应用部位不同的同牌号铝合金需采用不同的热处理状态，如下翼面肋的 7075 合金采用 T73 热状态[60]，上翼面壁板的 2024 合金采用 T851 热状态，机身蒙皮的 2024 合金采用 T351 热状态（不同合金的热处理状态和用途见表 6-6），尽可能延长合金的使用寿命。

表 6-6　不同合金的热处理状态及其用途

合金型号	热处理状态	用途
2024	T351,T851	机身结构、翼抗拉伸区域、刚性结构部位
2124	T851,T351	机身加工零件、隔框、机翼的蒙皮、结构件等
7050	T7651,T7451	机身的框架和隔框
7150	T7751,T6151	上翼面蒙皮、加强板和低水平部位的安定面板
7055	T7751	上翼面结构、水平安定面、龙骨梁、运货滑轨
7075	T7651,T651,T7351,T73	高强度结构件、中等韧性和抗腐蚀能力的机构间、下翼面肋
7475	T651,T7351	机身和机翼的部分蒙皮、隔框、翼梁

6.3　废高温合金综合利用

高温合金是以铁、镍、钴为基，同时添加多种其他金属如铝、铬、钼、钨、钽、铌、铼、钛、锆和铪等，以及非金属如硼和碳，能在 600℃ 以上的高温及一定应力作用下长期工作的一类金属材料[61,62]。高温合金为单一奥氏体组织，在各种温度下具有良好的组织稳定性和使用可靠性。因其具有较高的高温强度，良好的抗氧化和抗腐蚀性能、疲劳性能、断裂韧性等综合性能，已经从最初的仅为航空航天产业服务逐步拓展至原子能、玻璃制造、石油化工、冶金、汽车增压涡轮、燃气机等产业领域应用[63,64]。高温合金是具有战略意义的重要金属材料，至今还没有一种材料能替代这种“超级合金”[65]。高温合金一般占航空发动机总重量的 40%～60%，目前国际市场上每年消耗近 30 万吨的高温合金材料，我国高温合金材料年产量约 1 万吨，仅为许多发达国家的几十分之一。

随着我国国防军工不断发展，近几年航空航天、发电领域高温合金的使用量保持着每年 15% 以上的增长速度，但航空工业的高温合金有效利用率仅为 10%～15%。在高温合金加工及使用过程中会产生大量的合金废料，包括制备过程中产生的冒口、刨屑、车屑等，高温合金构件、零部件等铸造与锻造加工产生废料以及到达使用期限的高温合金构件、零部件等。高温合金中的稀贵金属含量可达 10% 以上，国内每年产生高温合金废料达 7000t 以上，由于缺乏专业回收网络和具备专业技术、相应管理水平的废料回收企业，大部分高温合金废料被迫降级使用，大量战略性金属以及价格昂贵的稀贵金属被浪费，并造成重金属污染[66]。少量用于高温合金再制造的材料由于废料预处理技术不完善，导致杂质元素掺杂其中，影响高温合金性能及其使用寿命。因此，发展高温合金中有价主金属成分及稀贵金属元素的循环再利用技术是实现高温合金和稀贵金属资源的高效利用的唯一途径，也是促进高温合金健康发展的战略性计划。

6.3.1　高温合金废料来源与特性

6.3.1.1　高温合金废料来源

我国高温合金废料主要有以下几个来源[67]。

① 高温合金熔炼生产过程中产生的块状废料。这些块状料又可分为熔炼厂的厂内料和厂外料。由于企业成本收益意识不断增强，国内不少熔炼厂已经对厂内料进行追踪、分类和鉴定，厂内返回料的使用率很高，部分还可进行多次循环。虽然现代化的分析鉴定手段可以确定厂外料的成分，但可追踪性差阻碍了其直接回炉熔炼高温合金。在航空发动机铸件生产中，合金零件的最终重量仅占投入熔炼合金重量的30%，其余合金为返回料，返回料循环几次后可以产生部分高温合金废料。

② 加工企业对零部件进行机械加工和表面处理时会产生车削料。金属市场买卖的高温合金的车削料几乎得不到单一牌号的，车削料混杂现象十分严重。即便是单一牌号的车削料，批次不同、废料来源不同也是车削料重熔再生的一个很大的问题。

③ 磨削料几乎不能用于重熔再生，但是可以用来做提取有价金属。目前很多小试的金属提纯利用率都达到了80%甚至是90%以上。

④ 高温合金零部件达到使用期限必须报废，更新换代下来的材料只能成为回收废料。

⑤ 我国每年还有一定量从国外进口的高温合金废料。

6.3.1.2　高温合金废料特性

高温合金材料按照基体元素分为铁基高温合金、镍基高温合金和钴基高温合金[68]。其中镍基合金是应用最广、高温强度最高的一类合金，被人们称作发动机的心脏。

按照制造工艺，高温合金材料可分为变形高温合金、铸造高温合金、粉末冶金高温合金和发散冷却高温合金。

按主要用途，高温合金材料可分为板材合金、棒材合金和盘材合金。

按强化方式不同，镍基高温合金可分为固溶强化型合金和沉淀强化型合金。

6.3.2　高温合金废料再生利用

6.3.2.1　高温合金废料预处理

高温合金硬度高、结构致密、形状各异、成分复杂，在回收处理前废料必须经过碎化处理后再回收。目前，碎化处理可以采用雾化喷粉技术制粉、锌熔化技术碎化等。其中气体雾化技术在生产金属及合金粉末中使用较为广泛，该技术可将高温合金废料碎化至再生处理所需的粒度。一般高温合金废料雾化处理后粒度需要降至50目以下，这有利于后续湿法或火法回收工艺大幅度降低再生处理过程中试剂的用量、缩短反应时间，从而降低生产成本，提高生产效率。

6.3.2.2　高温合金废料的利用工艺现状

高温合金废料再生工艺可以分为火法冶金、湿法冶金、火法-湿法冶金结合三大类。火法工艺主要采用表面处理和真空吹氧脱碳技术（VOD）处理高温合金废料，再结合真空感应炉、电渣炉等先进冶炼设备进行再生利用。利用无污染清洗、吹氩脱气去夹渣、特种渣系去夹杂物、高真空提纯等一系列技术实现高温合金废料的除杂。火法工艺具有效率高、流程短等优点，但存在投资大、成本高等问题。湿法工艺是将废旧高温合金预处理后进行酸浸、碱浸，让有价金属以离子的形式进入溶液，再采用化学沉淀、电解沉积、有机溶剂萃取、置换法、离子交换法中的一种或几种方法将金属元素分离出来的化学方法。湿法工艺处理废旧高温合金具有投资小、能耗低、污染小且产品附加值高等优点，特别是这类湿法冶金流程还可兼顾到金属元素的提纯，但湿法工艺存在废水处理量大等问题。

下面就火法冶金、湿法冶金及两者相结合的工艺的技术进展做简要介绍。

（1）火法冶金

火法冶金过程由清洗、干燥、焙烧、熔炼、精炼等阶段组合而成。火法工艺需先对废料进行表面处理和真空吹氧脱碳技术，再结合真空感应炉、电渣炉等冶炼设备重新熔炼后进行再生利用[69]。因此，牌号确定、组成成分单一、清洁程度较好的废料采用火法工艺回炉熔炼，能够快速得到再生的高温合金，有效实现合金资源的循环利用。但实际再生过程中这种牌号确定、成分单一、清洁度高的废料量非常少。大量的废旧合金资源成分差异大，清洁度较差，经过火法冶金工艺处理得到的再生合金材料很难达到原有的性能指标，使得大量稀贵金属和战略性金属被迫降级使用，从而造成资源浪费。因此，火法冶金在高温合金再生领域的应用范围非常有限。

当合金废料中含有钨、钼、铼、铝等金属，难以通过酸溶分离时，可通过碳酸钠焙烧进行预处理。侯晓川等[70] 开发了一种从废高温镍钴合金中浸出镍和钴的方法。碳酸钠焙烧过程中，钨、钼、铝、铼等金属形成可溶性的钠盐，用氯气、盐酸、硫酸等进行溶解浸出，镍、钴、铬、铁等金属留在渣中。这一方法可将合金废料中钨、钼等杂质有效去除，提高镍、钴的浸出率。Uwe 等[71,72] 研究了碱金属盐浴超合金再循环工艺，将高温合金废料与NaOH、Na_2CO_3、Na_2SO_4 以及适量氧化剂于 1000℃ 左右焙烧 1h，水浸后可得到含镍、钴、铬、铁等元素的固体金属相和含钨、钼、铼的钠盐溶液，实现初步分离，再用盐酸溶解固体金属相进一步分离镍、钴。此外，他们在另一个研究中采用高温合金废削与适量的苛性钠、硫酸钠混合，在 1100℃ 焙烧 3～5h；废料焙烧后冷却至室温，破碎并水浸，废料中的钨、钼、铼转化为可溶性钠盐进入溶液。滤渣粗选得到磁性的氧化镍、氧化钴及三氧化二铬，可以采用工业上成熟工艺分离回收。非磁性产物主要为钽等化合物，此时钽含量很高，可用传统方法提取分离。

王玉天等[73] 开发了一种高温合金废料金属综合回收的方法。其采用熔融雾化工艺将镍基高温合金废料熔融雾化为粒径较均一金属粉末，并将一定厚度的金属粉末置于固定流化床中；将固定流化床置于温度恒定的管式炉中，同时在管式炉中自下而上通入一定压力的反应气体，使反应气体和镍基高温合金粉末反应生成金属氧化物和氯化物，利用金属氯化物饱和蒸气压的差异将金属分离；随后进行净化处理，回收稀贵金属，如铼、钼、钌等。该发明能实现有价金属综合回收，同时大大提高稀有金属的直收率，且工艺简单、成本低、无污染。

（2）湿法冶金

高温合金废料中的主要成分镍、钴、铬、铁等可溶解于无机酸如盐酸、硫酸中，在酸中加入氧化剂（如 Cl_2、NaClO、HNO_3、H_2O_2 等）可以加速其溶解。废料中的镍、钴、铬等金属溶解于酸中，难熔金属钨、钼、钽、铌、铪等进入滤渣并富集，少量钨、钼、铼、钽、铪也会不同程度溶解于溶液中。金属在酸中的溶解程度主要取决于酸的浓度和组成，因此对不同种类的高温合金废料需要采用适宜的酸进行溶解。

王靖坤等[74] 以过氧化氢为氧化剂，采用盐酸溶解某含铼高温合金废料，通过控制盐酸浓度、氧化剂用量、反应温度及液固比等工艺参数，高温合金废料镍、钴和铼的浸出率达99%以上。王治钧等[75] 在硫酸中加入氧化剂氯酸钠，控制反应条件使废料中的镍、钴浸出率达99%以上，而其中的钨、钼、钽的浸出率均在2%以下。李长生等[76] 提出了一种从高温合金废料中回收铁、钴、镍金属产品的方法，先利用铜粉、硫酸和氧气（或空气）制得硫酸铜溶液，再将某高温合金置于硫酸铜溶液中溶解，待反应完全后在溶液中加入氨水、调节pH至弱酸性。最后向溶液中加入草酸得到金属沉淀，洗涤干燥后置于高温中热解，在非氧化性气氛中热解得金属单质及其合金，在氧化性气氛下得到相应的金属氧化物。李进等[77] 提出了一种再生含铼高温合金废料的方法，高温合金废料经雾化处理、酸溶，固液分离后，滤液用离子交换法提取铼，余液经沉淀除杂后进行镍、钴的提取与分离；滤渣经氧化处理后浸出钨和钼，钽、铪、铌等进一步富集在渣中。杜明焕等[78] 提出了一种针对不含铼的高温合金废料的再生方法，废料经雾化处理、酸溶、固液分离，滤液采用溶剂萃取法从中分离出镍和钴元素；滤渣加碱进行固相焙烧，最后对焙烧物进行破碎水浸得到钨、钼溶液与钽、铪渣。柳松等[79] 对比了盐酸、盐酸＋氯气、盐酸＋硝酸和盐酸＋硝酸＋氯气等几种无机酸溶解镍基高温合金废料的浸出效果，发现采用氧化性较强的硝酸和氯气组合的试剂溶解效果比仅用盐酸好，但化学溶解法试剂消耗量太大、溶解过程产生大量废气污染环境。

对于大块的合金废料，块状废料表面在酸溶时会形成一层氧化膜，阻碍合金的溶解过程，因此可采用化学电解法对其进行浸出。电解过程一般以合金为阳极，铜片为阴极，在盐酸体系中进行浸出。陈培丽等[80] 以镍基耐高温合金切削废料为可溶性阳极，采用隔膜电解法在氯化物体系中回收镍，考察镍离子浓度、电流密度、电解液温度、极距等参数对槽电压、阴极能耗及阴极电流效率的影响，并通过正交实验确定以阴极电流效率为目标的最佳电解条件：镍离子浓度 60g/L，电流密度 $250A/m^2$，电解液温度 65℃，极距 25cm，在此条件下阴极电流效率超过 95%。蒙斌[81] 也将隔膜电解工艺引入镍基合金废料回收镍的工艺中，以镍基合金废料浇铸成阳极，钛板为阴极，盐酸溶液为阳极电解液，控制电解槽电压能够将镍、钴、铝、镉等电位较低的金属溶解，而电位较高的金属，例如钨、钼、钽等稀有金属则在阳极泥中富集。得到的优化工艺参数为：电流密度为 $250\sim350A/m^2$，阳极室盐酸浓度为 2mol/L，阴极室盐酸浓度为 $1.5\sim2mol/L$，搅拌速度为 $450\sim700r/min$，电解液温度为 50℃。镍的溶出效率达到 90.8%，吨镍直流电单耗<2400kW·h。Stoller 等[82] 开发了一种采用电化学沉积的方法来分解回收高温合金中的金属（镍50%～75%，钴、镉、铝 3%～15%，钽、铌、钨、钼、铼、铂、铪 1%～10%），以高温合金作电极，电流频率为 0.01～1.00Hz，电解液为 15%～25% 的盐酸，若采用硫酸和盐酸混合电解液对后期处理更加有利。具体工艺流程如图 6-3 所示，其中氧化浸出的浸出液采用 NaCl 溶液，温度控制在 65～90℃之间，搅拌过程不断加入双氧水。Ta/Hf 滤液采用 MIBK（甲基异丁基酮）进一步进行分离。

Brooks 等[83] 发明了一种从高温合金废料中回收有价金属的方法，如图 6-4 所示。采用氯浸溶解合金废料，活性炭吸附钨和硅，然后采用疏水有机磷酸盐、仲胺类、叔胺类依次萃取分离钼、铁、钴，将铬沉积为碱式硫酸铬，最后回收镍。

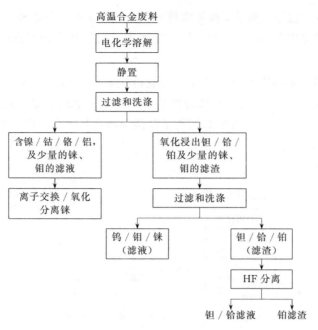

图 6-3 电化学溶解工艺流程

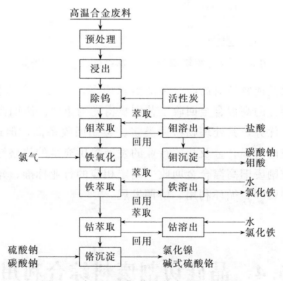

图 6-4 氯浸-吸附-萃取分离法工艺流程

（3）火法-湿法相结合的工艺技术

Iskander 等[84] 发明了一种采用熔化-非金属化合法回收高温合金的方法。通过加入第Ⅲ、Ⅳ、Ⅴ族的非金属化合物，将铁/镍/钴/铜基合金废料中的高熔点金属如钨、钼和铬转化为硼化物、碳化物、氮化物、硅化物或磷化物，将高温合金熔化制成阳极后氧化电解。镍、钴、铜等金属进入溶液中，并在阴极沉积，而高熔点金属以硼化物、碳化物等形式留在阳极泥中。

Krynitz 等[85] 发明了一种有机电解-煅烧-浸出分离回收高温合金的方法。以高温合金作为阳极，在含有有机溶剂的电解槽中添加一些导电的盐类，提高电解液的导电性能，对高温合金（镍 60.12%，钴 11.63%，铬 6.75%，铝 6.11%，钽 6.04%，钨、钼、铼、铪 1.2%~4.5%）进行电化学溶解，阳极泥用超声波协助分离，溶液或悬浮液经固液分离后得到电解渣，最后经过煅烧、浸出、过滤、洗涤、离子交换等常规湿法冶金方法处理回收金属。镍浸出率＞98％，钴浸出率＞97％，钼浸出率＞89％，钨，钽，铪滤渣采用氢氟酸处理分离。铼采用氧化生成 Re_2O_7 挥发气体进行回收。

Fan 等[86] 以高频炉熔炼废旧高温合金后进行气雾化喷粉，再采用硫酸浸出合金中的镍、钴，其浸出率均达 98％ 以上，固液分离后滤液萃取回收镍、钴；滤渣加入碳酸钠进行焙烧后生成钨、钼、铼等钠盐，滤液采用离子交换法回收其中钨、钼、铼等稀有金属，金属回收率达到 85％ 以上；滤渣采用氢氟酸溶解后回收钽、铪等金属，其回收率达到 80％ 以上。其工艺流程如图 6-5 所示。

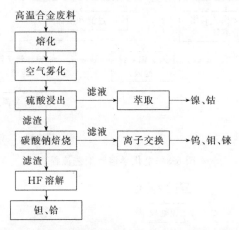

图 6-5　雾化喷粉-硫酸溶解-苏打焙烧-氢氟酸溶解

我国航天、航空及其他领域对高温合金的需求增多，但其生产原料在地壳中十分有限，因此绿色、高效、低能耗的高温合金回收工艺则显得尤为重要。废旧高温合金回收的工艺技术中湿法工艺有一定的优势，其处理物料种类多、金属回收率高，但还需要继续深入研究，扩大其适应范围，为我国高温合金及相关行业的发展提供充足的战略性资源；同时，国家相关部门应积极倡导和鼓励废旧高温合金回收、制定相应的行业标准、建立完善我国高温合金材料的体系，实现节约资源、循环利用、协调发展。

6.4　晶硅切割废料综合利用

能源是人类赖以生存和发展的重要物质基础，随着全球经济和社会的快速发展，能源的消耗与日俱增，造成煤、石油、天然气等化石能源日益枯竭。化石能源的过度消耗，使全球气候变暖趋势越来越明显，其所带来的生态和环境负面影响也日渐突出[87,88]。在化石能源日益枯竭及全球气候变暖的大背景下，可再生能源利用开发日益受到国际社会的重视，常见的可再生能源主要包括风能、太阳能、潮汐能、生物能等[89]，其中太阳能因具有清洁、安全、取之不尽用之不竭的独特优势，已成为全球发展最快的可再生能源。大力发展可再生能源已经成为世界各国的共识，《巴黎协定》在 2016 年 11 月 4 日生效，凸显了世界各国发展可再生能源产业的决心。习近平总书记多次强调，中国坚持创新、协调、绿色、开放、共享的发展理念，将大力推进绿色低碳循环发展，采取有力行动应对气候变化，将于 2030 年左右使二氧化碳排放达到峰值并争取尽早实现 2030 年单位国内生产总值二氧化碳排放比 2005 年下降 60%～65%，非化石能源占一次能源消费比重达到 20% 左右。党的十八大报告明确提出我国要转变发展方式以建设生态文明等多方面发展战略目标，可再生能源对我国发展以及未来实现各项经济指标起着至关重要的作用，其意义非常重大。开发和利用可再生能源已经成为近几年来我国政府重点扶持的项目。可再生能源相关法律法规的相继出台，以及地方政府和民营企业的大力推动，使得整个社会对新能源的认识不断发生变化。

光伏产业是半导体技术与新能源需求相结合而衍生的朝阳产业。近年来，在政策引导和市场需求双重驱动下，我国光伏产业迅速发展。大力发展光伏产业对我国调整能源结构和促进生态文明建设具有重要意义。太阳能级硅作为太阳能电池光电转换的核心材料，近年来随着光伏产业的迅猛发展，其需求量急剧增加。图 6-6 是 2010～2016 年我国多晶硅生产情况。2016 年我国多晶硅生产保持持续增长势头，产能达 21 万吨（不含物理冶金法），产量 19.4 万吨，占全球总产量的 52.4%。图 6-7 是 2010～2016 年我国晶硅电池片生产情况，2016 年我国电池片总产能约为 55GW，产量约为 49GW，同比增幅 19.5%，产量全球占比约 71%[90,91]。以上数据表明，最近几年可再生能源展现出非常大的增长活力，并保持着良好的发展势头。

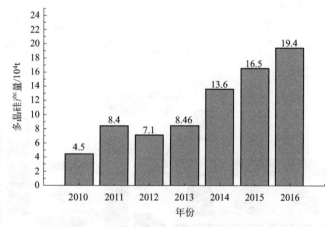

图 6-6 2010～2016 年我国多晶硅生产情况

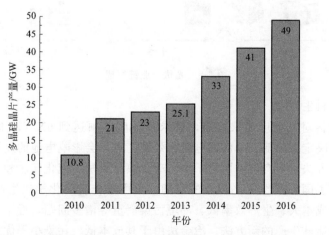

图 6-7 2010～2016 年我国晶硅电池片生产情况

无论是半导体工业用的单晶硅还是太阳能电池用的多晶硅，都需要被切割成符合要求的硅片，在此过程中约有 40% 的高纯硅料成为锯屑进入砂浆，不仅造成硅材料的极大浪费，还使太阳能电池的生产成本增加[92]。目前对于晶硅切割废料的处置方法，多数以低廉的价格出售或者直接堆存。国内外学者对切割废料的回收已经做了大量的研究工作，主要集中在对切割料中碳化硅和聚乙二醇的回收利用，而对切割料中价格昂贵且纯度很高的硅粉回收利用研究较少。

晶硅切割废料中有约 30% 以上的高纯硅，如果能够采用工艺简单、成本低廉的方法成功回收并使之重新用于制造太阳能电池，不仅实现了资源的循环利用，同时对缓解太阳能级硅资源短缺也具有重要意义。除此之外，切割废料中 35% 的碳化硅磨料采用合适的方法加以回收利用，并制备成高值产品，不仅提高了资源的利用率，还减少了因存放对土地资源造成的浪费和对环境造成的污染。

6.4.1 晶硅切割废料来源与特征

6.4.1.1 光伏发电产业链组成

截至当前，晶体硅电池和薄膜电池是全球太阳能光伏发电项目的主要类型，其中晶体硅太阳能发电占光伏发电的主导。太阳能电池产业链如图 6-8 所示，主要包括多晶硅材料生产、单晶硅片或多晶硅片生产、光伏电池组件生产和系统安装使用四个部分[93]。

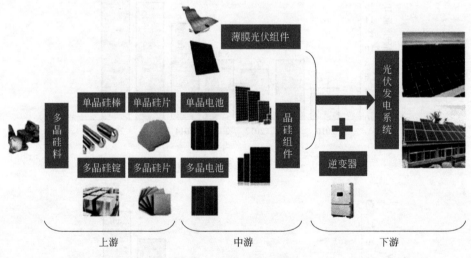

图 6-8 光伏产业链组成

（1）多晶硅材料生产

太阳能级硅材料对其纯度要求甚高，要求其纯度必须达到 6N（即 99.9999%）以上。因为硅的纯度直接决定太阳能发电的光电转换效率，进而会影响电池的发电效率。目前太阳能级硅材料的生产方法主要有改良西门子法、硅烷热分解法、流化床法和冶金法等，其中改良西门子法约占据了国际市场 90% 以上的份额。但由于传统的化学法生产方式存在着能源耗费高、设备投资成本大、生产效率低、环境污染严重等诸多问题，近年来越来越多的学者正在积极探索太阳能硅生产的新方法。冶金法由于其成本低、污染小等优点备受关注，其主要是以冶金硅为原材料，采用电子束熔炼、等离子体熔炼、吹气精炼、氧化精炼、造渣精炼、定向凝固、酸洗等方法中的一种或多种组合来制备太阳能级硅[94]。

（2）单晶硅片或多晶硅片生产

硅片是制作太阳能电池的重要构件，也是太阳能电池产业链中一个重要组成部分。国内外硅片的制造工艺都非常接近，其主要步骤包括：晶体生长→切割→倒角→研磨→抛光→激光检测→外延生长[95]。对于切片工艺技术的原则要求是：切割精度高、表面平行度高、翘曲度和厚度公差小、断面完整性好、成品率高、原材料损耗少，硅片的加工质量直接影响电池的发电性能。因此，研究硅片切割工艺，对提高硅片成品率、质量、提高加工效率、降低加工成本有着重要的指导意义。

（3）光伏电池组件生产

单体太阳电池不能直接作电源使用，作电源必须将若干单体电池串、并联连接和严密封装成组件。光伏组件（也叫太阳能电池板）是太阳能发电系统中的核心部分，也是太阳能发电系统中最重要的部分。其作用是将太阳能转化为电能，或送往蓄电池中存储起来，或推动负载工作。光伏组件的制作流程极其复杂，主要包括以下步骤：电池片分选、单焊接-串焊接-拼接（将串焊好的电池片定位，拼接在一起）、中间测试（中间测试分为红外线测试和外观检查）、层压、削边、层后外观、层后红外、装框、装接线盒、清洗、测试、包装。由于电池片制作条件的随机性，生产出来的电池性能不尽相同，所以为了有效地将性能一致或相近的电池组合在一起，根据其性能参数进行分类，以提高电池的利用率，做出质量合格的电池组件。

（4）系统安装使用

太阳能光伏发电系统安装调试环节技术要求相对较低，但是目前仍有一些矛盾相对突出，例如光伏组件产地与应用地区不匹配造成的区域不平衡问题。我国电池片的生产主要还是以东部发达地区为主，但是应用主要集中在中西部太阳能资源相对丰富的区域。这种生产地区与使用地区之间的差异造成了局部的供需失衡，导致我国太阳能产业发展在一定程度上受到阻挠。制定相应的协调政策，促进我国光伏产业顺利发展前行。

6.4.1.2 常用的硅片切割方法

多晶硅片是太阳能电池产业的重要组成部分，它是由硅锭经过切割、抛光等工序加工而成。硅片切割技术经历了外圆切割、内圆切割、砂浆多线切割和金刚线切割工艺的改进过程[96,97]。

表 6-7 列出各种切割方法的原理及优缺点。

表 6-7　各种切割方法工艺比较[98-102]

切割方法	原理	优点	缺点
外圆切割	利用锯片外径上的磨料进行切割		噪声大、损耗高、硅片表面不平整
内圆切割	利用锯片内径上的磨料进行切割	可调节硅片厚度	产率低、损耗高
砂浆多线切割	利用切割钢丝带动碳化硅磨料进行切割	效率高、硅片平整度较好	损耗高
金刚线切割	利用金刚石线进行切割	损耗低，切割精度高、切割速度快	成本高

近几年来随着金刚线切割技术的不断发展，金刚线切割技术才渐渐得到广泛应用。长期以来硅片的制造多是采用多线切割的方法生产的，如图 6-9 所示。该方法是用碳化硅作磨料，聚乙二醇作分散剂，利用切割线往复运动带动碳化硅来切割硅锭[103]。切割线直径及磨料粒径同硅片切割质量及切削损耗量密切相关，较小的线径和磨料粒度有利于提高产品质量，降低切削损耗和生产成本。砂浆切割用的钢线直径在 $120\sim140\mu m$ 之间，2022 年预计可降到 $110\mu m$，晶

体硅片厚度范围为 $180\sim220\mu m$，甚至可以达到 $100\mu m$。多晶硅锭在切割的过程当中，尽管砂浆切割的钢线越来越细，切割的硅片越来越薄，仍然有 40% 以上的高纯硅会变成切削粉末被混入磨料碳化硅中，不仅造成了太阳能硅材料的浪费，而且降低了碳化硅磨料的使用性能。据报道，仅 2013 年一年就约有 7 万吨高纯硅被浪费，这其中还不包括作为磨料用的碳化硅。随着光伏产业的发展，将会有越来越多的未处置切割废料进行堆置和存放。

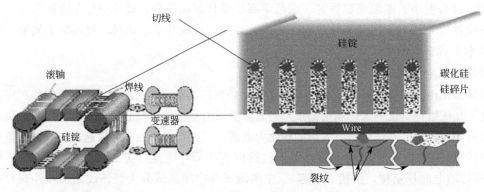

图 6-9　多晶硅片切割示意

6.4.1.3　晶硅切割废料的特性

太阳能级硅主要通过钢线运动带动磨料碳化硅进行切割。砂浆多线切割过程中，理论上计算会有约 44% 的高纯硅被磨削成高纯硅粉进入砂浆，而在实际生产过程中 $50\%\sim52\%$ 的高纯硅以硅粉的形式损失掉[104]。随着大量硅粉和少量金属屑进入切割液，切割液的切削性能不断下降，当切削液中的杂质含量积累到一定程度时硅粉就会将磨料碳化硅颗粒包覆，严重降低切割效率，最终导致切割液不能满足要求而成为废砂浆[105,106]。废砂浆的主要成分有磨料碳化硅颗粒、切削硅粉、分散剂聚乙二醇和少量金属杂质[107,108]。

晶硅材料的整个切削过程是在低温条件下进行的，砂浆中的杂质不能通过高温化学反应而进入高纯切削硅粉的内部，废砂浆中的各种物质均以物理混合的方式夹杂在一起，因此有希望通过物理分离、纯化等技术实现废砂浆中高纯硅粉的回收利用。

切割废砂浆中由于分散剂聚乙二醇的保护作用，硅粉表面并未被氧化。废砂浆经过初步分离回收利用后多以切割废料的方式堆存放置，磨削而来的硅粉粒度约 $1\mu m$，具有很大的比表面积，其活性较高，在室温条件下与水接触其表面很容易发生氧化，并会出现结块现象。

晶硅切割废料具有以下特点：
① 切割废料中的硅粉为高纯硅粉（纯度达到 6N 级），杂质含量少，回收利用价值极高；
② 切割废料中的碳化硅粉为高纯微粉，也可进行回收利用；
③ 切割废料中硅粉因表面活性较高，部分硅粉表面发生氧化；
④ 切割废料堆置后，因颗粒表面发生化学反应而发生结块。

6.4.2　晶硅切割废料综合利用进展

切割废料中的切割液可通过离心蒸馏等技术进行回收再用于线切割，切割液回收技术已趋于成熟，切割过程中由切割线磨损引入的金属杂质可通过酸洗去除，粗颗粒碳化硅可通过离心等技术实现部分回收并再次用于切割磨料。切割料中硅粉的粒径多集中在 $1\mu m$ 附近，碳化硅颗粒粒径多集中在 $8\sim10\mu m$，硅和碳化硅颗粒的粒径相差数十倍，可较容易地将切割废料中的硅提取至纯度约为 50%。实际生产切割过程中，颗粒较大的碳化硅会被磨削成一些尺寸和硅颗粒相当的碳化硅粉末，通过目前的分离手段尚不能使之有效分离[109,110]。

目前国内外学者对切割料分离回收已经做了大量研究，其回收方法大致可分为低温物理分离和高温熔炼精炼纯化两部分。低温物理分离的目的主要是对硅和碳化硅进行初步分离，现有研究结果表明通过湿法物理分离不能将硅与碳化硅彻底分离开获得高纯的硅粉。也有一些研究通过对切割料进行高温熔炼等方式进行处理，高温使硅粉熔化凝聚，并将碳化硅分离出来，可获得纯度相对较高的单质硅，更有学者将切割废料制备成了高值的材料产品。

以下是国内外对晶硅切割废料回收利用研究的现状。

(1) 泡沫浮选

南昌大学的黄美玲等[111] 利用切割料中碳化硅和硅粉表面的性质差异，用对碳化硅表面具有选择性的脂肪酸作为捕收剂，采取泡沫浮选的方法对碳化硅和硅进行分离。

实验取 $10g$ 砂浆原料，加水超声震荡 $10min$，以使切割料中颗粒充分分散。首先对其进行重力初选，使硅粉得到一定的富集，富集后硅粉的纯度达到 49%（质量分数）；然后将富集后的硅粉加入已配好的泡沫浮选溶液中，高速搅拌 $30min$，静置 $1h$，取出上浮泡沫并收集；最后用 X 射线衍射仪分析上浮产物的物相组成及对应产物的质量分数。实验中先添加不同浓度捕获剂对线锯砂浆进行泡沫浮选，对比实验结果后选取分离效果最好的捕收剂浓度，通过添加不同浓度起泡剂，改变浮选体系的浮选温度以及浮选溶液的 pH 值，进一步研究了各种因素对此脂肪酸泡沫浮选体系分离回收线锯砂浆效果的影响。

泡沫浮选法设备简单，浮选后捕收剂和起泡剂可重新回收利用，节约成本。其研究得出的结论是捕收剂选择脂肪酸，当捕收剂浓度为 $0.315mol/L$、起泡剂浓度为 $0.18mol/L$、pH 值在 4.5 附近时，能够得到硅粉纯度高达 96%（质量分数）的富硅粉，随着捕收剂浮到上层的产物碳化硅含量达到 99%（质量分数）。

(2) 沉降法

根据切割料中碳化硅和硅的密度及粒度不同，郭菁等[112] 利用沉降法对切割料中的碳化硅和硅进行分离回收。实验方法是：采用 $m(H_2O):m(PEG)=8:1$，并含有少量无机盐的水溶液体系，设计不同沉降时间和不同液固比条件的正交试验，通过 X 射线衍射分析、粒度分析、碳含量分析研究沉降条件对硅粉回收的影响 [PEG（聚二乙醇）]。

为了得到纯度更高的硅，笔者又将沉降分离得到的富硅粉高温处理，用 HCl-HF 的混酸进行酸洗，最后铸造成硅锭。实验方法是：首先将上述得到的富硅粉用 1:1 的稀盐酸和氢氟酸酸洗 3h，将酸洗后的富硅粉干燥；利用碳化硅和硅的熔点不同，将除杂后的富硅粉加热到 1550℃，使未熔的碳化硅颗粒与熔融的硅分离。

结果表明：在固液比为 0.06、沉降时间 5h 的条件下，沉降并经过除杂得到硅含量为 88.52%（质量分数）的富硅粉，碳化硅质量分数为 11.46%，富硅粉经过高温处理后得到的硅锭纯度为 98.71%（质量分数），硅的回收率达到 43.33%。

邢鹏飞等[113] 首先对废料浆进行物理沉降得到硅富集料和碳化硅富集料，将硅富集料进行酸洗除铁后，在 1500～1600℃下熔铸得到金属硅锭，使碳化硅与硅锭分离，然后对硅锭进行定向凝固得到太阳能级多晶硅。通过对 SiC 富集料进行酸洗除铁、酸洗碱洗除硅、干燥得到碳化硅微粉。

（3）电泳分离

为了提高回收过程中硅粉的纯度，丁辉等[114] 提出了重液垂直电泳分离新工艺，其实验装置示意如图 6-10 所示。电泳分离装置的上方为阳极电极管，下方为阴极电极管，并且在每个电极管上都会开若干个小孔。往浆料中添加密度介于硅和碳硅之间的重液搅拌，并将悬浮液的 pH 值调节到 2.5～3.5，使硅和碳化硅表面分别带不同的电荷。密度介于硅和碳化硅之间的重液对颗粒起到一定悬浮作用，通过施加电场给予一定的电场力，在悬浮力和电场力的共同作用下阳极电极附近就会聚集大量的硅颗粒。同样在重力和电场力的作用下，阴极附近就会聚集大量的碳化硅颗粒。最后这些颗粒全部通过电极管上的小孔进入电极管内部，用泵泵出电泳槽进行回收。

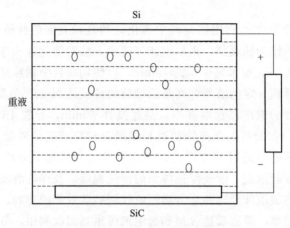

图 6-10　电泳实验装置

（4）相分离

Lin 等[115] 采用相转移分离方法研究晶硅切割废料中硅粉回收利用情况。晶硅切割废料在进行相分离之前分别用丙酮和硝酸进行洗涤，以除去切割料中的聚乙二醇有机物和金属杂质铁。通过对接触角的测量确定，由于硝酸酸洗，切割料中硅粉样品颗粒的表面变得更加亲水，碳化硅颗粒仍然保持疏水性。通过向浆料中加入油相使得碳化硅颗粒能够从水相移动到油相，从而获得纯度较高的硅粉。分离过程主要包含两个连续的阶段：在操作的第一阶段，较大颗粒的碳化硅沉降速度较快，可用比水密度大的石油去除；在第二阶段中，剩余的大部分细颗粒碳化硅用比水密度小的石油去除。研究了包括水相 pH 值，油水体积比和浆料固体浓度等因素对切割料中硅粉回收率和纯度的影响。在这些因素中，pH 值是最重要的影响因素之一，pH 值主要影响浆料的 zeta 电位，进而影响了乳化后油滴的大小和油滴与碳化硅颗粒的附着。另外，硅粉产品的纯度与硅粉收率相互影响。

（5）离心法

Lin 等[116] 又研究了利用离心机对切割废料浆中的碳化硅和硅进行分离，晶硅切割废料在进行离心分离之前分别用丙酮和硝酸进行洗涤，以除去切割料中的聚乙二醇有机物和金属杂质铁，最后再用离心机分离碳化硅和硅。

根据硅和碳化硅的密度不同，离心分离之前先在废料浆中加入密度介于硅和碳化硅之间的介质液体，这样在离心管的上部就会形成硅饼。如图 6-11 所示。实验结果证实，在固相体积浓度为 6.5%、介质液体密度为 2.35g/cm³、搅拌时间为 60min、离心时间为 60min

时，获得的硅样品纯度为 90.8%，其回收率达到 74.1%。

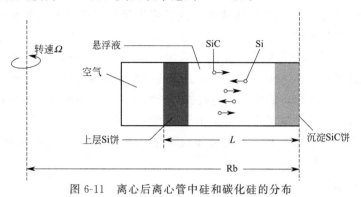

图 6-11　离心后离心管中硅和碳化硅的分布

(6) 电场分离法

Tsai 等[117] 研究使用斜坡沉降槽来缩短收集硅颗粒所需的时间，并探讨了在施加电场作用下，斜槽中硅和碳化硅的分离性能。其分离示意如图 6-12 所示。实验将 15g 固体粉末切割料与 5000mL 的 pH=7 溶液混合并转移到沉降槽中。pH=7 溶液由磷酸和氢氧化钠配制。使用深度为 15cm、长度为 30cm 的沉降槽在重力场和电场的作用下分离不同的颗粒。在沉降槽入口处用计量泵泵入含有碳化硅和硅颗粒的浆液。浆液的流速低到足以溢出测试溶液储存器和沉降槽入口之间的屏障。电源和镀铂钛电极在槽内的溶液中产生了一个恒定的电场。本实验中应用的电场为 1V/cm。将罐底等分为 10 个区域以收集沉降颗粒。沉降 24h 后，将收集在不同位置的标本干燥，称重并分析。实验结果表明，沉降过程在 1V/cm 的外加电场作用下，较大负电荷的硅颗粒在 pH=7 溶液中的水平位移比碳化硅颗粒远，可以实现硅和碳化硅分离。同时使用斜坡舱显著减少了微小颗粒到达收集口所需的时间。由于在斜槽中的沉降时间较短，进一步减小了颗粒间的分散和流体波动造成的干扰，有效地分离了硅和碳化硅。

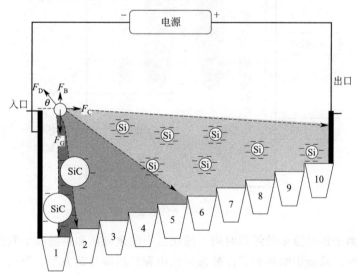

图 6-12　电场作用下颗粒在斜坡舱中沉降示意
F_G—重力；F_D—排斥力；F_B—浮力；F_C—库仑力

(7) 高温热处理法

Wang 等[118] 先用 HNO_3 将切割料中金属杂质除去，经过离心初步分离出其中较大颗粒碳化硅，再将其进行高温热处理和定向凝固，来回收切割料中的高纯硅。实验步骤是：将经过 HNO_3 酸洗处理过的切割料压块成型，然后将块状切割料置于涂有氮化硅涂层的石英坩埚中，在惰性气体的保护下 1470℃ 高温热处理几个小时。利用了硅与碳化硅的熔点的差异性，在 1470℃ 下硅会熔化并以小珠子的形式渗出，因为固态碳化硅颗粒与熔融硅不相互黏附，硅与碳化硅可以分离，冷却后较容易去除硅珠表面的碳化硅。其他的一些杂质在冷却阶段也会聚集在硅珠的表面，后续可以通过去离子水除去。高温处理后的硅珠在经过定向凝固处理，得到的硅中杂质含量基本满足太阳能硅纯度的要求。但是由于硅中 B 和 P 的分凝系数均较高，所以定向凝固对 B 和 P 的去除效率并不高。此方法可进行工业化规模的生产，但还是存在一定的局限性。

（8）等离子体法

Sousa 等[119] 研究了利用两段热等离子体工艺技术回收切割废料中硅。借助等离子体瞬间所能达到的高温，在第一阶段，将晶硅切割料注入等离子体射流中，在高温的作用下，二氧化硅和碳化硅等杂质可通过汽化而被除去；第二阶段，经过纯化后的硅液滴被收集在等离子装置底部的热坩埚中。等离子体装置示意如图 6-13 所示。该研究中经过等离子体技术处理的硅均得到纯化，硅的纯度达到 94%（质量分数）。硅的纯度与切割料中杂质含量有关，原料杂质含量越低，得到的硅的纯度越高。

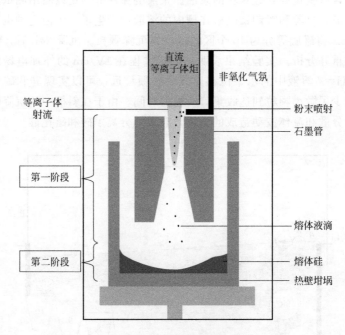

图 6-13　等离子体装置示意

硅颗粒在等离子体射流中的停留时间，纯化区中的氧分压和熔融硅中氧的传质都强烈依赖于等离子体速度，从而影响等离子体处理过程中颗粒的净化动力学。等离子体处理后的硅即使未达到太阳能级别要求，热等离子体技术也能成为晶硅切割废料中硅分离纯化的一种有效途径。在实验室规模上，根据运行条件，该工艺的能耗非常高（高达 1000kW·h/kg），但在优化条件下，可降至 100kW·h/kg 以下。本研究通过热等离子体射流而不是通过感应加热来加热坩埚，将有助于在加热过程中避免坩埚对硅的二次污染，有助于提高净化率。

（9）制备含硅新产品

上述方法均是利用硅与碳化硅之间的差异对硅和碳化硅进行分离和纯化。那么根据硅和碳化硅之间热稳定性的不同，也可利用切割废料中的硅来制备其他产品，从而实现对切割料的回收利用。田维亮等[120] 提出用切割料中的硅和氟化铵为原料，通过氟化铵的循环使用制取白炭黑研究工艺。该方案首先对切割料进行预处理，然后按照一定质量比加入氟化铵，氟化铵与硅发生反应生成氟硅酸铵和氨气，氨气用水进行吸收待后续使用，生成的固体产物加水溶解，氟硅酸铵会溶于水，经过过滤后可得到固体碳化硅。过滤得到的氟硅酸铵溶液加氨水或通入氨气，反应后生成氟化铵和白色胶状沉淀，液固分离，得到的固体经过干燥后可得白炭黑产品。上述反应过程可表述为：

$$6NH_4F + Si \longrightarrow (NH_4)_2SiF_6 + 4NH_3 \uparrow + 2H_2 \uparrow$$

$$(NH_4)_2SiF_6 + 4NH_3 + (n+2)H_2O \longrightarrow 6NH_4F + SiO_2 \cdot nH_2O \downarrow$$

$$Si + (n+2)H_2O \longrightarrow SiO_2 \cdot nH_2O \downarrow + 2H_2 \uparrow$$

除此之外，徐冬梅等[121] 还研究了用切割料中的硅和氢氧化钠为原料来制取硅酸钠，然后再通过硅酸钠来制取白炭黑。通过对反应过程的控制，切割料中的硅粉和氢氧化钠发生反应并生成 δ-层状结晶二硅酸钠和粗孔块状硅胶[122,123]。以上研究中通过化学法虽然可以将切割废料中的硅和碳化硅进行分离并制备成新产品，但是在此过程中会消耗大量的化学试剂，原料成本及能源消耗均较高，不适宜规模化生产。生产过程中用到的部分化学试剂和反应中间产物都是有毒有害的，均对人体和自然环境造成一定伤害。

徐明扬等[124] 以硅切割废砂浆为主要原料，加入质量分数为 30% 的 Al_2O_3 烧结助剂和 10% 的石墨粉造孔剂，在 1450 ℃下烧结制备出碳化硅多孔陶瓷，可以满足在熔融金属过滤等方面的应用。王洪军等[125] 以切割废料、普通碳化硅粉及硅粉为主要原料，用反应烧结工艺制备出优良的 SiC-Si_3N_4 陶瓷，可以满足低压铸铝等方面的要求。

（10）制备锂离子电池材料

Kim 等[126] 研究了利用气溶胶辅助法从晶硅切割废料中提取硅纳米粒子用于锂离子电池。该研究中，提出了一种超声驱动的气溶胶喷雾干燥方法，将晶硅切割废料中的硅和碳化硅分离，进而提取出硅纳米颗粒并将其用于制造锂离子电池阳极。

首先用 HCl 将 2g 干燥的晶硅切割废料酸洗去除金属杂质，然后分散在 200mL 蒸馏水中并搅拌以获得胶体悬浮液，最后在超声波作用下将其雾化使纳米硅颗粒与碳化硅分离。超声处理过程中，控制干燥氩气的流速为 0.5～2.0L/min，并通入超声雾化器（1.7MHz，UN-511，Alfesa Pharm Co.）将气溶胶液滴输送进预先加热到温度为 300～500℃的立式管式炉中。干燥的硅粉颗粒在真空下通过管末端的过滤器收集。

利用改进的 Hummer's 方法制备和纯化氧化石墨烯[127,128]。氧化石墨烯（1mg/mL）和回收的硅粉（1～5mg/mL）在水中混合并通过微型喷雾干燥器（CMSD，B290，Buchi）喷雾干燥。CMSD 具有双流体喷嘴，其中前体溶液和分散空气分别被引入内管和外管[129]。前体液滴由前体溶液在喷嘴尖端的连续流形成，对于 CMSD 中溶液流量和温度分别固定在 4.5mL/min 和 190℃。通过旋风分离器和袋式过滤器收集产物，然后在温度为 800℃的 Ar 中进一步退火 2h。与离心或过滤的方法相比，气溶胶法过程快速、简单、环保，并且可以生产干燥的硅纳米粒子，这些硅纳米粒子随时可用于制造锂离子电池的阳极。将这种回收的纳米硅粉用于电池应用是一种成本相对低廉的方法，将晶硅切割料转化为高值新材料，这也有助于提高半导体制造的可持续性。

（11）快速制氢

Kao 等[130] 报道了一种基于用晶硅切割废料中硅与水反应产生氢气制氢的方法，该方法具有产氢速率快且收率高的特点。通过添加硅酸钠（Na_2SiO_3）和硅酸（H_2SiO_3）组合添加剂诱导氢气的产生，其氢产率达到 $4.73\times10^{-3}\,gH_2/(s\cdot gSi)$，产率为 92%。该方法实验装置简单，化学反应的直接性以及反应材料的低成本使得该工艺可以容易地实现放大并且集成用于许多用途。如图 6-14 所示。

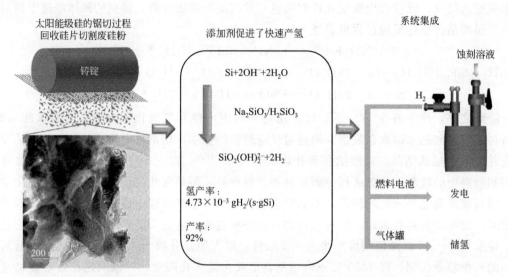

图 6-14　晶硅切割废料制氢和电力生产和储氢一体化的示意

6.4.3　晶硅切割废料湿法分离与高温精炼协同利用技术

中国科学院过程工程研究所以太阳能级晶硅切割废料为研究对象，基于切割料的物化性质特点，提出了晶硅切割废料湿法分离与高温精炼协同回收新技术[131,132]，主要包括旋流分离、相分离、酸洗除杂、高温熔炼等环节实现切割料中的高纯硅和碳化硅的深度分离。

6.4.3.1　物理旋流分离出粗颗粒碳化硅

粒度分布分析可知切割料的主体成分为硅，杂质主要是碳化硅和金属，如图 6-15 所示。粒度分布分析表明，硅和碳化硅的峰值差异明显。切割料中部分粗颗粒碳化硅粒度约为硅粉颗粒的 8~10 倍，通过旋流分离可将粗颗粒碳化硅分离。主要研究颗粒粒度、密度和旋流器入口压力对碳化硅去除率和硅粉收率的影响。

粒度对旋流分离的影响最大，粒径差异明显时粗颗粒碳化硅基本可以完全除去，碳化硅含量（质量分数）可由 17.08% 和 23.35% 降到 10.94% 和 11.90%。粒径相近时，碳化硅和硅的相对沉降速度仅为 1.7 倍，碳化硅含量（质量分数）从 10.94% 降到 8.24%，仅降低了 2.7%。增加入口压力可以提高分离效率，但提高的幅度相对较小，如图 6-16 所示。因此，粒度差异明显时粗颗粒碳化硅基本可以完全除去，密度对碳化硅/硅的分离影响相对较小，改变压力对碳化硅/硅的分离影响不明显，所以当碳化硅粒度峰值与硅颗粒粒度峰值接近时基本接近旋流分离极限，需采取其他方式进一步对切割料中细颗粒碳化硅进行分离[133]。

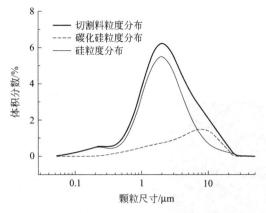

图 6-15　晶硅切割废料、硅和碳化硅粒度分布

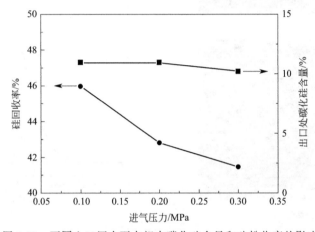

图 6-16　不同入口压力下水相中碳化硅含量和硅粉收率的影响

6.4.3.2　切割废料颗粒表面改性强化相分离

基于物理分离的结果可知，单纯的通过提高离心物理场难以实现硅与碳化硅的分离。因此，采用对切割废料中硅和碳化硅表面性质进行改性，利用相分离技术深度分离硅和碳化硅。相分离过程中，硅粉亲水、碳化硅亲油是分离硅和碳化硅的关键因素。从热力学上分析硅容易转化成 SiO_2，但因为具有动力学障碍，显得比较惰性。但是对于超细硅粉，更多的活性表面暴露，接触面积比晶体硅大大增加，反应速率大增，表面可被氧化成二氧化硅。将硅粉在 $pH=7$ 的溶液中进行改性，图 6-17 所示为硅粉表面改性前后 TEM 图像。对比图 6-17(a) 和（b），改性前的硅粉为晶体硅，表面未发现非晶态物质层；改性处理后，硅粉表面生成一层非常明显厚度约为 10nm 的非晶态薄层。XPS 分析中 SiO_2 态为 Si_{2p}^{+4} 谱峰（结合能为 103eV 左右），单体硅为 Si_{2p}^{0} 谱峰（结合能为 99eV 左右），对改性前后的硅粉表面性质进行 XPS 分析如图 6-18 所示，改性前单体硅的 Si_{2p} 谱峰（49.69%）基本等同 SiO_2 态的 Si_{2p} 谱峰（50.30%），改性后 SiO_2 态的 Si_{2p} 谱峰（79.47%）明显强于单体硅的 Si_{2p} 谱峰（20.52%）（图中括号内数字 111 为硅晶格常数）。结合图 6-17 结果，说明改性后硅的表面有更多的二氧化硅。切割料中硅粉改性后，表面因被氧化成二氧化硅，其亲水能力变得更强，增加了和碳化硅表面润湿差异，为相分离过程中硅与碳化硅粉的分离提供了更好的条件。根据表面氧化层的厚度计算，约有 3% 的硅被氧化成均匀二氧化硅层。

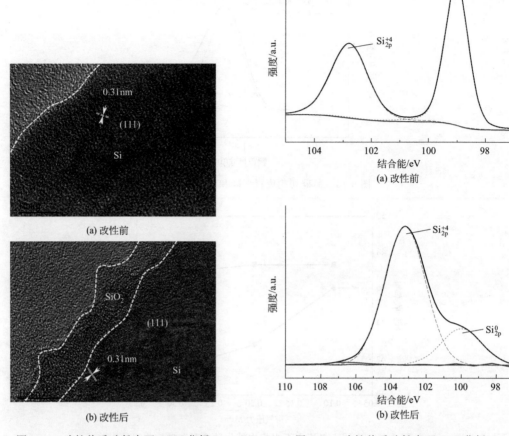

(a) 改性前

(b) 改性后

图 6-17　改性前后硅粉表面 TEM 分析

图 6-18　改性前后硅粉表面 XPS 分析

图 6-19 是将硅粉在 pH＝1 的溶液中处理 6h 后 XPS 分析结果。在 pH＝1 的溶液中硅粉表面会形成一层致密的 H_2SiO_3 层，防止硅粉与水不断的反应，造成硅粉过多损失。因此，通过控制改性条件可以对改性过程进行定量控制。

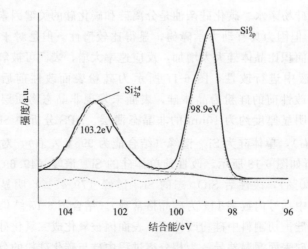

图 6-19　改性后硅粉表面 XPS 分析（pH＝1）

柴油的乳化主要受到浆料中颗粒表面性质及 zeta 电位的影响,硅粉和碳化硅粉颗粒表面性质和 zeta 电位均与浆料的 pH 值有很大关系。图 6-20 展示了 pH 值分别为 3.0、5.0 和 7.0 时油相乳化结果(书后另见彩图)。pH 值从 3.0 到 7.0 变化,上层油相乳化后油滴的尺寸越来越小。通过 Nano Measurer 软件对乳化后油滴粒径进行统计,油滴粒径分布结果如图 6-21 所示,乳化后油滴平均直径分别为 $2400\mu m$、$1830\mu m$ 和 $240\mu m$。

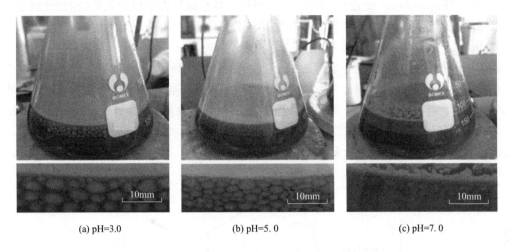

(a) pH=3.0 (b) pH=5.0 (c) pH=7.0

图 6-20 不同 pH 值条件下柴油乳化结果

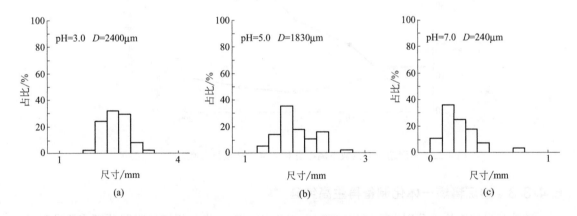

(a) (b) (c)

图 6-21 不同 pH 值条件下油滴粒径分布

柴油乳化后表面被碳化硅颗粒覆盖,油滴@SiC 的表面性质主要与碳化硅有关。表 6-8 是碳化硅在不同 pH 值条件下的表面电位。通过表 6-8 可以看出切割料的等电点电位大概在 pH $= 3.08\sim4.02$ 之间。pH=3.0,在等电点附近颗粒之间静电斥力较小,不利于乳化油滴的稳定存在,油滴之间容易发生凝聚,所以油滴尺寸较大。pH=7.0 时,在水相和油相交界面上带电颗粒静电斥力增强,静电斥力能够稳定乳液,并降低乳化油滴的凝聚,同时具有疏水性的碳化硅颗粒起到能够稳定 W/O 界面层的作用,所以稳定后油相的油滴尺寸随 pH 值增加而减小。

表 6-8　不同 pH 值条件下碳化硅的表面电位

pH 值	碳化硅电位/mV
3.08	12.76
4.02	−16.1
4.42	−28.7

综上可知，pH 值影响碳化硅的 zeta 电位进而影响油滴的尺寸，pH 值从 3.0 增加到 7.0，油滴直径由 $2400\mu m$ 变化到 $240\mu m$。油滴尺寸越小能够提供吸附碳化硅的表面积越大，碳化硅去除效果越好。pH=7.0 时，碳化硅质量分数降到 4.23%，但分相时间由 3.1min 增加到 460min。

进一步考察离心场对改性后废硅粉的分离，如图 6-22 所示。随着离心力增加，底部沉淀的硅粉损失率上升迅速，综合考虑碳化硅去除效果和硅粉收率，宜选择超重力系数大小为 100 的离心场，离心时间 2min，结果比常重力场分相节省大量时间，分相时间由 460min 缩短为 2min，水相中碳化硅含量较常重力场 pH=7.0 时的 4.23% 升高了 1.24 个百分点，在促进分相的同时碳化硅的百分含量基本没有受到影响。

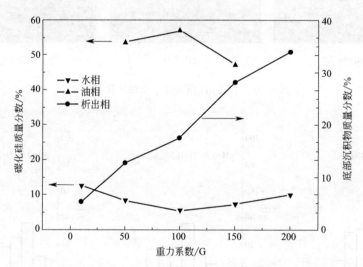

图 6-22　不同超重力系数下离心分相后碳化硅质量分数及沉淀损失量

6.4.3.3　熔炼精炼一体化制备再生高纯硅

通过两步熔炼技术分别去除碳化硅和 B、P 杂质：第一步利用熔渣吸附原理来强化碳化硅与熔融液态硅的分离过程，主要研究熔渣精炼除碳化硅的影响因素，包括熔渣成分、熔炼时间和渣硅比，掌握熔渣精炼除碳化硅的主要影响因素；第二步利用造渣精炼原理除 B、P 等非金属杂质。

（1）碳化硅的物理吸附

首先采用碳化硅在 $CaO\text{-}SiO_2\text{-}Na_2O$ 渣中扩散静态模拟实验考察碳化硅在熔渣中的扩散行为，如图 6-23 所示（书后另见彩图），将碳化硅平铺到预熔渣的上层作为扩散源，待扩散熔渣分别为 $CaO\text{-}SiO_2\text{-}Na_2O$（含量 10%）和 $CaO\text{-}SiO_2\text{-}Na_2O$（含量 20%）两种渣系。在 1500℃下保温 2h，冷却后以界面处浓度作为初始浓度，向下每隔 4mm 进行切样，检测不同位置处样品中碳化硅含量代入公式来进行计算扩散系数。

图 6-24 显示的是不同渣系中碳化硅含量与扩散距离的关系，可以看到扩散后熔渣中碳化硅含量随着扩散距离的增加呈非线性下降，这说明碳化硅的扩散为非稳态扩散，可用菲克第二定律来求解计算碳化硅在 $CaO\text{-}SiO_2\text{-}Na_2O$ 中的扩散系数。同等实验条件下，渣中 Na_2O 含量 20% 时碳化硅在渣中扩散速度大于渣中 Na_2O 含量 10% 时碳化硅在渣中扩散速度，并计算出了碳化硅在两种成分熔渣中的扩散系数分别为 $1.386\times10^{-8}\,\mathrm{m^2/s}$ 和 $7.677\times10^{-9}\,\mathrm{m^2/s}$。

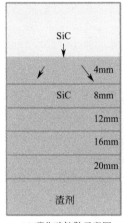
(a) 碳化硅扩散示意图

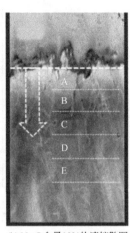
(b) Na_2O 含量10%的渣扩散图

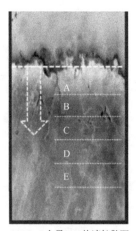
(c) Na_2O 含量20%的渣扩散图

图 6-23　碳化硅在熔渣中的扩散行为

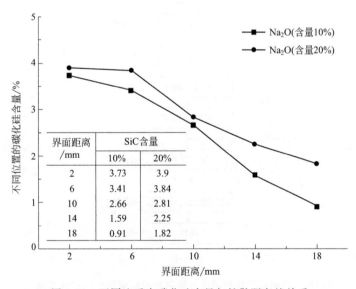

图 6-24　不同渣系中碳化硅含量与扩散距离的关系

（2）熔渣精炼去除硅中 B 和 P 非金属杂质

用 $CaO\text{-}SiO_2\text{-}Na_2O$ 渣系熔渣精炼除碳化硅过程，由于渣中混入了大量不熔固体碳化硅颗粒，导致炉渣黏度急剧增大，是 $CaO\text{-}SiO_2\text{-}Na_2O$ 渣黏度的 $10\sim15$ 倍左右。氧化造渣精炼的效果取决于渣金界面的传质过程，体系的黏度是影响杂质氧化速率、界面扩散、相分离等传质过程的重要参数。因此，熔渣精炼除碳化硅时炉渣黏度太大，动力学传质条件受到限制，对非金属杂质的去除效果不佳。$CaO\text{-}SiO_2\text{-}CaF_2$ 渣系对 B 和 P 有较好的去除效果，如

图 6-25 所示，可以通过二次造渣精炼对非金属杂质进一步去除。

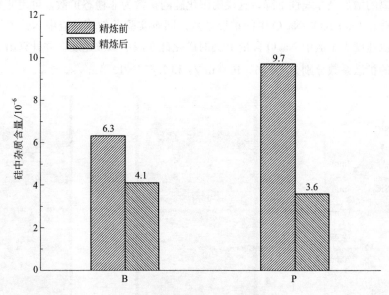

图 6-25　精炼前后 B、P 去除效果

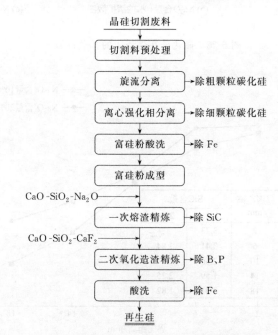

图 6-26　晶硅切割废料湿法分离与高温精炼协同回收技术路线

新技术路线如图 6-26 所示，该技术在河南某公司实现了成果转化，建成了千吨级切割废硅粉精炼制备再生硅示范工程，再生硅纯度大于 3N（即 99.9%），再生碳化硅磨料实现了再销售，突破了废硅粉高端化应用的工业难题。

参考文献

[1]　刘东法．飞机退役后的回收与利用 [J]．中国民用航空，2014（4）：31-33.

[2]　罗继业.全球飞机拆解行业发展综述 [J].民用飞机设计与研究,2016 (3):1-5.

[3]　杨守杰,戴圣龙.航空铝合金的发展回顾与展望 [J].材料导报,2005,19 (2):76-80.

[4]　王祝堂.报废飞机的回收 [J].轻合金加工技术,2013 (10):24-24.

[5]　Das S K,Kaufman J G.Recycling aluminum aerospace alloys [J].Advanced Materials & Processes,2007,166 (3):34-35.

[6]　周雅,陈希挺,许海东,等.金属表面环氧聚氨酯涂层的去除机理研究 [J].表面技术,2009,38 (3):4-7.

[7]　比尔·伯彻尔,贾丽岩.到寿飞机的回收再利用计划 [J].航空维修与工程,2006 (3):66-67.

[8]　刘道春.从报废汽车中回收铝的环保节能新主张 [J].资源再生,2015 (6):53-55.

[9]　兰兴华.国外铝饮料罐回收动向 [J].资源再生,2008 (8):39-39.

[10]　Rahim S,Lajis M,Ariffin S.A review on recycling aluminum chips by hot extrusion process [J].Procedia Cirp,2015 (26):761-766.

[11]　王祝堂.诺贝丽斯铝业公司推出两种制罐再生铝合金 [J].轻合金加工技术,2016 (11):53-53.

[12]　沈贤春.现代铝工业现状与发展趋势 [J].资源再生,2004 (8):29-31.

[13]　吴春山.退役飞机铝合金的回收利用 [J].世界有色金属,1993 (11):39-40.

[14]　李如奎,徐生林.废铝饮料罐的回收和利用 [J].轻合金加工技术,1993 (11):40-41.

[15]　王运超.报废汽车中废旧铝料回收及再生工艺 [J].资源再生,2009 (3):51-53.

[16]　段瑞斌.易拉罐用 3104 铝合金再生关键技术研究 [D].太原:中北大学,2016.

[17]　熊东平,付志强.铝熔铸工序提高废铝利用率及减少铝损耗的方法 [J].有色金属加工,2006,35 (1):22-23.

[18]　陈维平,万兵兵,彭继华,等.铝再生技术及装备概况 [J].资源再生,2014 (12):66-69.

[19]　Gaustad G,Olivetti E,Kirchain R.Improving aluminum recycling:A survey of sorting and impurity removal technologies [J].Resources Conservation & Recycling,2012,58 (1):79-87.

[20]　杰奥夫·斯卡门斯,苏鸿英.铝罐变轿车——节能减排新思路 [J].资源再生,2008 (9):28-29.

[21]　Li T,Hassan M,Kuwana K,et al.Performance of secondary aluminum melting:Thermodynamic analysis and plant-site experiments [J].Energy,2006,31 (12):1769-1779.

[22]　张东斌.对再生铝熔炼技术装备及自动化发展方向的认识 [J].资源再生,2011 (6):52-54.

[23]　朱咸中.废铝重熔的工段及设备 [J].资源再生,2013,(12):54-56.

[24]　吴一平,徐明英,许玉贤,等.废飞机铝合金重熔再生技术的研究 [J].轻金属,1993 (4):56-57.

[25]　张正国,张孟林,刘金贵.再生铝的熔炼设备 [J].工业炉,2006,28 (4):21-25.

[26]　张新明,何振波,王正安.航空航天用铝合金产业发展状况 [C] // 中国新材料产业发展报告 (2006)——航空航天材料专辑.

[27]　Kang C,Bae J,Kim B.The grain size control of A356 aluminum alloy by horizontal electromagnetic stirring for rheology forging [J].Journal of Materials Processing Technology,2007 (187-188):344-348.

[28]　姜晓云.双室炉易拉罐回收处理工艺 [J].资源再生,2009 (7):50-51.

[29]　闫辉.铝熔炼设备及再生铝回收新技术分析 [J].再生资源与循环经济,2014,7 (5):42-44.

[30]　Nayan N,Murty S,Jha A,et al.Processing and characterization of Al-Cu-Li alloy AA2195 undergoing scale up production through the vacuum induction melting technique [J].Materials Science & Engineering A,2013 (576):21-28.

[31]　毛协民.废铝高效利用的关键技术及在汽车轮毂上的应用 [J].资源再生,2010 (2):42-44.

[32]　Carmona M,Cort S.Numerical simulation of a secondary aluminum melting furnace heated by a plasma torch [J].Journal of Materials Processing Technology,2014,214 (2):334-346.

[33]　Kanetake N,Kume Y,Ota S,et al.Upgrading in mechanical properties of high performance aluminum alloys by compressive torsion process [J].Procedia Cirp,2014 (18):57-61.

[34]　Robelin C,Chartrand P,Pelton A.Thermodynamic evaluation and optimization of the (NaCl+KCl+AlCl) system [J].Journal of Chemical Thermodynamics,2004,36 (8):683-699.

[35]　Majidi O,Shabestari S,Aboutalebi M.Study of fluxing temperature in molten aluminum refining process [J].Journal of Materials Processing Technology,2007,182 (1-3):450-455.

[36]　Abyzov V.Refractory cellular concrete based on phosphate binder from waste of production and recycling of aluminum [J].Procedia Engineering,2017 (206):783-789.

[37] 周巧妹. 废铝再生用熔剂及再生工艺的研究 [D]. 武汉：华中科技大学，2007.

[38] 傅高升，康积行. 采用活性熔剂过滤净化废铝的研究 [J]. 特种铸造及有色合金，1996 (1)：12-15.

[39] Tenorio J，Espinosa D. Effect of salt/oxide interaction on the process of aluminum recycling [J]. Journal of Light Metals，2002，2 (2)：89-93.

[40] 徐明英，吴一平，许玉贤，等. 废飞机铝合金重熔的熔剂和精炼工艺 [J]. 轻金属，1994 (11)：59-60.

[41] 董志敏. 铝合金熔液净化技术 [J]. 铸造技术，2000 (6)：13-16.

[42] 贺晓凌，张江彩，等. 铝合金表面处理研究进展 [J]. 河北化工，2001 (2)：20-22.

[43] Cho K，Song K，Sang H，et al. Surface hardening of aluminum alloy by shot peening treatment with Zn based ball [J]. Materials Science & Engineering A，2012，543 (5)：44-49.

[44] 傅长明. 再生铝熔体处理技术 [J]. 大众科技，2010 (11)：107-109.

[45] Nakajima K，Takeda O，Miki T，et al. Thermodynamic analysis for the controllability of elements in the recycling process of metals [J]. Environmental Science & Technology，2011，45 (11)：4929-4936.

[46] 杨长贺，高钦. 有色金属净化 [M]. 大连：大连理工大学出版社，1989.

[47] 张承甫. 液态金属的净化与变质 [M]. 上海：上海科学技术出版社，1989.

[48] 黄良余. 铝合金净化理论、工艺新发展 [C] // 全国铸造有色合金高新技术研讨会. 1996.

[49] 高泽生. 国外铝合金精炼工艺技术的进展 [J]. 轻金属，1978 (4)：29-41.

[50] L vik A，Modaresi R，Mller D. Long-term strategies for increased recycling of automotive aluminum and its alloying elements [J]. Environmental Science & Technology，2014，48 (8)：4257-4265.

[51] Ashtari P，Tetleygerard K，Sadayappan K. Removal of iron from recycled aluminium alloys [J]. International Journal of Cast Metals Research，2012，25 (1)：100-102.

[52] 徐明英，吴一平. 废飞机铝合金重熔再生的组织与性能 [J]. 轻金属，1996 (5)：60-62.

[53] 房文斌，耿耀宏. 铸造铝合金复合净化法的研究 [J]. 铸造技术，1996 (2)：8-10.

[54] 刘媛媛. 废杂铝合金真空蒸馏除锌的研究 [D]. 昆明：昆明理工大学，2006.

[55] 范超，唐清春. 再生铝杂质元素的去除方法 [J]. 热加工工艺，2011，40 (24)：69-72.

[56] 王祝堂. 废铝除镁与除锂的最新工艺 [J]. 轻金属，1995 (9)：54-54.

[57] 李天晓，许振明，张雪萍，等. 电磁分离降低铝硅合金中铁含量 [J]. 上海交通大学学报，2001，35 (5)：664-667.

[58] 葛维燕. 再生铝合金除铁研究 [D]. 上海：上海交通大学，2008.

[59] Boeree C R. Zinc removal from aircraft aluminium-alloy scrap [J]. Civil Engineering & Geosciences，2011.

[60] Chen G，Chen Q，Qin J，et al. Effect of compound loading on microstructures and mechanical properties of 7075 aluminum alloy after severe thixoformation [J]. Journal of Materials Processing Technology，2016 (229)：467-474.

[61] 师昌绪，仲增墉. 我国高温合金的发展与创新 [J]. 金属学报，2010，46 (11)：1281-1288.

[62] Kurt P. Rohrbach. 高温合金的发展与选择 [J]. 宇航材料工艺，2005，35 (1)：61-62.

[63] 谢锡善. 我国高温材料的应用与发展 [J]. 机械工程材料，2004，28 (1)：2-8.

[64] 郭建亭. 高温合金在能源工业领域中的应用现状与发展 [J]. 金属学报，2010，46 (5)：513-527.

[65] 殷克勤. 我国航空涡轮高温材料及工艺进展 [J]. 材料工程，1997 (9)：3-5.

[66] 徐爱东，顾其德，范润泽. 我国再生镍钴资源综合利用现状 [J]. 中国有色金属，2013 (3)：64-65.

[67] 苏庆伦，史战旺，John Hun Sarer，等. 我国高温合金循环利用的现状与思考 [J]. 资源再生，2006 (4)：19-20.

[68] 郭建亭. 高温合金材料学 [M]. 北京：科学出版社，2010.

[69] 行卫东，范兴祥，董海刚，等. 废旧高温合金再生技术及进展 [J]. 稀有金属，2013，37 (3)：494-500.

[70] 侯晓川，肖连生，高从增，等. 废高温镍钴合金浸出液净化试验研究 [J]. 有色金属 (冶炼部分)，2010 (4)：9-11.

[71] Uwe K，Matthias J，Heinz H，et al. Recycling of superalloys with the aid of an alkali metal salt bath [P]. US. 2009.

[72] 孟晗琪，马光，吴贤，等. 镍钴高温合金废料湿法冶金回收 [J]. 广州化工，2012，40 (17)：29-30.

[73] 王玉天，周亦胄，张维钧，等. 高温合金废料金属综合回收的方法 [M]. 2013.

[74] 王靖坤，孟晗琪，王治钧，等. 高温合金废料氧化酸浸工艺研究 [J]. 有色金属 (冶炼部分)，2014 (5)：1-4.

[75] 王治钧，王靖坤，郭瑞，等. 常压酸浸从废旧镍基合金中浸出镍钴 [J]. 有色金属 (冶炼部分)，2014 (8)：5-8.

[76] 李长生，王芬，范有志，等. 一种从高温合金废料中回收铁钴镍金属产品的方法 [P] . CN 201110384265.2. 2012.

[77] 李进，杜明焕，马光，等. 一种含铼的高温合金废料的再生方法 [P] . CN 201210545642.0. 2013.

[78] 杜明焕，马光，吴贤，等. 一种不含铼的高温合金废料的再生方法 [P] . CN 201210545643. 2014.

[79] 柳松，古国榜. 镍基高温合金废料的回收 [J] . 无机盐工业，1997 (2)：38-39.

[80] 陈培丽，魏国侠. 电解废镍基耐高温合金回收镍的研究 [J] . 南开大学学报（自然科学版），2011 (6)：76-80.

[81] 蒙斌. 隔膜电解法从镍基合金废料中回收金属镍的实验研究 [D] . 昆明：昆明理工大学，2012.

[82] Stoller V，Olbrich A，Meese-Marktscheffel J，et al. Processfor electrochemical decompositionof superalloys [P] . US. 2008.

[83] Brooks P，Martin D. Reclaiming of superalloy scrap [P] . US. 1971.

[84] Iskander A，Bjorling G，Agden J. Process for the recovery from secondary material of such metalsas nickel cobalt iron and coppers aid secondary material comprisingin addition oneor more metals havinga high melting point [P] . 1972.

[85] Krynitz U，Olbrich A，Kummer W，et al. Method for the decomposition and recovery of metallic constituents from superalloys [P] . US. 1998.

[86] Fan X，Y，Xing W，Dong H，et al. Factors research on the influence of leaching rate of nickel and cobalt from waste superalloys with sulfuric acid [J] . International Journal of Nonferrous Metallurgy，2013，02 (2)：63-67.

[87] 张海龙. 中国新能源发展研究 [D] . 长春：吉林大学，2014.

[88] 许峰. 低碳经济背景下的中国能源安全战略研究 [D] . 北京：中国地质大学，2015.

[89] 李虹，董亮，段红霞. 中国可再生能源发展综合评价与结构优化研究 [J] . 资源科学，2011，33 (03)：431-440.

[90] 国际新能源网. 主要光伏发电技术比较. http：//newenergy. in-en. con/html/newenergy-09270927491258002. html

[91] 中国光伏产业发展路线图（2016 年版）. http：//www. miit. gov. cn/n1146290/n1146402/n1146440/c5494592/content. html

[92] Schwinde S，Berg M，Kunert M. New potential for reduction of kerf loss and wire consumption in multi-wire sawing [J] . Solar Energy Materials and Solar Cells，2015，136：44-47

[93] 韩至成，朱兴发，刘林. 太阳能级硅提纯技术与装备 [M] . 北京：冶金工业出版社，2011.

[94] 侯彦青，谢刚，等. 太阳能级多晶硅生产工艺 [J] . 材料导报，2010，24 (13)：31-34.

[95] 李彦林. 超薄大直径太阳能级硅片线切割工艺及其悬浮液特性研究 [D] . 天津：河北工业大学，2007.

[96] Zhai H C，Zhao D J，Zhan Z B. Discussion on technical specifications and manufacturing technologies of diamond external cutting blade specially applied to the monocrystalline silicon slicing [J] . Superhard Material Engineering，2008 (06)：12-16.

[97] Lin F，Wang J P，Fu J Z. Precision cutting technology of solar wafer and characteristic research [J] . Aviation Precision Manufacturing Technology，2010 (01)：12-15.

[98] Wu H，Melkote S N. Effect of crystal defects on mechanical properties relevant to cutting of multicrystalline solar silicon [J] . Materials Science in Semiconductor Processing，2013，16 (6)：1416-1421.

[99] Tsai T H，Shih Y P. Recovering low-turbidity cutting liquid from silicon slurry waste [J] . Journal of Hazardous Materials，2014，271：252-257.

[100] Uddin M S，Seah K H W. Effect of crystallographic orientation on wear of diamond tools for nano-scale ductile cutting of silicon [J] . Wear 2004，257 (7)：751-759.

[101] Wang X Y，Li Y，Li S J. Experimental study on reciprocating electroplated diamond wire saws cutting SiC wafer [J] . Key Engineering Materials，2011，450：296-299.

[102] Hardin C W. Fixed abrasive diamond wire saw slicing of single-crystal silicon carbide wafers [J] . Materialsand Manufactring Processes，2003 (08)：420-425.

[103] 邢鹏飞，郭菁，刘燕，等. 单晶硅和多晶硅切割废料浆的回收 [J] . 材料与冶金学报，2010，9 (2)：148-153.

[104] 刘燕. 太阳能级晶体硅切割废料的综合回收 [D] . 沈阳：东北大学，2010.

[105] Wang X Y，Li Y，Li S J. Study on the impact of the cutting process of wire saw on SiC wafers [J] . Applied Mechanics and Materials，2012，121：593-597.

[106] Bibby T F，Adams J A，Holland K，et al. CMP CoO reduction：Slurry resprocessing [J] . Thin Solid Films，1997，308：538-542.

[107] Corlett G L，Roberson J G A. Method and apparatus for recovery of water and slurry abrasives used for chemical and

mechanical planarization：US Patenta. 5628491 ［P］. 2000.

［108］ Kurisawa S. Slurry recycling apparatus and slurry recycling method for chemical-mechanical polishing technique：US Patents. 6183352 ［P］. 2001.

［109］ Horio M. Recycling system of wire saw abrasive grain slurry and centrifugal separators therefor US，6615817 ［P］，2003-09-09.

［110］ Fernández L J，Ferrer R，Aponte D，et al. Recycling silicon solar cell waste in cement-based systems ［J］. Solar Energy Materials and Solar Cells，2011，95（7）：1701-1706.

［111］ 黄美玲，熊裕华，魏秀琴，等. 硅片线锯砂浆中硅粉与碳化硅粉的泡沫浮选分离回收 ［J］. 电子元件与材料，2010（04）：74-77.

［112］ 郭菁，邢鹏飞，涂绩峰，等. 单晶及多晶巧切割废料中的商纯娃回收 ［J］. 材料科学与工艺，2011（19）：103-106.

［113］ 邢鹏飞，王耀彬，等. 从单/多晶硅切割料浆中回收太阳能级多晶硅的方法，中国：200910187695.8 ［P］. 2009-10-18.

［114］ 丁辉，张瑞玲，罗伟等. 硅片切割废砂浆中硅与碳化硅分离回收装置及方法：中国：102161486A ［P］. 2011-08-24.

［115］ Lin Y C，Tai C Y. Recovery of silicon powder from kerfs loss slurry using phasetransfer separation method ［J］. Separation and Purification Technology，2010，74：170-177.

［116］ Lin Y C，Wang T Y，et al. Recovery of silicon powder from kerf loss slurry by centrifugation ［J］. Powder Technology，2010，200：216.

［117］ Tsai T H，Shih Y P. Recycling silicon wire-saw slurries：Separation of silicon and silicon carbide in a ramp settling tank under an applied electrical field ［J］. Journal of the Air & Waste Management Association，2013，63（5）：521-527.

［118］ Wang T Y，Lin Y C，Tai C Y，et al. A novel approach for recycling of kerf loss silicon from cutting slurry waste for solar cell applications ［J］. Journal of Crystal Grow，2008，310：3403.

［119］ Sousa M D，Vardelle A. Use of a thermal plasma process to recycle silicon kerf loss to solar-grade silicon feedstock ［J］. Separation and Purification Technology，2016，161：187-192.

［120］ 田维亮，徐冬梅，仝宇等. 线切割废砂浆中硅制取白炭黑的新工艺 ［J］. 化工进展，2009，28（12）：2205-2209.

［121］ 徐冬梅，田维亮，李新宇，等. 线切割废砂浆制白炭黑工艺研究 ［J］. 无机盐工业，2010，42（6）：49-51.

［122］ 徐冬梅，仝宇. 硅切割废砂浆制备δ-层状结晶二硅酸钠的研究 ［J］. 现代化工，2010，30（12）：47-51.

［123］ 仝宇，徐冬梅，丛明辉，等. 硅切割废砂浆制备粗孔块状硅胶的工艺研究 ［J］. 无机盐工业，2011，43（6）：50-52.

［124］ 徐明扬，高凌，陈涵，等. 硅锭线切割回收料制备碳化硅多孔陶瓷的研究 ［J］. 中国陶瓷，2009，45（8）：24-26.

［125］ 王洪军，闫法强，张伟儒，等. 硅锭线切割回收料制备 $SiC-Si_3N_4$ 陶瓷的研究 ［J］. 现代技术陶瓷，2010（01）：13-16.

［126］ Kim H，Hee D J. Aerosol-assisted extraction of silicon nanoparticles from wafer slicing waste for lithium ion batteries ［J］. Scientific Reports，2015（05）：9431.

［127］ Hummers W S，Offeman R E. Preparation of graphitic oxide ［J］. Journal of the American Chemical Society，1958，80：1339-1339.

［128］ Kim F，et al. Self-propagating domino-like reactions in oxidized graphite ［J］. Advanced Functional Materials，2010（20）：2867-2873.

［129］ Bruinsma P J，Kim A Y. Mesoporous silica synthesized by solvent evaporation：Spun fibers and spray-dried hollow spheres ［J］. Chem. Mater，1997（9）：2507-2512.

［130］ Kao T L，Huang W H，et al. Kerf loss silicon as a cost-effective，high-efficiency，and convenient energy carrier：Additive-mediated rapid hydrogen production and integrated systems for electricity generation and hydrogen storage ［J］. Materials Chemistry A，2016（4）：12921-12928.

［131］ 王志，钱国余，王东，等. 切割硅粉渣制备高纯硅的方法及装置 ［P］. CN108059167A. 2018.

［132］ 王志，王东，王占奎，等. 一种利用有机-无机混合介质分离砂浆切割废料制备硅和碳化硅的方法 ［P］. CN108101063A. 2018.

［133］ Wang D，Wang Z，Wang Z，et al. Study on hydrocyclone separation enhancement of micro Si/SiC from silicon-sawing waste by selective comminution ［J］. Separation Science and Technology，2020：1-9.

关键金属二次资源产业
绿色循环与可持续发展

7.1　关键金属二次资源综合利用的必要性

在二次资源中回收关键金属是冶金领域循环经济的核心内容[1-3]，也是冶金领域实现可持续发展的重要支柱和必由之路[3-5]。经过多年的发展与积累，关键金属二次资源综合利用产业也逐渐受到国家、行业的重视并形成一定规模，在国民经济发展中起着举足轻重的作用，主要概括为以下几点。

（1）缓解关键金属供应危机

为应对日渐突出的矿产中金属资源的供需矛盾，按照循环经济的原则，需开展二次资源中关键金属的综合利用。早在20世纪40年代，美国、苏联、英国、日本、德国、法国等工业发达国家就开始重视二次资源中关键金属资源的综合利用，据统计，到20世纪60年代从二次资源中回收金属比重占金属总产量的30%以上，到80年代高达50%。近年来，我国二次资源回收产业也积累了强劲的势头。根据商务部2019年10月发布的《中国再生资源回收行业发展报告2019》数据显示，2018年，我国再生有色金属产量为1410万吨，同比增长2.6%，其中再生铜产量325万吨，同比增长1.6%；再生铝产量695万吨，同比增长0.7%；再生铅产量225万吨，同比增长9.8%；再生锌产量165万吨，同比增长3.0%。由此可见，关键金属二次资源的综合利用可有效增加金属资源产量，将对金属制造业的发展带来深刻而长远的影响。

（2）有效降低金属生产能耗

冶金工业是能源消耗高密集型行业，也是温室气体主要排放源，尤其是火法冶金能耗极为显著。目前由一次资源原矿生产金属的能耗费用占金属生产总费用的比例日渐增大。在美国的原生金属生产中，能源费用占金属生产总费用的比例为：铜约为15%、铅约为17%、锌约为 20%、铝约为 40%，而某些镍矿生产镍的能源费用则高达总费用的 50%。但对二次资源进行综合利用过程的能耗费用则大幅降低。据统计，二次资源回收金属的电耗比原生金属的电耗降低为：铝 50%、铅 35%、锆 28%～40%、镍 10%。因此，关键金属二次资源综合利用可有效节能减排，支撑我国碳达峰和碳中和宏伟目标的实现。

（3）显著降低环境污染风险

在一次资源生产金属过程中，由于原料品位低、成分复杂，生产流程长，工序多，生产过程中会产生大量难处理的废渣、废水、废气。例如烟气中的 SO_2 污染大气，产生酸雨；废水、废渣中的汞、砷、铅、铬、钴等有毒重金属导致水体污染，进而危害人体健康。由二次资源综合利用过程提取关键金属，原料品位高，成分单纯，可在一定程度上缩短流程，减少工序，进而降低"三废"排放及污染处理成本。

（4）大幅提高经济效益

综合利用二次资源可回收其中的有价关键金属，显著增加经济效益。例如攀枝花钢铁集团的所属矿山含有多种金属，原设计年产铁矿石 1350 万吨，综合开采出铁、钒、钛、镍、铬、铜、锰、钪等精矿共 503 万吨，关键金属价值占 60% 以上。而从钛精矿生产钛白，从钛白的水解液中回收钪，从铁渣中提取五氧化二钒，在提钒尾渣中回收镓，都将极大提高有价金属的回收率。中共十八大以来，国家高度重视新能源汽车产业发展，国务院发布的《节能与新能源汽车产业发展规划（2012—2020 年）》指出，到 2020 年，纯电动汽车和插电式混合动力汽车累计产销量超过 500 万辆。新能源汽车产业进入黄金发展期，产量和销售量快速增长。随着首批新能源汽车上路已满 8 年，我国即将迎来动力电池退役"小高峰"，2020 年累计超过 25GW·h。废旧动力电池含有锂、镍、钴、锰及稀土（镍氢电池）等我国较为稀缺、对外依存度大的金属资源，对其进行综合利用将产生极大的经济价值。

7.2 关键金属二次资源综合利用发展原则及方向

以关键金属为基石，构建了我国机械制造、交通运输、电力、能源化工、冶金、电子电器、包装、轻工业等一系列的重要支柱产业。关键金属二次资源的综合利用对保障人们生活的长久稳定起着举足轻重的作用。要实现关键金属二次资源综合利用的可持续发展，需遵循和结合绿色制造、先进制造和循环经济的设计理念，用新时代科学发展观慎重对待和解决资源、能源、环境三大问题。

先进制造、绿色制造和金属行业密不可分。

首先，金属行业离不开绿色制造技术。在当前环境和能源约束趋紧的大趋势下，只有节约资源、降低能耗才有可能成为具有生命力的战略性新兴产业。

其次，绿色制造技术一定程度上拉动了金属行业的发展。先进制造是发展金属行业的重要支撑。通过运用高新技术或先进适用技术改造，并将其应用于生产制造的全过程，实现过程高效、低耗、清洁，产出具有高附加值和技术含量的产品。先进制造技术是我国金属行业转型升级、提升行业国际竞争力的核心。循环经济指以资源节约和循环利用为特征、与环境和谐的经济发展模式。所有的物质和能源能在这个不断进行的经济循环中得到合理和持久的利用，把经济活动对自然环境的影响降低到尽可能小的程度。二次资源综合利用研究正是在资源循环经济理念的指引下发展和延续（图 7-1，书后另见彩图）。

图 7-1　关键金属二次资源综合利用发展原则及方向

7.2.1　先进制造

7.2.1.1　先进制造内涵

当今社会，环境问题和能源问题已成为大家所关注的焦点。全球范围内环境污染、能源紧缺与经济社会发展之间的矛盾进一步凸显，国内有色金属行业需要加快转型升级的步伐，全面提升国际竞争力。先进制造技术（advanced manufacturing technology，AMT）注重经济效益和技术的融合性，通过柔性生产、灵活生产、产品差异化、注重效率和质量等方式增强企业对市场的反应能力、提高自主创新能力，为客户提供更加人性化的服务，具有产品质量精良、技术含量高、资源消耗低、环境污染少、经济效益好等特性。改造升级传统有色金属产业和发展先进制造技术，开辟一条科技含量高、资源消耗少和经济效益好的新型道路，已成为推动我国高新技术发展和满足人民日益增长需求的主要技术支撑。党的十九届五中全会要求"推动先进制造业集群发展，构建一批各具特色、优势互补、结构合理的战略性新兴产业增长引擎"。"十四五"规划纲要[6]对培育先进制造业集群做出了具体部署。要推动经济高质量发展，促进我国产业迈向全球价值链中高端，培育若干世界级先进制造业集群十分必要、正当其时。

7.2.1.2 先进制造实施模式

在先进制造思想的指导下，用扁平化、网络化组织结构方式组织生产制造活动，追求社会整体效益和企业盈利，是最优化的柔性、智能化生产系统[7]。从制造业的发展进程来看，不同社会发展时期决定了不同的制造思想、生产组织方式和管理理念，它们相互作用、共同决定了特定时期的制造模式。如图 7-2 所示，按照制造技术的发展水平、生产组织方式和管理理念，将制造模式的发展历程分为手工作坊式生产、机械化生产、批量生产、低成本大批量生产、高质量生产、网络化制造、面向服务的制造、智能制造 8 个阶段。

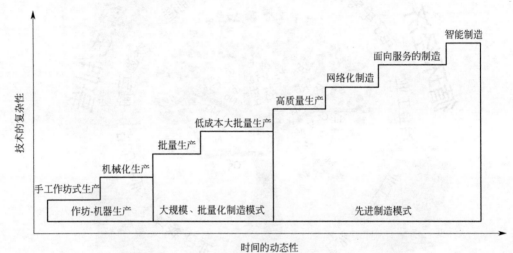

图 7-2　制造模式的演变

工业革命以前，产品主要以手工作坊式和单件小批量模式生产为主，产品质量主要依赖工匠的技艺，其成本较高、生产批量小、零部件质量可控性和兼容性较差，供不应求是制造业进一步发展首要解决的问题。产业革命后，新的生产技术和管理思想大量涌现，这一阶段的早期，制造技术的改进重点是规模化大批量生产和提高生产效率，流水线式生产方式为专业分工和标准化生产提供了技术保障，科学组织管理理念等又为流水线式生产提供了组织、结构和方式上的保障，使得大规模制造成为可能。20 世纪 90 年代，随着先进制造理念、先进生产技术以及先进管理方式的不断成熟与发展，各种新的制造理念、先进制造新模式得到了迅猛发展，理论界相继出现了高质量生产、网络化制造、面向服务的制造、智能制造等一系列新概念。各种先进制造生产模式之间的关系如图 7-3 所示。

7.2.2 绿色制造

7.2.2.1 绿色制造内涵

《中国制造 2025》作为我国实施制造强国战略第一个十年的行动纲领，明确提出了"创新驱动、质量为先、绿色发展、结构优化、人才为本"的基本方针，强调坚持把可持续发展作为建设制造强国的重要着力点，走生态文明的发展道路。同时把"绿色制造工程"作为重点实施的五大工程之一，部署全面推行绿色制造，努力构建高效、清洁、低碳、循环的绿色制造体系。

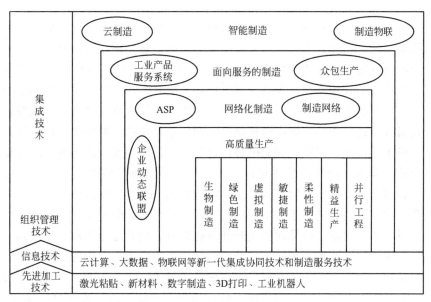

图 7-3　先进制造生产模式关系

绿色制造（green manufacturing，GM）是以技术创新为驱动力，在保证产品的功能、质量和成本的前提下，综合考虑环境影响和资源效率的现代制造模式。绿色制造从产品设计、制造、使用到报废的全生命周期考虑（图 7-4），并将其对环境的污染降至最小，在节约资源和能源的同时实现企业经济效益和社会生态效益"双赢"。绿色制造包括 3 个方面：a. 创新生产模式和系统运作，优化利用资源和能源，减少浪费，实现绿色化；b. 创新产品和工艺，实现产业和工艺的技术变革；c. 应用新材料、新能源，实现轻量化、循环化和低碳化。在全球范围内，绿色制造已从一种理念变成产业发展的实际需求和具体行动，企业在着手建立涵盖产品研发、制造、废弃全生命周期的绿色体系时应从以下几个方面进行考虑。

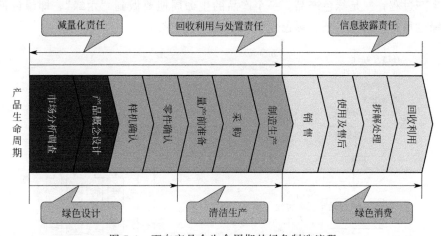

图 7-4　面向产品全生命周期的绿色制造流程

首先，加快实施有色金属行业绿色改造升级。全面推进有色金属行业绿色化改造，加快新型可循环流程工艺技术研发，大力推广具备能源高效利用、污染减量化、废弃物资源化利用和无害化处理等功能的工艺技术，积极采用高效电机、锅炉等先进生产设备，加快实现重点行业绿色升级。

其次，积极推进资源高效循环利用。支持企业强化技术创新和管理，增强绿色精益制造能力，大幅降低能耗、物耗和水耗。不断提高绿色低碳能源使用比率，开展工业园区和企业分布式绿色智能微电网建设，控制和削减化石能源消费量。推进资源再生利用产业规范化、规模化发展，强化技术装备支撑，提高大宗工业固体废弃物、废旧金属、废弃电子产品等综合利用水平。大力发展再制造产业，针对航空发动机、燃气轮机、盾构机、重型矿用载重车等大型成套设备及关键零部件实施高端再制造，利用信息化技术对传统机电产品以及通用型复印机、打印机实施智能再制造，对老旧和性能低下、故障频发、技术落后的在役机电装备实施在役再制造。推进再制造产品认定，进一步规范再制造产品生产，引导再制造产品消费，推动建立再制造产品认定国际互认机制，促进再制造产业持续健康发展。

最后，积极构建绿色制造体系。全面推行循环生产方式，促进企业、园区、行业间链接共生、原料互供、资源共享，引导绿色生产和绿色消费。建设绿色工厂，推动建设绿色示范工厂，实现厂房集约化、原料无害化、生产洁净化、废物资源化、能源低碳化，探索工厂绿色化模式。发展绿色园区，推进工业园区生态设计、清洁生产、产业耦合，加强园区规划设计、产业布局、基础设施建设和运营管理，培育具有鲜明特色的"零排放"绿色工业园区。打造绿色供应链，引导企业与上下游企业共同践行环境保护、节能减排等社会责任。壮大绿色企业，支持企业实施绿色战略、绿色标准、绿色管理和绿色生产。推动发展绿色金融，加强信贷政策与产业政策的衔接配合，引导资金流向节能环保技术研发应用和生态环境保护治理领域。强化绿色监管，健全节能环保法规、标准体系，加强节能环保监察。进一步转变职能，创新行业管理方式，推行企业社会责任报告制度，开展绿色评价。践行绿色理念，大力加强绿色产品和绿色服务供给能力，创造绿色需求，带动绿色消费，弘扬绿色文化。

7.2.2.2 实施绿色制造的主要技术措施

实现"绿色制造"包括三个层次：一是绿色资源，即采用更多绿色原材料和绿色能源；二是绿色生产过程；三是绿色产品。一个产品的生命周期要做到"六绿"，即绿色评价、绿色设计、绿色材料、绿色工艺、绿色包装和绿色回收（图7-5）。

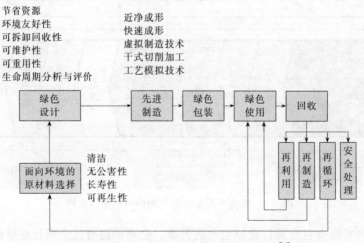

图7-5 制造业绿色制造的科学内涵与方法[8]

（1）全生命周期评价方法

产品全生命周期评价（life cycle assessment，LCA）技术正在成为实施绿色设计和绿色制造的重要工具，是绿色制造前沿技术之一，同时也是实施绿色设计和制造的关键和共性基础技术。根据 ISO 的定义，产品全生命周期评价是对某一产品全生命周期的输入、输出及其潜在环境影响进行评价的过程。全生命周期评价提供了产品整个生命周期的能源、资源消耗和环境排放物的信息，研究人员可以依此提出相关工艺优化和环境负荷改善的措施和建议，是一种具有巨大潜力的环境影响评价理论工具。

（2）绿色设计

绿色设计是实施绿色制造的关键。绿色设计是在产品的全生命周期的各阶段（包括设计、选材、生产、包装、运输、使用及报废处理）考虑其对资源和环境的影响，在充分考虑产品的功能、质量和成本的同时着重考虑产品的环境属性，使得产品在制造、使用和废弃处理过程中达到资源消耗小、环境污染少的目的。面向回收的设计（design for recycling）是在产品设计时就考虑产品的回收过程，将模块化设计思想与产品的主动回收思想相结合，把主动回收的属性进行量化，并且将主动回收度、内部聚合度以及外部耦合度作为优化目标进行模块划分，使产品在废弃后可以很好地完成回收再利用。如柯达公司生产的一款名为"相迷救星"的照相机，其回收利用率（重量）超过 87%，关键零部件可重复利用 10 次以上。

（3）绿色资源的选用

资源包括原材料和能源。原材料应尽量选用储量丰富、可再生的绿色材料，少用或不用稀缺材料。产品在生产过程中选用的材料要在生产、使用及废弃后，对环境的影响最小，对人体无害，并且易回收、易处理、易降解，可循环利用。绿色能源是指储量丰富的可再生能源，如风能、太阳能等。在能源日益紧张的现代工业社会，开发绿色能源显得尤为迫切。例如，以氢能源代替汽油或柴油作汽车燃料，可以大幅减少运行中对环境的污染。

（4）绿色工艺

绿色工艺是指以节能、降耗、减污为目标，以管理和技术为手段，实施工业生产全过程污染控制，使污染物的产生量最少化的一种综合措施。有色金属工业是高能耗、高污染的工业，推行绿色制造和清洁生产是有色金属工业实现可持续发展和环境保护的必由之路。有色金属工业的绿色工艺技术主要包括下列 3 个层次。

1）提高金属的综合回收率

目前再生有色金属行业工艺设计大多只重视主金属的回收，忽略了多金属的综合回收利用。尤其是在工艺的设计中沿用传统工艺，没有革命性的工艺设计。例如：在废旧锂离子电池的再生过程中可以采用选择性提锂的方法提高锂的回收率。

2）智能化控制

传统有色金属行业生产大量采用人工，部分操作、控制依赖经验，采用先进的控温技术以及保温效果好的材料可以取代部分高温、危险、腐蚀性等工作岗位。

3）推行节能环保技术

对于再生有色金属产业，节能是一个系统工程，针对不同再生金属品种、原料、生产工艺、生产规模研发和设计节能的生产工艺、制造节能的设备、如何降低燃料的消耗、余热的利用四大重点，缺一不可。此外，二噁英的治理是本行业烟气治理技术的重要课题，目前尚无工业化方法。

（5）绿色包装

绿色包装就是从环境保护的角度，从减量包装、环保包装材料，以及绿色供应链入手，通过工艺与技术相结合，优化产品包装解决方案，使得资源消耗和废弃物最少。包装材料要选择无毒无害、可再生的材料，发展纸包装，开发各种替代塑料薄膜的防潮、保鲜纸包装制品；开发智能打包算法，提升整个纸箱空间利用率，减少塑料填充物的使用；包装结构上尽量做到减少材料的消耗；包装的废弃物应可回收重用、循环再生或可降解。例如：菜鸟联盟推行电子面单替代传统三联面单，阿里电商平台上商家使用率已经达到80%，每年节约纸张费用达12亿元。此外，国家先后发布了《全国电子商务物流发展专项规划（2016—2020年）》《关于加快我国包装产业转型发展的指导意见》《关于协同推进快递业绿色包装工作的指导意见》等相关政策意见，分别从信息技术、包装材料、印刷工艺、回收利用技术、统计、认证方面为发展绿色物流及绿色包装指明了发展方向及举措。

（6）绿色回收

产品在其生命周期终结后进行及时的回收处理，部分零部件可以循环使用，无法再利用的部分可以根据其组成熔炼后再生利用。报废的产品经过绿色回收可以有效减少一次资源的使用，降低能耗，保护环境。绿色回收是一项贯穿于产品全生命周期的多层次、多方位的系统工程。它不但涉及制造业，还牵涉经济、立法、公众意识和社会管理等方面，在绿色制造中扮演着重要角色。

绿色生产和先进制造成为有色金属行业产业结构升级和优化的必由之路。推动有色金属行业的绿色生产和先进制造，应为其营造良好的政策环境。首先是采取措施大力发展绿色和先进工程教育。其次，通过金融、税收和信贷政策方面的支持来鼓励绿色和智能方面的技术研发和创新。同时，应在绿色和先进制造方面逐步建立和完善产学研相结合、以企业为主的自主创新体系，并建立产学研合作的工程创新中心，加快行业的技术与产品的升级换代。

7.2.3 二次资源综合利用与污染控制技术发展趋势

未来10～20年内，关键金属二次资源综合利用和污染控制技术预期将面临以下几个主要任务：

① 研发和改进现有二次资源综合利用回收金属工艺，实现多种金属的短程绿色分离，提高金属回收率，提升关键金属供给安全和经济效益；

② 开发二次资源绿色综合利用新方法、新工艺，建立资源供给、经济发展和生态设计相结合的完整体系；

③ 国家制定并颁布实施鼓励二次资源综合利用的有关政策法规，提高对二次资源综合利用重要性的认识，加强二次资源废料的收集与分类，为其绿色综合利用的实现创造良好的条件。

其中关键金属二次资源综合利用关键技术将从以下方面取得突破：

① 废旧金属、尾矿、冶金化工废渣、污泥、粉尘等二次资源普遍含多种金属，未来20～30年技术研发的重点将集中在多金属短程绿色分离回收技术。

② 重点开发自动智能化分选、关键金属高效精炼净化、新合金选择性浸出、高效新型萃取剂研发、微生物选择性固定技术等，例如工业钒铬重金属废渣的钒铬清洁分离技术，含钒钢渣和高钛高炉渣中钒、钛、铁的先进分离技术，含毒性重金属、稀有金属、稀土等多组

分金属的工业固废高效分离与资源化技术和设备等将实现技术突破并得到工业应用。

③ 进一步实现尾矿废渣资源化处理的全流程优化集成和废渣"零排放"，10～20 年内我国关键金属二次资源综合利用率应提升 50%。

发展关键金属二次资源综合利用产业，要贯彻中央关于建立循环经济和节约型社会的方针，引导相关企业向规模化方向发展，扶持和壮大大中型骨干企业，努力推进技术进步，推广先进适用技术，注意环境保护和"三废"治理，鼓励技术向绿色化、智能化方向发展；提高资源回收率和综合利用率，减少消耗，降低生产成本，提高企业经济效益；充分利用"两种资源"和"两个市场"，积极开拓国内外市场。完善法律法规体系和管理机制，整顿和发展国内资源回收系统，使关键金属二次资源综合利用产业走向规范化发展道路。

二次资源综合利用产业发展路线如图 7-6 所示。

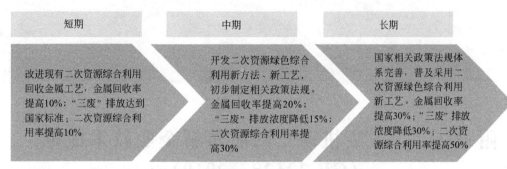

图 7-6 二次资源综合利用产业发展路线图

参考文献

[1] 王定建，王高尚，等．矿产资源与国家经济发展［M］．北京：地震出版社，2002．

[2] 邱定蕃．资源循环［J］．中国工程科学，2002（10）：31-35．

[3] 郭学益，田庆华．有色金属资源循环理论与方法［M］．长沙：中南大学出版社，2008．

[4] 邱定蕃，徐传华．有色金属资源循环利用［M］．北京：冶金工业出版社，2006．

[5] 马荣骏，肖国光．循环经济的二次资源金属回收［M］．北京：冶金工业出版社，2014．

[6] 中华人民共和国国民经济和社会发展第十四个五年规划和 2035 年远景目标纲要［R］.http://www.gov.cn/xin-wen/2021-03/13/content_5592681.htm

[7] 中国工程科技 2035 发展战略研究项目组．中国工程科技 2035 发展战略技术预见报告［M］．北京：科学出版社，2019．

[8] 中国科学院先进制造领域战略研究组．中国至 2050 年先进制造科技发展路线图［M］．北京：科学出版社，2009．

二次资源综合利用与污染控制国家相关标准（节选）

附录1 《报废机动车回收拆解企业技术规范》（GB 22128—2019）

1 范围

本标准规定了报废机动车回收拆解的术语和定义、企业要求、报废机动车回收、贮存和拆解的技术要求，以及企业执行时间要求。

本标准适用于从事报废机动车回收拆解经营业务的企业，回收拆解非道路移动机械的企业参照执行。

2 规范性引用文件

下列文件对于本文件的应用是必不可少的。凡是注日期的引用文件，仅注日期的版本适用于本文件。凡是不注日期的引用文件，其最新版本（包括所有的修改单）适用于本文件。

GB 2894 安全标志及其使用导则

GB/T 3730.1 汽车和挂车类型的术语和定义

GB 12308 工业企业厂界环境噪声排放标准

GB 15562.2 环境保护图形标志 固体废物贮存（处置）场

GB 18597 危险废物贮存污染控制标准

GB 18599 一般工业固体废物贮存、处置场污染控制标准

GB/T 19515 道路车辆 可再利用率和可回收利用率 计算方法

GB/T 19596 电动汽车术语

GB/T 33000 企业安全生产标准化基本规范

GB 50016 建筑设计防火规范

GB 50037 建筑地面设计规范

GB 50187 工业企业总平面设计规范

GBZ 188 职业健康监护技术规范

GA 802 机动车类型 术语和定义

HJ 348 报废机动车拆解环境保护技术规范

HJ 2025 危险废物收集贮存运输技术规范

WB/T 1061 废蓄电池回收管理规范

工业项目建设用地控制指标（国土资源部）

国家危险废物名录

3 术语和定义

GB/T 19515、GB/T 19596、GB/T 3730.1 和 GA 802 界定的以及下列术语和定义适用于本文件。

3.1

报废机动车 end-of-life vehicles，ELVs

达到国家机动车强制报废标准规定的和机动车所有人自愿做报废处理的机动车。

3.2

电动汽车 electric vehicle，EV

纯电动汽车、混合动力（电动）汽车、燃料电池电动汽车的总称。

3.3

回收 collecting

依据国家相关法律法规及有关规定对报废机动车进行接收或收购、登记、贮存、并发放回收证明的过程。

3.4

拆解 dismantling

对报废机动车进行无害化处理、拆除主要总成和可再利用的零部件，对车体和结构件等进行拆分或压扁的过程。

3.5

拆卸 remove

将动力蓄电池从车上拆除并卸下的过程。

3.6

动力蓄电池 traction battery

为电动汽车动力系统提供能量的蓄电池，不包含铅酸蓄电池。

3.7

报废机动车回收拆解企业 ELV collecting and dismantling enterprises

取得报废机动车回收拆解资质认定，从事报废机动车回收拆解经营业务的企业。

3.8

废液 waste liquid

存留在报废机动车中的燃料、发动机机油、变速器/齿轮箱（包括后差速器和/或分动器）油、助力转向油、冷却液、制动液、减震器油、空调制冷剂、风窗玻璃清洗液、液压悬架液、液压缸油液、尿素溶液等。

3.9

解体机 dismantling machine

具有夹臂和液压剪，用于破解、分离车体及零部件的机械设备。

3.10

拆解线 dismantling lines

按特定的拆解工艺，将报废机动车有序拆分的成套设备及装置的集合。

3.11

回用件 reused parts

从报废机动车上拆解的能够再使用的零部件。

4 企业要求

4.1 拆解产能要求

4.1.1 企业所在地区（地级市）类型依据年机动车保有量确定，企业数量依据地区年总拆解产能确定。地区年总拆解产能按当地年机动车保有量的 4%～5% 设定。地区类型分档和年总拆解产能计算方式详见表1。

表 1 地区类型及年总拆解产能

地区类型	地区年机动车保有量/万辆	地区年总拆解产能计算公式
Ⅰ 档	500（含）以上	
Ⅱ 档	200（含）～500	
Ⅲ 档	100（含）～200	地区年机动车保有量×（4%～5%）
Ⅳ 档	50（含）～100	
Ⅴ 档	20（含）～50	
Ⅵ 档	20 以下	

4.1.2 单个企业最低年拆解产能应满足表2要求。表2中单个企业年拆解产能标准车型为 GA 802 中所定义的小型载客汽车，其他车型依据整备质量换算，标准车型整备质量为 1.4 t。

表 2 单个企业最低年拆解产能

地区类型	单个企业最低年拆解产能/万辆
Ⅰ 档	3
Ⅱ 档	2
Ⅲ 档	1.5
Ⅳ 档	1
Ⅴ 档	
Ⅵ 档	0.5

4.2 场地建设要求

4.2.1 企业建设项目选址应满足如下要求：

a）符合所在地城市总体规划或国土空间规划；

b）符合 GB 50187、HJ 348 的选址要求，不得建在城市居民区、商业区、饮用水水源保护区及其他环境敏感区内，且避开受环境威胁的地带、地段和地区；

c）项目所在地有工业园区或再生利用园区的应建设在园区内。

4.2.2 企业最低经营面积（占地面积）应满足如下要求：

a）Ⅰ 档～Ⅱ 档地区为 20000 m²，Ⅲ 档～Ⅳ 档地区为 15000 m²，Ⅴ 档～Ⅵ 档地区

为10000m²；

b）其中作业场地（包括拆解和贮存场地）面积不低于经营面积的60％。

4.2.3 企业应严格执行《工业项目建设用地控制指标》建设用地标准，且场地建设符合 HJ 348 的企业建设环境保护要求。

4.2.4 企业场地应具备拆解场地、贮存场地和办公场地。其中，拆解场地和贮存场地（包括临时贮存）的地面应硬化并防渗漏，满足 GB 50037 的防油渗地面要求。

4.2.5 拆解场地应为封闭或半封闭构建物，应通风、光线良好，安全环保设施设备齐全。

4.2.6 贮存场地应分为报废机动车贮存场地、回用件贮存场地及固体废物贮存场地。固体废物贮存场地应具有满足 GB 18599 要求的一般工业固体废物贮存设施和满足 GB 18597 要求的危险废物贮存设施。

4.2.7 拆解电动汽车的企业还应满足以下场地建设要求：

a）具备电动汽车贮存场地、动力蓄电池贮存场地和动力蓄电池拆卸专用场地。场地应设有高压警示、区域隔离及危险识别标志，并具有防腐防渗紧急收集池及专用容器，用于收集动力蓄电池等破损时泄漏出的电解液、冷却液等有毒有害液体。

b）电动汽车贮存场地应单独管理，并保持通风。

c）动力蓄电池贮存场地应设在易燃、易爆等危险品仓库及高压输电线路防护区域以外，并设有烟雾报警器等火灾自动报警设施。

d）动力蓄电池拆卸专用场地地面应做绝缘处理。

4.3 设施设备要求

4.3.1 应具备以下一般拆解设施设备：

a）车辆称重设备；

b）室内或有防雨顶棚的拆解预处理平台；

c）车架（车身）剪断、切割设备或压扁设备，不得仅以氧割设备代替；

d）起重、运输或专用拖车等设备；

e）总成拆解平台；

f）气动拆解工具；

g）简易拆解工具。

4.3.2 应具备以下安全设施设备：

a）安全气囊直接引爆装置或者拆除、贮存、引爆装置；

b）满足 GB 50016 规定的消防设施设备；

c）应急救援设备。

4.3.3 应具备以下环保设施设备：

a）满足 HJ 348 要求的油水分离器等企业建设环境保护设备；

b）配有专用废液收集装置和分类存放各种废液的专用密闭容器；

c）机动车空调制冷剂收集装置和分类存放各种制冷剂的密闭容器；

d）分类存放机油滤清器和铅酸蓄电池的容器。

4.3.4 应具备电脑、拍照设备、电子监控等设施设备。

4.3.5 Ⅰ档～Ⅱ档地区的企业还应具备以下高效拆解设施设备：

a）精细拆解平台及相应的设备工装；

b）解体机或拆解线等拆解设备；

c）大型高效剪断、切割设备；

d）集中高效废液回收设备。

4.3.6　拆解电动汽车的企业还应具备以下设施设备及材料：

a）绝缘检测设备等安全评估设备；

b）动力蓄电池断电设备；

c）吊具、夹臂、机械手和升降工装等动力蓄电池拆卸设备；

d）防静电废液、空调制冷剂抽排设备；

e）绝缘工作服等安全防护及救援设备；

f）绝缘气动工具；

g）绝缘辅助工具；

h）动力蓄电池绝缘处理材料；

i）放电设施设备。

4.3.7　应建立设施设备管理制度，制定设备操作规范，并定期维护、更新。

4.3.8　具体设备名称可参见表 A.1。

4.4　技术人员要求

4.4.1　企业技术人员应经过岗前培训，其专业技能应能满足规范拆解、环保作业、安全操作等相应要求，并配备专业安全生产管理人员和环保管理人员，国家有持证上岗规定的，应持证上岗。

4.4.2　具有电动汽车拆解业务的企业应具有动力蓄电池贮存管理人员及 2 人以上持电工特种作业操作证人员。动力蓄电池贮存管理人员应具有动力蓄电池防火、防泄漏、防短路等相关专业知识。拆解人员应在汽车生产企业提供的拆解信息或手册的指导下进行拆解。

4.5　信息管理要求

4.5.1　应建立电子信息档案，按以下方式记录报废机动车回收登记、固体废物信息：

a）对回收的报废机动车进行逐车登记，并按要求将报废机动车所有人（单位）名称、有效证件号码、牌照号码、车型、品牌型号、车身颜色、重量、发动机号和/或动力蓄电池编码、车辆识别代号、出厂年份、接收或收购日期等相关信息录入"全国汽车流通信息管理应用服务"系统，信息保存期限不应低于 3 年。

b）将固体废物的来源、种类、产生量、产生时间及处理（流向）等数据，录入到"全国固体废物管理信息系统"或省级生态环境主管部门自建与其联网的相关系统，其中危险废物处理（流向）信息保存期限为 3 年。

c）具有电动汽车拆解业务的企业，应按照国家有关规定要求，将报废电动汽车的车辆识别代码、动力蓄电池编码、流向等信息录入"新能源汽车国家检测与动力蓄电池回收利用溯源综合管理平台"。对于因租赁等原因导致动力蓄电池被提前从电动汽车上拆卸回收的情况，应检查保存机动车所有人提供的租赁运营等机构出具的回收证明材料，保存期限不应低于 3 年。

4.5.2　生产经营场所应设置全覆盖的电子监控系统，实时记录报废机动车回收和拆解过程。相关信息保存期限不应低于 1 年。

4.6　安全要求

4.6.1　应实施满足 GB/T 33000 要求的安全管理制度，具有水、电、气等安全使用说明，安全生产规程，防火、防汛、应急预案等。拆除的安全气囊组件应在易燃、易爆等危险品仓库及高压输电线路防护区域 以外引爆，并在引爆区域设有爆炸物安全警示标志和隔离栏。

4.6.2　电动汽车拆解作业人员在带电作业过程中应进行安全防护，穿戴好绝缘工作服等必要的安全防 护装备。使用的作业工具应是绝缘的或经绝缘处理的。作业时，应有专职监督人员实时监护。

4.6.3　厂内转移报废电动汽车和动力蓄电池应进行固定，防止碰撞、跌落。

4.6.4　场地内应设置相应的安全标志，安全标志的使用应满足 GB 2894 中关于禁止、警告、指令、提示标志的要求。

4.6.5　应按照 GBZ 188 的规定对接触汽油等有害化学因素，噪声、手传振动等有害物理因素的作业人员及粉尘、电工、压力容器等作业人员进行监护。

4.7　环保要求

4.7.1　报废机动车拆解过程应满足 HJ 348 中所规定的清污分流、污水达标排放等环境保护和污染控制的相关要求。

4.7.2　应实施满足危险废物规范化管理要求的环境管理制度，其中对列入《国家危险废物名录》的危险废物应严格按照有关规定进行管理。

4.7.3　应满足 GB 12348 中所规定的 2 类声环境功能区工业企业厂界环境噪声排放限值要求。

4.8　其他要求

常住人口密度低于 130 人/km^2 的地区（省级）内企业可根据当地实际情况执行 4.1 和 4.2.2 的规定。

5　回收技术要求

5.1　收到报废机动车后，应检查发动机、散热器、变速器、差速器、油箱和燃料罐等总成部件的密封、破损情况。对于出现泄漏的总成部件，应采取适当的方式收集泄漏的液体或封住泄漏处，防止废液渗入地下。

5.2　对报废电动汽车，应检查动力蓄电池和驱动电机等部件的密封和破损情况。对于出现动力蓄电池破损、电极头和线束裸露等存在漏电风险的，应采取适当的方式进行绝缘处理。

6　贮存技术要求

6.1　报废机动车贮存

6.1.1　所有车辆应避免侧放、倒放，电动汽车在动力蓄电池未拆卸前不应叠放。

6.1.2　机动车如需叠放，应使上下车辆的重心尽量重合，且不应超过 3 层。2 层和 3 层叠放时，高度分别不应超过 3m 和 4.5 m。大型车辆应单层平置。采用框架结构存放的，要保证安全性，并易于装卸。

6.1.3　电动汽车在动力蓄电池未拆卸前应单独贮存，并采取防火、防水、绝缘、隔热等安全保障措施。

6.1.4　电动汽车中的事故车以及发生动力蓄电池破损的车辆应隔离贮存。

6.2　固体废物贮存

6.2.1　固体废物的贮存设施建设应符合 GB 18599、GB 18597、HJ 2025 的要求。

6.2.2　一般工业固体废物贮存设施及包装物应按 GB 15562.2 进行标识，危险废物贮存设施及包装物的标志应符合 GB 18597 的要求。所有固体废物避免混合、混放。

6.2.3　妥善处置固体废物，不应非法转移、倾倒、利用和处置。

6.2.4　不同类型的制冷剂应分别回收，使用专门容器单独存放。

6.2.5　废弃电器、铅酸蓄电池贮存场地不得有明火。

6.2.6　容器和装置要防漏和防止洒溅，未引爆安全气囊的贮存装置应防爆，并对其进行日常性检查。

6.2.7　对拆解后的所有固体废物分类贮存和标识。

6.2.8　报废机动车主要固体废物的贮存方法可参见表 B.1。

6.3　回用件贮存

6.3.1　回用件应分类贮存和标识，存放在封闭或半封闭的贮存场地中。

6.3.2　回用件贮存前应做清洁等处理。

6.4　动力蓄电池贮存

6.4.1　动力蓄电池的贮存应按照 WB/T 1061 的贮存要求执行。

6.4.2　动力蓄电池多层贮存时应采取框架结构并确保承重安全，且便于存取。

6.4.3　存在漏电、漏液、破损等安全隐患的动力蓄电池应采取适当方式处理，并隔离存放。

7　拆解技术要求

7.1　一般要求

7.1.1　应按照机动车生产企业提供的拆解手册进行合理拆解，没有拆解手册的，参照同类其他车辆的规定拆解。

7.1.2　报废机动车拆解时，应采用合适的工具、设备与工艺，尽可能保证零部件的可再利用性以及材料的可回收利用性

7.1.3　拆解电动汽车的企业，应接受汽车生产企业的技术指导，根据汽车生产企业提供的拆解信息或手册制定拆解作业程序或作业指导书，配备相应安全技术人员。应将从报废电动汽车上拆卸下来的动力蓄电池包（组）交售给电动汽车生产企业建立的动力蓄电池回收服务网点或从事废旧动力蓄电池综合利用的企业处理，不应拆解。

7.2　传统燃料机动车

7.2.1　拆解预处理技术要求：

a）在室内或有防雨顶棚的拆解预处理平台上使用专用工具排空存留在车内的废液，并使用专用容器分类回收；

b）拆除铅酸蓄电池；

c）用专门设备回收机动车空调制冷剂；

d）拆除油箱和燃料罐；

e）拆除机油滤清器；

f）直接引爆安全气囊或者拆除安全气囊组件后引爆；

g）拆除催化系统（催化转化器、选择性催化还原装置、柴油颗粒物捕集器等）。

7.2.2　拆解技术要求：

a）拆除玻璃；

b）拆除消声器、转向锁总成、停车装置、倒车雷达及电子控制模块；

c）拆除车轮并拆下轮胎；

d）拆除能有效回收含铜、铝、镁的金属部件；

e）拆除能有效回收的大型塑料件（保险杠、仪表板、液体容器等）；

f）拆除橡胶制品部件；

g）拆解有关总成和其他零部件，并符合相关法规要求。

7.3 电动汽车

7.3.1 动力蓄电池拆卸预处理技术要求：

a）检查车身有无漏液、有无带电；

b）检查动力蓄电池布局和安装位置，确认诊断接口是否完好；

c）对动力蓄电池电压、温度等参数进行检测，评估其安全状态；

d）断开动力蓄电池高压回路；

e）在室内或有防雨顶棚的拆解预处理平台上使用防静电工具排空存留在车内的废液，并使用专用容器分类回收；

f）使用防静电设备回收电动汽车空调制冷剂。

7.3.2 动力蓄电池拆卸技术要求：

a）拆卸动力蓄电池阻挡部件，如引擎盖、行李箱盖、车门等；

b）断开电压线束（电缆），拆卸不同安装位置的动力蓄电池；

c）收集采用液冷结构方式散热的动力蓄电池包（组）内的冷却液；

d）对拆卸下的动力蓄电池线束接头、正负极片等外露线束和金属物进行绝缘处理，并在其明显位置处贴上标签，标明绝缘状况；

e）收集驱动电机总成内残余冷却液后，拆除驱动电机。

7.3.3 拆卸动力蓄电池后车体的其他预处理和拆解技术要求分别按照 7.2.1 和 7.2.2 的规定开展。

7.3.4 燃料电池电动汽车的拆解可参照本标准，并依据汽车生产企业提供的指导手册开展。

8 企业执行时间要求

8.1 本标准实施之日前未取得报废机动车回收拆解资质认定的企业，自本标准实施之日起开始执行。

8.2 本标准实施之日前已经取得报废机动车回收拆解资质认定的企业，自本标准实施之日起第 13 个月执行。

附录 2 《废锂离子动力蓄电池处理污染控制技术规范》(HJ 1186—2021)

1 适用范围

本标准规定了废锂离子动力蓄电池处理的总体要求、工艺过程污染控制技术要求、污染物排放控制与环境监测要求、运行环境管理要求和环境应急管理要求。

本标准适用于废锂离子动力蓄电池处理过程的污染控制，可作为废锂离子动力蓄电池处理有关建设项目环境影响评价、建设运行、竣工环境保护验收、排污许可管理等的技术参考依据。

储能类、消费类等其他类型的废锂离子电池，以及锂离子电池生产废料处理过程的污染控制，可参照本标准执行。

本标准不适用于锂离子动力蓄电池在保质期内的返厂故障检测、维修翻新过程。

2 规范性引用文件

下列文件中的内容通过文中的规范性引用而构成本标准必不可少的条款。其中，注日期的引用文件，仅该日期对应的版本适用于本标准；不注日期的引用文件，其有效版本（包括所有的修改单）适用于本标准。

GB 3095	环境空气质量标准
GB 8978	污水综合排放标准
GB 9078	工业炉窑大气污染物排放标准
GB 12348	工业企业厂界环境噪声排放标准
GB/T 14848	地下水质量标准
GB 16297	大气污染物综合排放标准
GB 18484	危险废物焚烧污染控制标准
GB 18597	危险废物贮存污染控制标准
GB 18599	一般工业固体废物贮存、处置场污染控制标准
GB 31573	无机化学工业污染物排放标准
GB 36600	土壤环境质量 建设用地土壤污染风险管控标准（试行）
GB 37822	挥发性有机物无组织排放控制标准
HJ 819	排污单位自行监测技术指南 总则

3 术语和定义

下列术语和定义适用于本标准。

3.1

锂离子动力蓄电池 power lithium-ion battery

利用锂离子作为导电离子，在阳极和阴极之间移动，通过化学能和电能相互转化实现充放电，为新能源汽车动力系统提供能量的蓄电池。

3.2

电池单体 cell

将化学能与电能进行相互转换的基本单元装置，通常包括电极、隔膜、电解质、外壳和端子，并被设计成可充电。

3.3

电池模块 module

将一个以上电池单体按照串联、并联或串并联方式组合，并作为电源使用的组合体。

3.4

电池包 pack

具有从外部获得电能并可对外输出电能的单元，通常包括电池单体、电池管理模块、电池箱及相应附件（冷却部件、连接线缆等）。

3.5

处理 treatment

通过拆解、焙烧、破碎、分选、浸出、提纯、冶炼等加工工序，利用废锂离子动力蓄电池的过程。

3.6

拆解 dismantling

将废锂离子动力蓄电池电池包、电池模块或电池单体进行解体的作业。

3.7

焙烧 roasting

将废锂离子动力蓄电池加热而又不使其熔化，以改变其化学组成或物理性质的过程。

3.8

材料回收 material recycling

采用一定的处理工艺，从废锂离子动力蓄电池中回收废电极材料粉料或提取金属材料的过程。

4 总体要求

4.1 废锂离子动力蓄电池处理建设项目选址不应位于国务院和国务院有关主管部门及省、自治区、直辖市人民政府划定的生态保护红线区域、永久基本农田和其他需要特别保护的区域内。

4.2 废锂离子动力蓄电池处理企业，应具备与生产规模相匹配的环境保护设施，环境保护设施的设计、施工与运行应遵守"三同时"环境管理制度。

4.3 废锂离子动力蓄电池处理企业场地应按功能划分区域，生活区应与生产区分隔。

4.4 废锂离子动力蓄电池处理企业原料贮存区、处理作业区和产品贮存区应设置在防风防雨的厂房内，地面应当硬化并构筑防渗层；原料贮存区、处理作业区、产品贮存区等各功能区域应有明显的界限和标识；处理作业区应设置废水收集设施，地面冲洗废水单独收集处理，不应直接排入雨水收集管网。

4.5 废锂离子动力蓄电池处理企业应优先采用资源利用率高、污染物排放量少的工艺、设备；解体电池单体的废锂离子动力蓄电池处理企业，应至少具备将废锂离子动力蓄电池加工成废电池电极材料粉料的能力。

4.6 废锂离子动力蓄电池处理过程中产生的废气、废水、噪声等污染物排放应满足国家和地方的污染物排放标准与排污许可要求；产生的固体废物应当按照国家有关环境保护规定和标准要求妥善贮存、利用处置。

4.7　废锂离子动力蓄电池处理过程除应满足环境保护相关要求外，还应符合国家安全生产、职业健康、交通运输、消防等法规标准的相关要求。

5　处理过程污染控制技术要求

5.1　入厂

5.1.1　废锂离子动力蓄电池入厂前应进行检测，发现存在漏液、冒烟、漏电、外壳破损等情形的，应采用专用容器单独存放并及时处理，避免废锂离子动力蓄电池自燃引起的环境风险。

5.1.2　贮存漏液、冒烟、漏电、外壳破损等情形的废锂离子动力蓄电池时，贮存库房或容器应采用微负压设计，并配备相应的废气收集和处理设施。

5.2　拆解

5.2.1　应根据电池产品信息合理制定拆解流程，分品类拆解电池包、电池模块、避免电解质、有机溶剂泄漏造成环境污染。

5.2.2　拆解时应拆除电池包、电池模块中的塑料连接件、电路板、高压线束等部件。并分类收集存放拆解产物。

5.2.3　拆分配备液体冷却装置的电池包前，应采用专用设备收集冷却液；收集的废冷却液应妥善贮存、利用处置。

5.2.4　拆解存在漏液、冒烟、漏电、外壳破损等情形的废锂离子动力蓄电池时，应在配备集气装置的区域拆解，废气应收集并导入废气处理设施。

5.2.5　采用浸泡法进行电池放电时，浸泡池应配备集气装置，废气收集后导入废气集中处理设施；浸泡池废液应妥善贮存、利用处置。

5.3　焙烧、破碎、分选

5.3.1　可选用焙烧、破碎、分选等一种或多种工序，去除电池单体中的电解质、有机溶剂。

5.3.2　不应直接焙烧未经拆解的废锂离子动力蓄电池电池包、电池模块。

5.3.3　应在负压条件下采用机械化或自动化设备破碎分选含电解质、有机溶剂的电池单体。

5.3.4　破碎、分选工序应使废电池电极材料粉料、集流体和外壳等在后续步骤中得到分离。

5.3.5　焙烧、破碎、分选等工序应防止废气逸出，收集后的废气应导入废气集中处理设施。

5.4　材料回收

5.4.1　采用火法工艺进行材料回收前，可根据物料条件和设备要求选择性进行拆解、破碎、分选等工序，经高温冶炼后得到合金材料。

5.4.2　火法工艺的冶炼设备应防止废气逸出，并配备废气处理设施。

5.4.3　采用湿法工艺进行材料回收前，应当经拆解、焙烧、破碎、分选等一种或多种工序，去除废锂离子动力蓄电池中的电解质、有机溶剂，得到可进入浸出工序的废电池电极材料粉料。

5.4.4　湿法工艺处理过程浸出、分离提纯和化合物制备等反应容器通气口、采样口应配备集气装置，废气收集后应导入废气集中处理设施。

6　污染物排放控制与环境监测要求

6.1　废气污染控制

6.1.1　废锂离子动力蓄电池拆解、破碎、分选工序，以及湿法工艺浸出、分离、提纯和化合物制备工序废气排放应满足 GB 16297 的规定；挥发性有机物无组织排放应满足 GB 37822 的规定。监测因子包括二氧化硫、颗粒物、非甲烷总烃、氟化物、镍及其化合物、硫酸雾、氯化氢等。

6.1.2　废锂离子动力蓄电池焙烧工序和火法工艺冶炼工序废气排放应满足 GB 9078 的规定，其中镍及其化合物、非甲烷总烃排放限值，参照执行 GB 16297 的规定；挥发性有机物无组织排放应满足 GB 37822 的规定。

6.1.3　废锂离子动力蓄电池焙烧、破碎、分选工序，以及火法工艺冶炼工序的钴及其化合物排放限值，参照执行 GB 31573 的规定。

6.1.4　废锂离子动力蓄电池焙烧工序和火法工艺过程产生的二噁英类排放限值参照执行 GB 18484 的规定。

6.1.5　废锂离子动力蓄电池处理过程中，废电池电极材料粉料应采用管道或其他防泄漏、防遗撒措施输送，生产车间产生的废气收集后应导入废气集中处理设施。

6.2　废水污染控制

6.2.1　废锂离子动力蓄电池处理企业，应建有废水收集处理设施，用于收集处理生产废水和初期雨水等。

6.2.2　废锂离子动力蓄电池处理企业废水总排放口、车间或生产设施废水排放口的污染物排放浓度，按照 GB 8978 的要求执行。监测因子包括流量、pH 值、化学需氧量、五日生化需氧量、悬浮物、氨氮、氟化物、总铜、总锰、总镍、总锌、总磷等。

6.2.3　废锂离子动力蓄电池处理企业废水总排放口总钴的排放限值，可参照执行 GB 31573 的规定。

6.2.4　采用湿法工艺的废锂离子动力蓄电池处理企业，车间生产废水应单独收集处理或回用，实现一类污染物总镍排放浓度符合 GB 8978 的要求；不应将车间生产废水与其他废水直接混合进行处理。

6.2.5　废锂离子蓄电池处理企业厂内废水收集输送应雨污分流，生产区内的初期雨水应单独收集并进行处理。

6.3　固体废物污染控制

6.3.1　废锂离子动力蓄电池处理企业应按照 GB 18597 和 GB 18599 设置危险废物贮存区和一般工业固体废物贮存区等，不应露天贮存废锂离子动力蓄电池及其处理产物。

6.3.2　废锂离子动力蓄电池处理企业产生的废电路板、废塑料、废金属、废冷却液、火法工艺残渣、废活性炭、废气净化灰渣、生产废水处理污泥等固体废物，应分类收集、贮存、利用处置；属于危险废物且需要委托外单位利用处置的，应交由具有相应资质的企业利用处置。

6.3.3　破碎、分选除尘工艺收集的颗粒物，应返回材料回收设施提取金属组分。

6.4　噪声污染控制

6.4.1　产生噪声的主要设备，如破碎机、泵、风机等应采取基础减振和消声及隔声措施。

6.4.2　厂界噪声应符合 GB 12348 的要求。

7 运行环境管理要求

7.1 运行条件

7.1.1 具有经过培训的技术人员、管理人员和相应数量的操作人员。

7.1.2 具备废锂离子动力蓄电池处理污染控制规章制度。

7.1.3 具备所排放主要环境污染物的监测能力。

7.2 人员培训

7.2.1 废锂离子动力蓄电池处理企业应对操作人员、技术人员及管理人员进行环境保护相关的法律法规、环境应急处理等理论知识和操作技能培训。

7.2.2 培训内容应包括以下几个方面：

——有关环境保护法律法规要求；

——废锂离子动力蓄电池的环境危害特性；

——企业生产的工艺流程和污染防治措施；

——生产过程所排放环境污染物的排放限值；

——污染防治设施设备的运行维护要求；

——发生环境突发事故的处理措施等。

7.3 监测及评估制度要求

7.3.1 废锂离子动力蓄电池处理企业应按照有关法律法规和 HJ 819 的要求，建立企业监测制度，制定监测方案，对主要污染物排放状况开展自行监测，保存原始监测记录，并公布监测结果。

7.3.2 应定期对废锂离子动力蓄电池污染物排放情况进行监测和评估，必要时应采取改进措施。

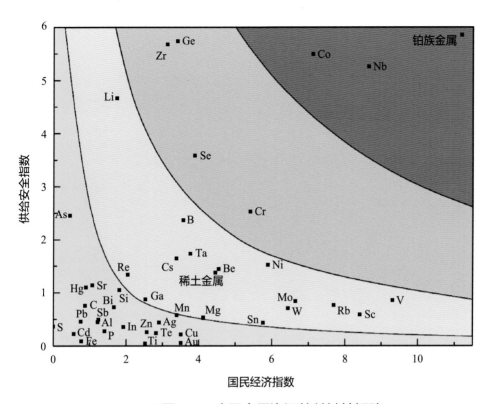

彩图1-2　我国金属资源的关键性矩阵

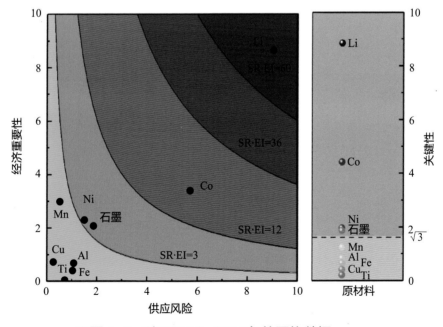

彩图 1-3　利用2013~2016年的平均数据，
对9种锂离子电池材料的SR·EI矩阵和关键性评价结果进行归一化

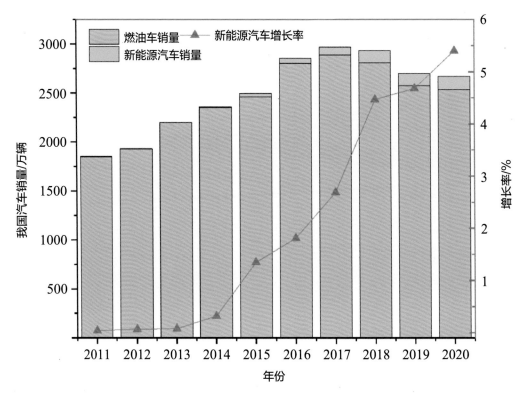

彩图3-3　2011~2020年我国燃油汽车与新能源汽车销量

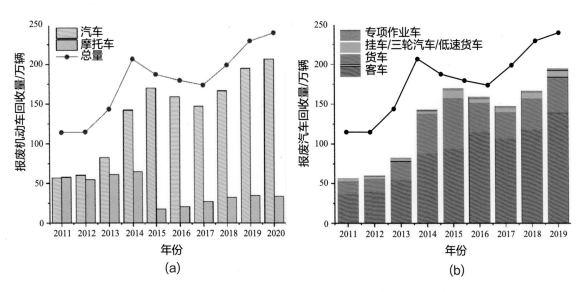

彩图3-4　2011~2020年我国报废机动车回收量

彩图3-8　德国大众汽车公司报废汽车回收利用工艺示意

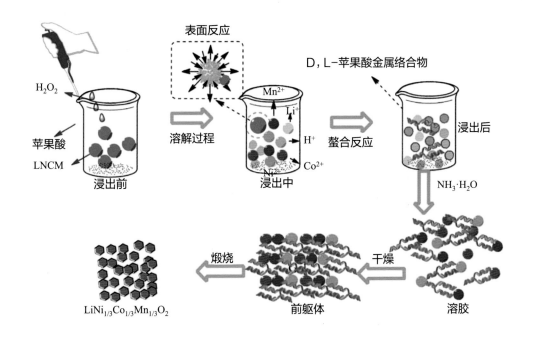

彩图3-12　D, L-苹果酸浸出镍钴锰酸锂（LNCM）并络合其中金属离子示意

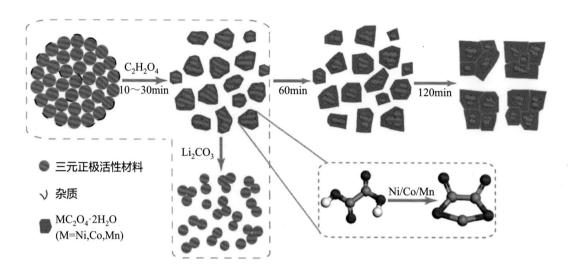

彩图3-15　草酸浸出结合焙烧法再生废镍钴锰酸锂材料工艺示意

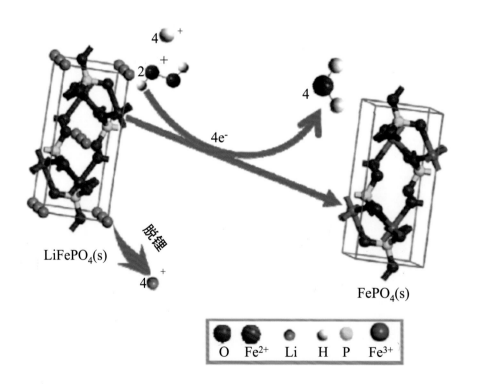

彩图3-16　H_2O_2存在条件下乙酸浸出废$LiFePO_4$电池的产物

（a）生产线实物图

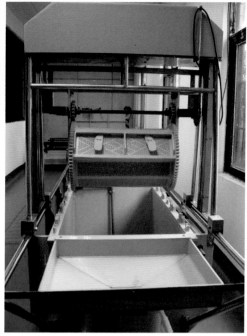

（b）装卸系统及浸出辊筒

（c）废电路板浸出过程

彩图 4-12　微生物法处理废电路板生产线

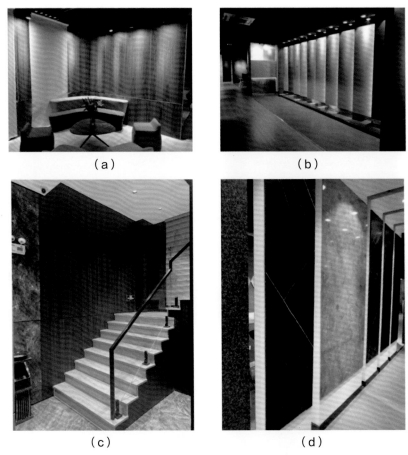

（a）　　　　　　　　　　　　（b）

（c）　　　　　　　　　　　　（d）

彩图4-15　环氧树脂板多场景应用效果

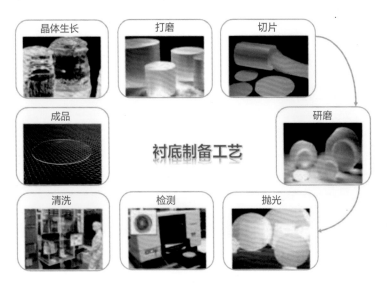

彩图5-4　LED灯衬底制备工艺

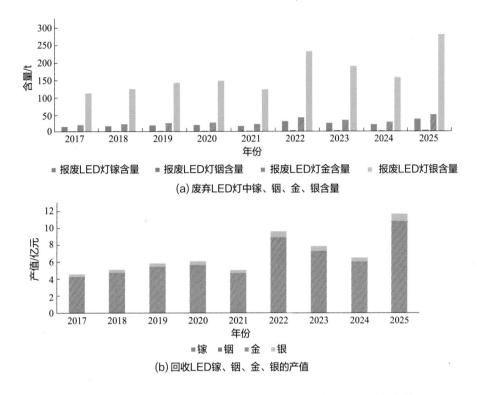

(a) 废弃LED灯中镓、铟、金、银含量

(b) 回收LED镓、铟、金、银的产值

彩图5-9 废弃LED灯中镓、铟、金、银含量及回收产值

（a）pH=3.0　　　　　　　（b）pH=5.0　　　　　　　（c）pH=7.0

彩图6-20 不同pH值条件下柴油乳化结果

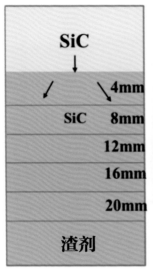
(a) 碳化硅扩散示意图

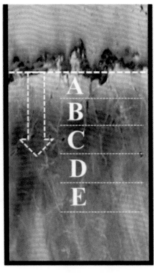
（b）Na₂O含量10%的渣扩散图

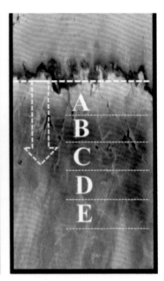
（c）Na₂O含量20%渣扩散图

彩图6-23　碳化硅在熔渣中的扩散行为

彩图7-1　关键金属二次资源综合利用发展原则及方向